Linux
创新人才培养系列

U0876775

Linux 操作系统 第3版

◎ 何绍华 臧玮 孟学奇 主编

人民邮电出版社
北京

图书在版编目（CIP）数据

Linux操作系统 / 何绍华，臧玮，孟学奇主编. -- 3版. -- 北京 : 人民邮电出版社，2017.8（2019.4重印）
（Linux创新人才培养系列）
ISBN 978-7-115-46307-4

Ⅰ. ①L… Ⅱ. ①何… ②臧… ③孟… Ⅲ. ①Linux操作系统—高等学校—教材 Ⅳ. ①TP316.89

中国版本图书馆CIP数据核字(2017)第157553号

内容提要

本书以 Red Hat Enterprise Linux 7.3 为基础，循序渐进地讲解了 Linux 系统的使用和管理方法。全书共分为 14 章，分别介绍了 Linux 的发展历史、Red Hat Enterprise Linux 7.3 的安装、文件管理、用户管理、软件包管理、磁盘管理、进程管理、LNMP 环境搭建、Docker 虚拟化环境搭建等基础知识，并对 Linux 下软件开发、Shell 脚本编程、网络服务器配置及网络安全知识进行了介绍。

本书通过简明易懂的范例进行讲解，以引导读者学习并掌握 Linux 系统的实际操作和应用。本书可作为普通高等院校计算机、电子信息等专业 Linux 相关课程的教材，也可作为 Linux 爱好者的入门教程使用。

◆ 主　　编　何绍华　臧　玮　孟学奇
责任编辑　刘　博
责任印制　陈　犇

◆ 人民邮电出版社出版发行　　北京市丰台区成寿寺路 11 号
邮编　100164　　电子邮件　315@ptpress.com.cn
网址　http://www.ptpress.com.cn
山东华立印务有限公司印刷

◆ 开本：787×1092　1/16
印张：15.75　　2017 年 8 月第 3 版
字数：401 千字　　2019 年 4 月山东第 5 次印刷

定价：45.00 元

读者服务热线：(010)81055256　印装质量热线：(010)81055316
反盗版热线：(010)81055315
广告经营许可证：京东工商广登字 20170147 号

前言（第3版）

Linux 诞生于 1991 年，最初是由芬兰赫尔辛基大学研究生 Linus Torvalds 编写，并在互联网上广泛传播。作为一款安全性很高的开源操作系统，Linux 首先在服务器领域得到了业界的极大肯定。随着自身易用性的提高和硬件厂商的大力支持，Linux 在长期被 Microsoft Windows 系统占据的桌面市场上也逐步打开局面，开始占有一席之地。优秀的 Linux 发行版，如 Red Hat、SuSE、Ubuntu 等也层出不穷。

近年来，Linux 在图形化的用户接口上有了长足进步，通过图形化方式对 Linux 管理和使用 Windows 操作系统已无太大区别。与此同时，对 Linux 进行远程管理或其他一些关键性应用时，通常还是会采用更加稳定高效的命令行方式。另外，在命令行下还可以进行 Shell 编程。

Linux 自身开放、稳定、安全等特性，使其在网络服务器、嵌入式技术、编程开发、教育教学等诸多领域发挥着越来越重要的作用。为了满足市场和企业对于员工 Linux 应用能力的需求，向高等院校计算机、电子信息等专业学生介绍 Linux 的实际操作和使用，培养学生的 Linux 应用能力，我们编写了本书。

本书共分 14 章，对 Linux 的发展历程、安装方法、使用和管理方法、服务器配置，以及网络安全、Docker 虚拟化等基本知识进行了介绍。第 1 章至第 3 章为 Linux 的基础知识。第 4 章至第 7 章是本书的重点，分别讲解了 Linux 下的文件管理、用户与用户组管理、软件包管理、磁盘管理等基本知识。第 8 章主要介绍了 Linux 下的编程方法，包括 vi 编辑器、gcc 编译器和 gdb 调试器的使用等知识。第 9 章对 Linux 下进程的基本知识和管理方法作了介绍。第 10 章讲解了 Linux 下 Shell 编程的基本知识。第 11 章和第 12 章是 Linux 的应用部分，其中，第 11 章主要对 Linux 下网页服务器、FTP 服务器、邮件服务器和 DNS 服务器等常见服务器配置方法进行了介绍，第 12 章对网络信息安全的基础知识进行了讲解。第 13 章介绍了常用的 LNMP 环境搭建过程。第 14 章对 Linux 下 Docker 虚拟化进行了讲解。

要用好 Linux，需要不断实践，不断提高解决实际问题的能力。为此，本书在每章的后面都配有相应的习题，供教师参考和学生练习使用；在第 3 章至第 9 章的后面还附有上机练习。本书中所有例题和相关代码都经过调试通过，并针对本书内容制作了多媒体课件，供老师教学参考使用。

本书由何绍华、臧玮、孟学奇主编，其中何绍华编写第 1~6 章，臧玮编写第 7~10 章，孟学奇编写第 11~14 章。

编　者

2017 年 3 月

目录

第 8 章 Linux 编程 107

第 9 章 进程管理 135

第 10 章 Shell 编程 152

第 1 章 初识 Linux

Linux 作为一款足以和微软公司的 Windows 相抗衡的开源操作系统，在学习之前，读者有必要对其含义、产生及发展等知识做一个简单的了解。

1.1 什么是 Linux

严格地说，Linux 是在 GPL（General Public License，通用性公开许可证）版权协议下发行的遵循 POSIX 标准的操作系统内核，其版权属于 Linus Torvalds。通常所说的 Linux 是指 GNU/Linux（GNU 是对 UNIX 向上兼容的完整的自由软件系统）操作系统，它包含 Kernel（内核）、Utilities（系统工具程序）以及 Application（应用软件），而不是仅指 Linux 系统内核。

GNU/Linux 有很多发行版。发行版是指某些公司、组织或个人把 Linux 内核、源代码及相关的应用程序组织在一起发行。经典的 Linux 发行版有 Red Hat、SlackWare、Debian 等。目前流行的 Linux 发行版基本上都是基于这些发行版的。例如，Red Hat 的社区版本 Fedora Core，Novell 发行的 SuSE Linux，Mandriva 发行的 Mandriva Linux，使用 LiveCD 技术的 Knoppix 和 Slax，以及目前异常流行的基于 Debian 的 Ubuntu Linux。

Linux 是 UNIX 的“克隆”。在源代码级上，它兼容绝大部分的 UNIX 标准（如 IEEE POSIX、System V、BSD 等），并且符合 POSIX 规范。

说明

POSIX 即 Portable Operating System Interface，表示可移植操作系统接口。电气和电子工程师协会（Institute of Electrical and Electronics Engineers，IEEE）最初开发 POSIX 标准，是为了提高 UNIX 环境下应用程序的可移植性。然而，POSIX 并不局限于 UNIX。许多其他的操作系统，例如 DEC OpenVMS 和 Microsoft Windows NT，都支持 POSIX 标准，尤其是 IEEE Std. 1003.1-1990（1995 年修订）或 POSIX.1，POSIX.1 提供了源代码级别的 C 语言应用编程接口（Application Programming Interface，API）给操作系统的服务程序，例如读写文件。有关 POSIX 标准的更多信息，请访问 Web 站点 http://standards.ieee.org/regauth/posix/。

1.2 Linux 崛起

20 世纪 80 年代，IBM 公司推出享誉全球的微型计算机（IBM PC，又称个人计算机）。随着

PC（Personal Computer，个人计算机）的出现，在 PC 上实现一个真正的 UNIX 系统逐渐成为可能。但是实际上此时能在 PC 的 X86 平台上运行的 UNIX 相当有限。

Linux 内核是由 Linus Torvalds 于 1991 年在赫尔辛基大学就读研究生时编写的。1987 年 Andrew Tanenbaum 教授为了方便教学，自行设计了一个简化了的 UNIX 系统——Minix。Linux 就是在 Minix 的基础上逐步发展起来的，这也是 UNIX 和 Linux 的历史渊源。1991 年 10 月 5 日，Linus Torvalds 在 comp.os.minix 新闻组上发布消息，正式对外宣布 Linux 内核系统诞生。1994 年在北卡罗来的一小组程序员开始发布 Red Hat。1998 年小红帽高级研发实验室成立。同年，Red Hat 5.0 获得 InfoWorld 的操作系统奖项。

1.3 Linux 的发行版

由于 Linux 倡导开放和自由，所以它的发行版本十分多。Linux 的软件遍布互联网各处，经常需要用户自己搜索寻找、收集和下载。为了安装方便，就有些人将各种软件集合起来，与操作系统的核心一起包装在一块，作为 Linux 的发行版（Linux Distributions）。这其中有目前著名的 Ubuntu、Fedora Core、Mandriva、SuSE Linux、Debian、Slackware Linux 和国内的红旗 Linux 等。下面简单介绍几种目前最为流行的 Linux 发行版本。

1. Fedora Core/Red Hat Enterprise Linux

Red Hat Linux 由 Red Hat 公司发行，是目前最为流行的商业发行版。作为 Linux 界影响最为深远的版本，Red Hat Linux 诞生于 1994 年 11 月 3 日，其创立的 RPM 包管理系统长期以来都是业界的事实标准。目前流行的 SuSE Linux、Mandriva Linux 以及国内的红旗 Linux 等，都是基于 Red Hat Linux 发展起来的。2003 年 9 月 22 日，原来合并在一起的 Fedora 和 Red Hat 开始分开发行，并形成为两个分支：开源免费的 Fedora 和商业版本的 Red Hat Enterprise Edition。

2. SuSE Linux/OpenSuSE

SuSE Linux 原是以 Slackware Linux 为基础，并提供完整德文使用界面的产品。1992 年 Peter McDonald 成立了 Softlanding Linux System（SLS）这个发行版，其后 SuSE Linux 采用了不少 Red Hat Linux 的特质，如使用 RPM 及/etc/sysconfig 等。

3. Mandriva Linux

Mandriva Linux 的前身是欧洲最大的 Linux 厂商之一 Mandrakesoft，长期以来 Mandrake Linux 以最为方便、易用、华丽的 Linux 发行版著称。Mandrake Linux 早期方便的字体安装工具和默认的中文支持，为 Linux 普及做出了很大的贡献。Mandriva 以 RPM 作为软件管理工具，部分兼容 Red Hat Linux /Fedora Core 的预编译包。

4. Ubuntu Linux

Ubuntu 为目前最为流行的 Linux 发行版，并几乎取代 Red Hat 成为 Linux 的代名词。它由马克 · 舍特尔沃斯创立，首个版本于 2004 年 10 月 20 日发布，以 Debian 为开发蓝本。Ubuntu 的运作主要依靠 Canonical 有限公司的支持。Ubuntu 名称来自非洲南部祖鲁语或豪萨语的“ubuntu”一词，意思是“人道待人”。同系列的发行版还有 Kubuntu 和 Edubunt。

5. Debian

Debian 于 1993 年 8 月 16 日由美国普渡大学一名学生 Ian Murdock 首次发表。Ian Murdock 最初把他的系统称为“Debian Linux Release”。Debian 不带有任何商业性质，背后也没有任何商业团体支持，因而使得它能够坚持其自由的风格。Debian 对 GNU 和 UNIX 精神的坚持，也获得开源社群的普遍支持。目前其采用的 deb 包和 Red Hat Linux 的 RPM 包是 Linux 里最为重要的两个软件包管理系统。

6. Slackware

Slackware 是最为老牌的 Linux 发行版之一，其第一个版本在 1993 年 7 月 16 日由创立者和开发领导者 Patrick Volkerding 发布。Slackware 走了一条同其他的发行版本（Red Hat、Debian、SuSE、Mandriva）不同的道路，力图成为"UNIX 风格"的 Linux 发行版本。它的方针是只吸收稳定版本的应用程序，并且缺少其他 Linux 版本中那些为发行版本定制的配置工具。

7. Gentoo

Gentoo 最初由 Daniel Robbins（前 Stampede Linux 和 FreeBSD 的开发者之一）创建。由于开发者对 FreeBSD 的熟识，所以 Gentoo 拥有媲美 FreeBSD 的广受美誉的 ports 系统——Portage。Gentoo 是一个非常特殊的 Linux 发行版，因为 Gentoo 是一种基于源代码的发行版，尽管可以使用编译好的二进制软件，但是大部分使用 Gentoo 的用户都选择自己手动编译软件管理系统，其优点是高度可定制性，而缺点是编译源代码耗时相当巨大。

说明　RPM（Red Hat Package Manager）是 Red Hat 创建的打包 Linux 的 Red Hat 包管理方法，主要为解决 Linux 程序的库依赖性问题，并简化软件安装而诞生。RPM 包的创造和流行大幅降低了使用 Linux 的门槛，对 Linux 的普及做出了巨大的贡献。

除了以上这些流行的发行版，还有不少基于 Linux 的 Live CD 发行版存在，例如，基于 Debian 的 Knoppix 和基于 Slackware 的 Slax。这些发行版不须安装即可运行，相当方便。

说明　Live CD 是可以直接引导为可用 Linux 系统的 CD。与大多数发行版本中的"拯救模式（rescue mode）"引导选项不同。Live CD 的设计是，当从 CD 引导起来后，能为使用者提供一整套可以使用的工具，其中有一些是通用的，有一些是高度专用的。

1.4　Red Hat Enterprise Linux 的优势

Red Hat Enterprise Linux 是一款非常优秀的操作系统。它具有非常好的兼容性，同时兼容于 UNIX System V 和 BSD 两个版本，具有两个版本的特点。它支持多种文件系统，如 FAT16、FAT32、NTFS、EXT2、UFS 等。Red Hat Enterprise Linux 是一款 32 位（或 64 位）的、多用户、多任务的分时操作系统。它实用性好，功能强大而且非常稳定。

Red Hat Enterprise Linux 虽然是 Linux 众多发行版本中的一种，但实际上它已经成为 Linux 行业的标准。众多的自由程序员和厂家为其开发了大量的软件。而且作为一款自由软件，用户可以从很多途径获得它并且免费使用。它还支持图形化界面操作，性能稳定而且具有丰富的网络功能。

前面介绍过，在 2003 年，原来合并在一起的 Fedora 和 Red Hat 开始分开发行，并形成为两个分支：开源免费的 Fedora 和商业版本的 Red Hat Enterprise Linux。Red Hat 的发行版到 Red Hat 9.0 后就停止技术支持。商业版本的 Red Hat Enterprise Linux 由 Red Hat 公司提供收费技术支持和更新。

现在，Red Hat 公司全面转向 Red Hat Enterprise Linux（简写为 RHEL）的开发。和以往不同

的是，新的 RHEL 要求用户先购买许可，Red Hat 公司承诺保证软件的稳定性、安全性；并且，RHEL 的二进制代码不再提供下载，而是作为 Red Hat 服务的一部分。但依据 GNU 的规定，其源代码依然是开放的。

RHEL 从 2003 年 3 月推出开始，现在已经发行到 RHEL 7.3 版本（2016 年 10 月发布）。RHEL 7.3 基于 Linux 3.10.0 内核，支持多核处理器。

由于 Red Hat Enterprise Linux 的经典性，相当多的发行版都基于 Red Hat Enterprise Linux 发展而来，关于 Red Hat Enterprise Linux 的学习资料也最为丰富，因此 Red Hat Enterprise Linux 适合作为 Linux 学习的系统。本书也基于 Red Hat Enterprise Linux 有共性的内容进行讲解。

1.5 如何获得 Red Hat Enterprise Linux

用户在使用 Red Hat Enterprise Linux 之前，需要首先获得 Red Hat 公司的许可，以便得到更好的服务。对于一般用作学习、测试等用途的用户，Red Hat 公司提供了免费评估订阅的功能。

要想获得免费的评估订阅，首先需要登录到官方网站 http://cn.redhat.com，在网站中注册一个账户，然后打开网站 https://developers.redhat.com/downloads/，如图 1-1 所示，单击“DOWNLOAD”链接，用注册的账户登录，即可直接下载。

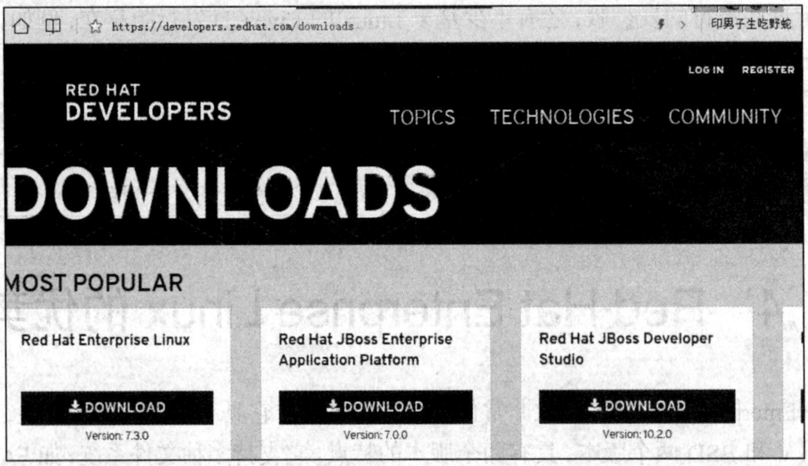

图 1-1 Red Hat 官网

另外要注意的是，在 Red Hat 网站注册账号时的邮箱最好是企业邮箱，因为用免费邮箱注册的账号不允许申请评估订阅。

小 结

本章对 Linux 的发展历程做了简单回顾，并对 Linux 的发行版和 Red Hat Enterprise Linux 进行了粗略介绍。读者充分掌握这部分内容，就可以更好地理解后面的内容。

习　题

1. Linux 是在________版权协议下发行的遵循________标准的操作系统内核。
2. Linux 内核的作者是________。
3. 请列举至少 5 个 Linux 发行版。
4. 简述 Linux 内核和 Linux 发行版的区别。

第2章 安装 Linux 操作系统

安装 Linux 的方法多种多样，可以从光盘、硬盘或网络进行安装。本章将介绍最基本的安装方式——从光盘启动并安装 Red Hat Enterprise Linux 7.3。同时，为了方便学习和使用 Linux，本章还对如何使用虚拟机安装 Red Hat Enterprise Linux 7.3 系统进行了介绍。

2.1 安装前的准备工作

在安装前，首先需要对机器的硬件进行初步了解，以方便在 Linux 中选择合适的配置。同时，还需要对机器的基本设置进行一些调整，使其能正常安装 Red Hat Enterprise Linux 7.3。

2.1.1 硬件需求

用户必须确认硬件是否与 Linux 兼容。这一点非常重要。Red Hat Enterprise Linux 7.3 是 2016 年 10 月推出的一套基于 3.10.0 内核的 Linux 发行版，虽然是最新版本，但也可能和一些硬件存在兼容性问题。Linux 对硬件的要求不那么严格，完全可以在一台已经过时的计算机上安装，还可以采用其他一些方案：通过虚拟机安装 Red Hat Enterprise Linux 7.3；安装后重新编译内核。这些方法以后会逐步介绍。当然还可以直接使用最新的 Linux 发行版，如 Fedora Core、Ubuntu、SuSE Linux 等。但需要注意的是，其他发行版在命令和界面上可能和 Red Hat Enterprise Linux 7.3 略有区别。

如果用户了解自己的硬件配置，可以到下面网址查询硬件是否支持：http://hardware.redhat.com/hcl/。但是假如用户并不了解自己的硬件系统，也可以在 Windows 系统下来查看。下面以 Windows 7 为例介绍查看硬件系统的方法。启动 Windows 7 系统后，可以通过以下几步来获取硬件配置信息。

（1）在 Windows 7 中，右键单击桌面上或【资源管理器】中的【计算机】图标，在弹出的菜单中选择【属性】命令，弹出【系统】窗口，如图 2-1 所示。在右侧中间部分可看到计算机的处理器（Central Processing Unit, CPU）和内存的情况。

（2）在图 2-1 所示窗口中，单击左上角的【设备管理器】，弹出【设备管理器】窗口，如图 2-2 所示。在该窗口中，用户可以详细地查看每一项硬件配置，并记录下来。

了解自己的硬件之后，要确认硬件是否符合 Linux 的安装要求。

1. 中央处理器

Linux 对中央处理器（CPU）的要求不是很高，基本上现在的处理器都能运行 Linux。但因为系统会使用到浮点运算器，所以采用的处理器性能要高于 80486DX 的等级。

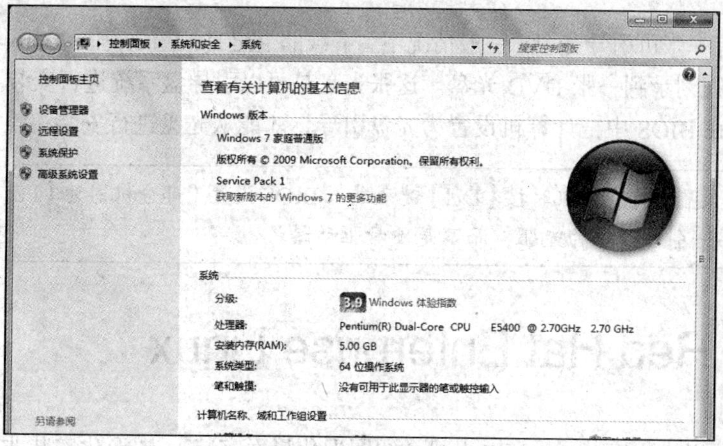

图 2-1　系统属性

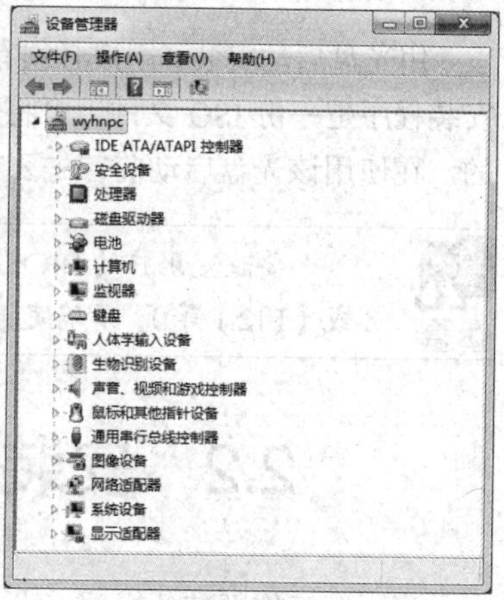

图 2-2　设备管理器

2. 主板

现在基本上所有的主板都能与 Linux 兼容，一般不会出现问题。

3. 内存

一般 Linux 系统单纯使用文本模式，需要 8MB 以上的内存即可。但如果要在 X Window System 图形化界面下运行系统，则最少要 16MB 内存。如果要用 GNOME 或者 KDE 一类的集成操作环境，最少要用 64MB 以上的内存。对于内存以 GB 计算的现在，内存的大小也不会成为问题。

4. 磁盘空间

Red Hat Enterprise Linux 7.3 提供了多种不同的安装方式，所需要的磁盘空间是不一样的。常见几种安装模式对磁盘空间的需求如下。

（1）最小安装，最少需要 5.5GB 的磁盘空间，建议最少留出 6.5GB 的磁盘空间。

（2）基础设施服务器，最少需要 6.5GB 的磁盘空间，建议最少留出 7GB 的磁盘空间。

（3）文件及打印服务器，最少需要 7GB 的磁盘空间，安装所有的软件需要 7.5GB 的磁盘空间。

（4）基本网页服务器，最少需要 7GB 的磁盘空间，建议最少留出 7.5GB 磁盘空间。

（5）虚拟化主机，最少需要 6.8GB 的磁盘空间，建议最少留出 7.5GB 磁盘空间。

（6）带 GUI 的服务器，最少需要 7GB 的磁盘空间，建议最少留出 8.5GB 磁盘空间。

5. 显卡

一般在文本模式下，只需要具备 VGA 级别的显卡即可。在 X Window System 模式下，显卡则必须有能够配合的驱动程序。在 Red Hat Enterprise Linux 7.3 系统下，很多显卡都能被自动识别。只有极个别的显卡不能被识别，但是并不能代表这种显卡不能用。对于不能识别的显卡，用户可以尝试使用 SVGA 的 X Server。

6. 显示器

现在的显示器基本上都能被支持。用户一般不需要考虑显示器驱动及支持问题。

7. 网卡

一般的网卡都能被支持，如有不能被直接支持的网卡，可以尝试采用与 NE2000 网卡兼容的模式来使用。

2.1.2　光盘启动安装

用光盘启动安装，用户必须有一张可引导光盘。一般情况下，下载的 Red Hat Enterprise Linux 安装程序是一份 ISO 文件，可将其刻录到一张 DVD 光盘。这张光盘是可以引导盘系统进行安装的。在使用该光盘启动前首先要在 BIOS 中把计算机设置为光盘引导，才能从光盘进行安装。

> 注意　要改变用户的 BIOS 设置，可在开机时按【Del】键来进入 BIOS 设置（部分机器为【F2】或【F12】等）。请确定第一引导设备为光驱，而不是硬盘驱动器。

2.2　安装 Red Hat Enterprise Linux

当所有工作都准备好后，就可以进行安装了（在这里只介绍图形化界面安装）。图形化安装非常简单，只需要按照提示逐步进行就可以完成。

1．引导安装程序

设置好 BIOS 的启动项之后，把 Red Hat Enterprise Linux 安装光盘放入光驱，重启计算机。计算机自动从光盘引导，进入如图 2-3 所示界面。

这个界面包括了许多不同的引导选项，第一项是安装系统，通常选择第一项即可进行安装（直接按【Enter】键即可）。

2．选择安装方式

进入如图 2-3 所示界面后，只需要按下【Enter】键，如图 2-4 所示，就可以从光驱引导 Red Hat Enterprise Linux 进行图形化安装了。

除了图形化安装模式之外，还有一种文本安装模式，在 Red Hat Enterprise Linux 安装系统的界面中（如图 2-3 所示），不再显示让用户选择图形或文本安装模式了。要进入文本安装模式，在出现图 2-3 所示的界面时按【Esc】键，然后在出现的安装 boot 提示符后面输入“linux text”，按【Enter】键即可进入文本安装模式。

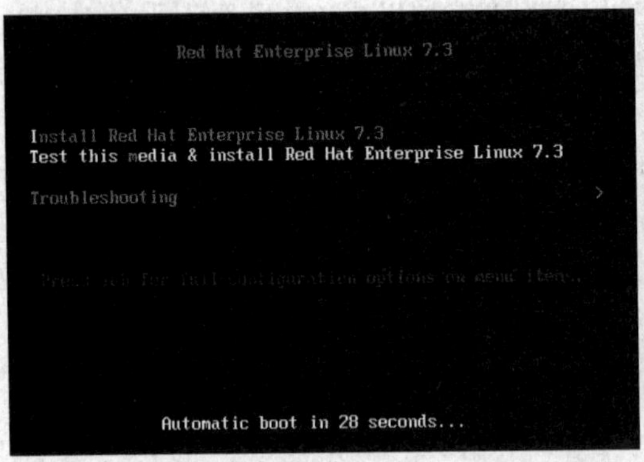

图 2-3　Red Hat Enterprise Linux 安装引导界面

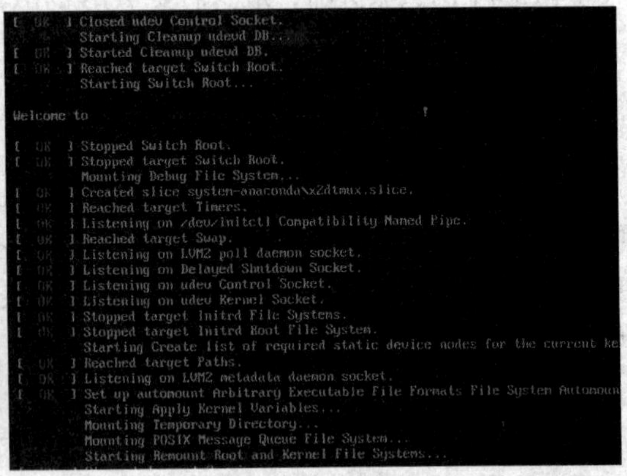

图 2-4　检测信息

两种安装模式的异同如表 2-1 所示。

表 2-1　两种安装模式的比较

图形化安装模式	文本安装模式
安装速度相对较慢	安装速度相对较快
鼠标操作方便灵活	键盘操作
提示较多	提示较少

从表 2-1 中可以看出在文本安装模式下速度较快，但是没有图形化安装方便。这对多次安装过 Linux 的用户比较适用。对于初次安装的用户，推荐使用图形化安装。在图形化安装模式下，每一步的操作都有提示，可以随时解决问题，而不需要再去另行翻阅资料，这样就可以减少错误。

3. 选择安装界面语言

进入图形化界面后，首先出现的是语言选择界面，如图 2-5 所示。选择【中文 Chinese 简体中文 （中国）】选项。然后，单击【继续】按钮，后面的界面都将以中文方式显示。

4. 选择键盘类型

接着显示如图 2-6 所示界面，单击【键盘】按钮按默认选项即可，单击【完成】按钮，如图 2-7 所示。

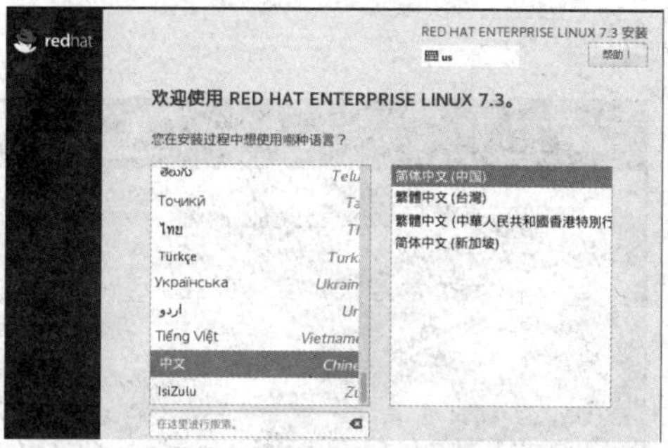

图 2-5　语言选择界面

图 2-6　安装信息摘要

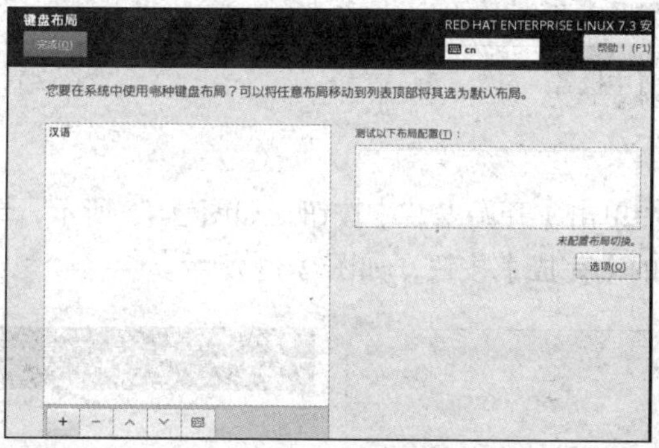

图 2-7　键盘配置

5. 存储设备选择

在【安装信息摘要】界面中，单击【安装位置】按钮，在该界面中，为系统选择正确的存储设备，如图 2-8 所示。

根据界面中的文字提示，选中第一个【本地标准磁盘】，默认选中【自动配置分区】，选中【我想让额外空间可用】，然后单击【完成】按钮。如图 2-9 所示，单击【全部删除】，再依次单击【回收空间】【完成】按钮。

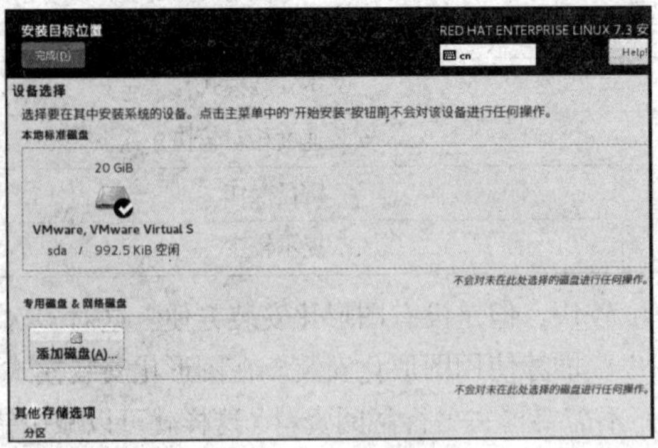

图 2-8　存储设备选择

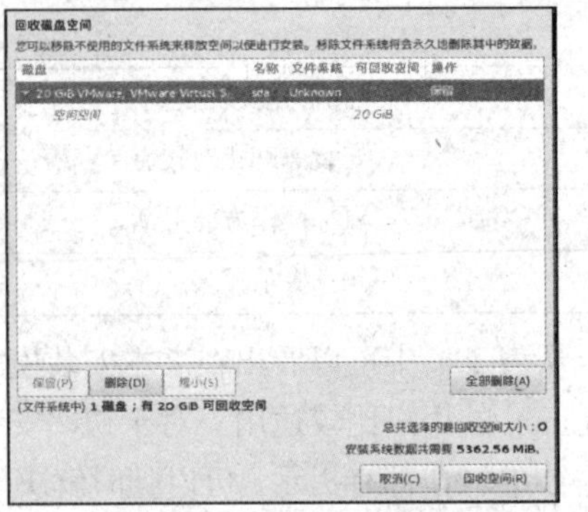

图 2-9　回收磁盘空间

6．设置主机名

接着单击【网络和主机名】，在如图 2-10 所示的界面中为主机命名，图中【主机名】中已经填入默认的名称。

7．时区配置

在图 2-6 所示的界面中选择【日期和时间】，在中间部分的下拉列表框中选择【亚洲/上海】。也可以在地图中选择所在区域来设置时区。如图 2-11 所示。

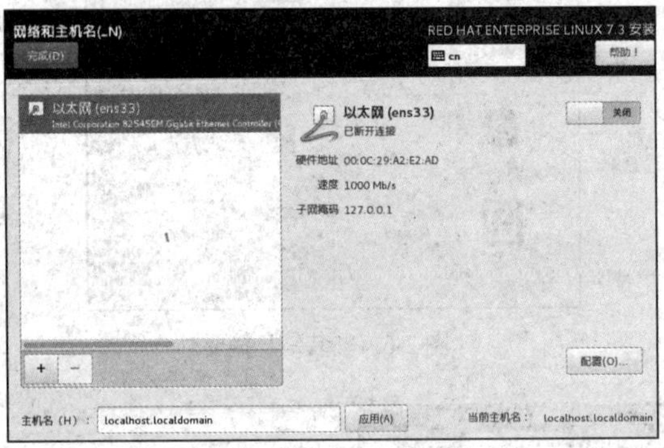

图 2-10　设置主机名

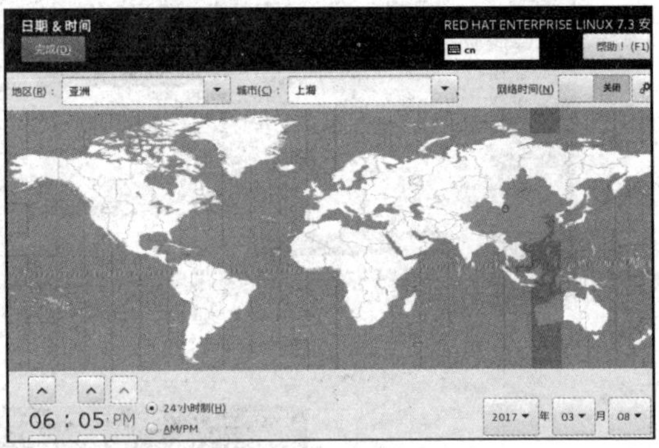

图 2-11　时区配置

8．创建用户

在图 2-6 所示的界面中单击【开始安装】按钮，如图 2-12 所示，单击【创建用户】，输入用户名和密码，单击左上角的【完成】按钮，如图 2-13 所示。

图 2-12　开始安装界面

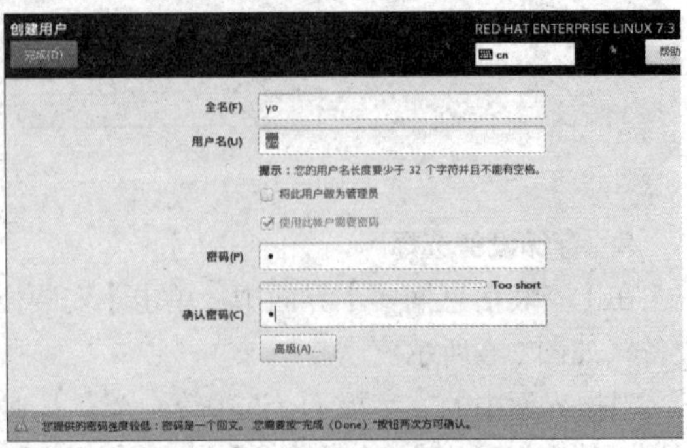

图 2-13　创建用户界面

9. 设置 root 密码

接着在图 2-12 界面中单击【ROOT 密码】，打开如图 2-14 所示的对话框，输入根用户的密码（即 root 用户的密码），连续输入两次相同的密码后单击【完成】按钮。

root 密码必须至少有 6 个字符，在设置密码时，应使用不容易被他人猜到的字符串。安全性高的密码应该是数字、字母混合，通常还应包含大写、小写两种字母。

10. 磁盘分区设置

在图 2-8 中，单击【我要配置分区】按钮，系统进入磁盘分区设置窗口，如图 2-15 所示，在这里可对磁盘进行分区。

磁盘分区设置是整个安装过程中一个比较复杂的过程。Linux 分区与 Windows 分区不一样，Windows 分区可以通过盘符来访问，而 Linux 是通过将分区挂载到目录上实现对分区的访问。详细的 Linux 文件系统、目录及磁盘管理知识将在后文介绍。初级用户可以在 Linux 下只分 3 个区：根分区、boot 分区和交换分区。

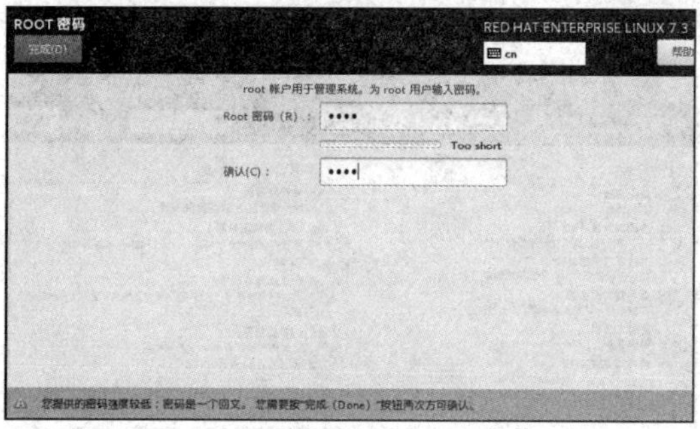

图 2-14　设置 root 密码

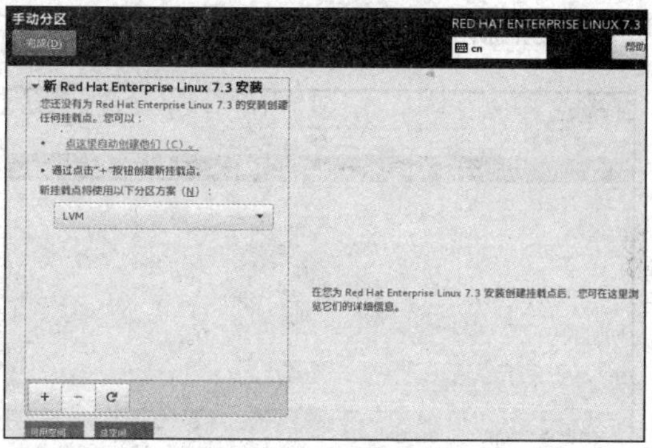

图 2-15　手动设置分区

（1）根分区用符号（/）来表示，是用来存放文件用的。Linux 系统的大部分文件安装在根分区下。最小安装时该分区需要 3.0GB，完全安装时该分区需要 5.0GB 的空间。

（2）交换分区（swap）是一种特殊的分区，用于数据交换，类似于 Windows 中的虚拟内存（页面文件）概念。交换分区无需挂载，Linux 在启动时会自动识别。交换分区并不是必须的，但一般将它设置为物理内存的 1 ~ 2 倍，以避免内存不足而导致程序无法正常运行。

（3）boot 分区通常包含启动管理器所需的文件，以及操作系统的内核（允许用户的系统引导 RHEL 7.3）。boot 分区并非必须，但由于早期 BIOS 对于读取大容量的分区存在一些限制，通常都会拥有独立的 boot 分区。这样也比较利于对系统的管理和修复。对大多数用户来说，可以将引导分区大小设为 100 MB ~ 200MB。

了解磁盘分区的基本知识后，就可以选择安装类型了。

单击左下角【+】按钮，如图 2-16 所示，输入【挂载点】【期望容量】，单击【添加挂载点】按钮。一共建立 3 个分区，创建好全部分区之后的界面如图 2-17 所示，然后单击【完成】按钮。

11. 引导程序配置

在图 2-8 所示的界面中，单击【完整磁盘摘要及引导程序】，设置引导程序如图 2-18 所示，使磁盘的【可引导】被选中，单击【关闭】按钮。

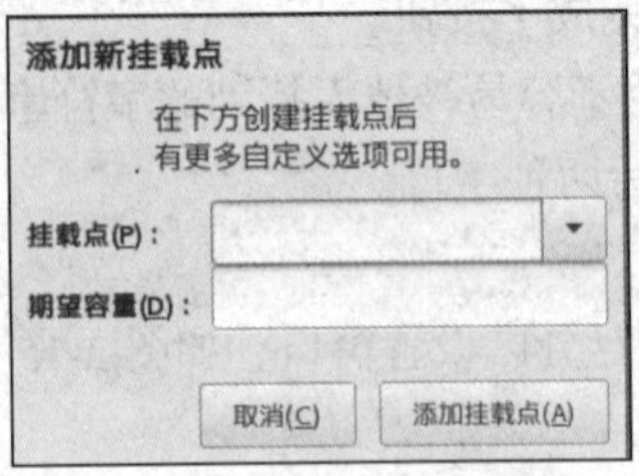

图 2-16　添加挂载点

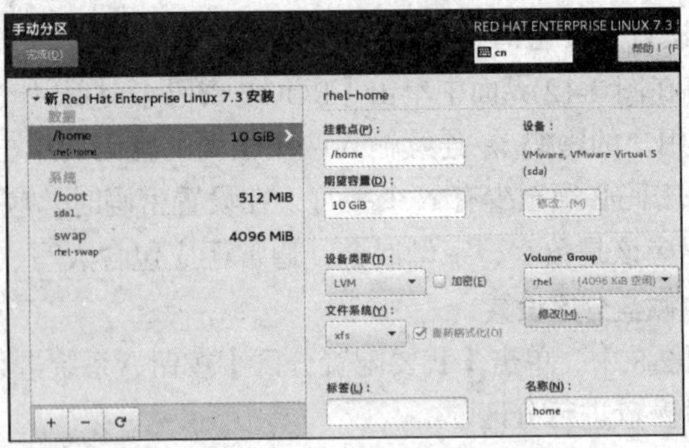

图 2-17　3 个挂载点

12. 选择软件包组

图 2-6 所示的界面中，单击【软件选择】，如果使用文本安装模式，则不能进行软件包选择，安装程序只能自动从基本和组群中选择软件包。这些软件包足以保证系统在安装完成后可操作，并可安装更新的软件包。如图 2-19 所示。

图 2-18　设置引导程序

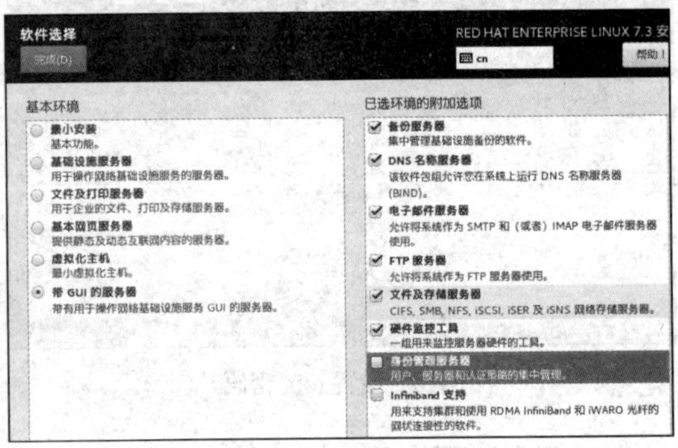

图 2-19　选择安装组件

在 RHEL 7.3 中提供了多种方式的选择，常用的 6 种软件组件安装方式介绍如下。

（1）最小安装：这个选项提供在服务器中使用的基本安装，包括：兼容性程序库，开发工具，智能卡支持。

（2）基础设施服务器：用于操作网络基础设施服务的服务器。

（3）文件及打印服务器：用于企业的文件，打印和存储的服务器。

（4）基本网页服务器：提供静态及动态互联网内容的服务器。

（5）虚拟化主机：最小虚拟化主机。

（6）带 GUI（Graphical User Interface，图层用户界面）的服务器：带有用于操作网络基础设施服务 GUI 的服务器。

13. 安装软件包

选择好软件包后，单击【完成】。接着单击【开始安装】，安装程序开始进行软件包的安装，其安装进度如图 2-20 所示。

将软件包安装完成之后，将显示如图 2-21 所示的界面，单击右下角的【重启】按钮即可重启计算机。

图 2-20　安装软件包

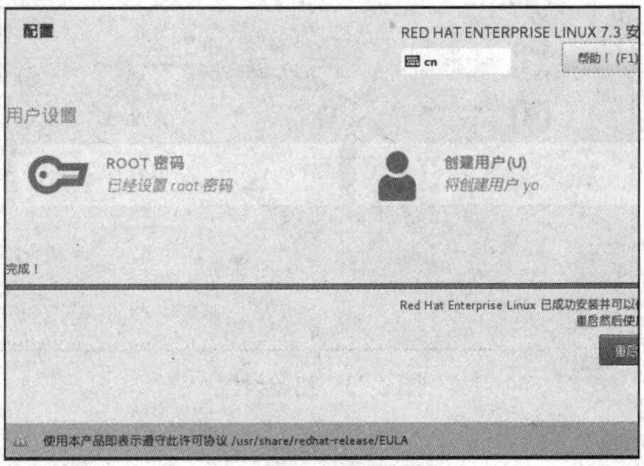

图 2-21　安装完成

2.3　登录 Red Hat Enterprise Linux

重启计算机后，引导装载系统将会引导进入系统。系统将会对软硬件和配置参数进行检测，如图 2-22 所示。

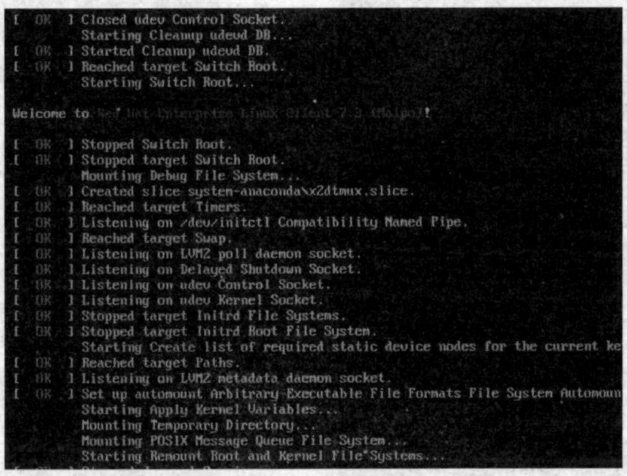

图 2-22　系统自动检测

2.3.1　初始设置

检测完毕后，系统进入 Red Hat Enterprise Linux 7.3 的登录界面。如果是第一次登录，系统将会进入初始设置界面，如图 2-23 所示。初始设置会引导用户进行 Red Hat Enterprise Linux 系统配置，使用该工具可以完成系统使用前的几项基本工作。

1.【LICENSING】

在【初始设置】界面中，单击【LICENSING】按钮，进入【许可信息】界面，如图 2-24 所示。在该界面中显示了最终用户许可协议，选中【我同意许可协议】单选按钮，然后单击【完成】按钮。

2.【系统】

可以不进行设置，直接单击【完成配置】按钮。

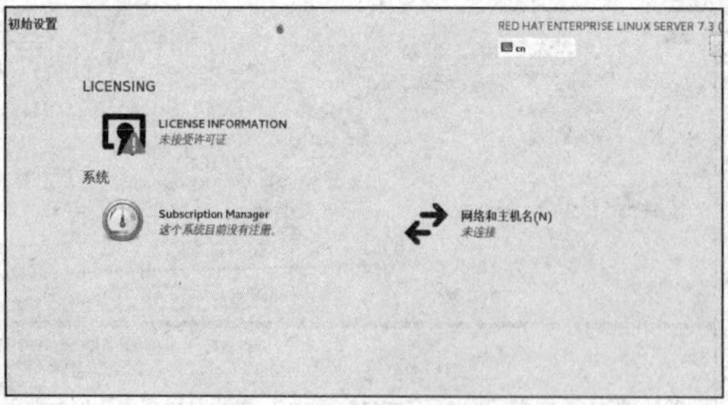

图 2-23　初始设置

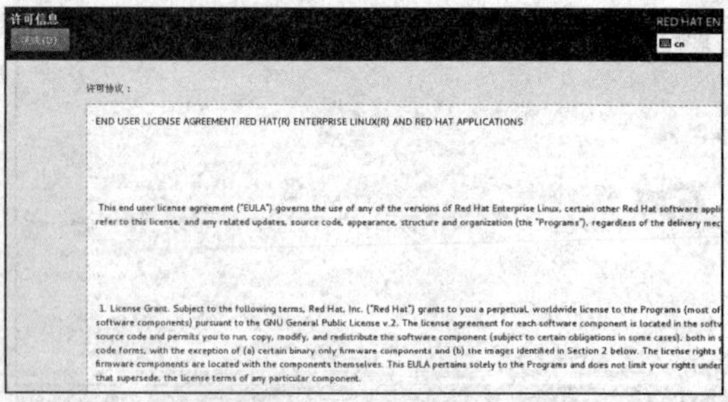

图 2-24　许可证信息

2.3.2　图形化登录

因为 Red Hat Enterprise Linux 是多用户操作系统，所以即使用户是唯一使用计算机的用户，也需要通过登录验证以后才能进入系统。系统根据登录账号的权限，会自动授予用户使用文件和程序的相应权限。通常图形化登录进入 X Window System 图形用户界面（GUI），如图 2-25 所示。

用鼠标单击用户名【yo】，将弹出要求输入用户密码的界面，如图 2-26 所示，输入密码后单击【登录】按钮即可登录到 Red Hat Enterprise Linux 图形化桌面。

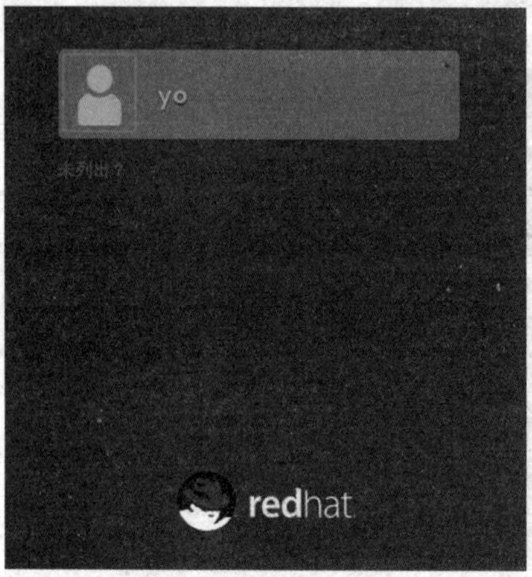

图 2-25　图形用户界面

图 2-26　输入密码

2.3.3　虚拟控制台登录

在安装过程中，如果用户没有选择【带 GUI 的服务器】，而选择要使用文本登录类型，那在系统被引导后，用户会看到以下登录提示。

```
Red Hat Enterprise Linux Server 7.3(Maipo)
Kernel 3.10.0-514.el7.x86_64 on an x86_64
localhost login:
```

要从控制台上登录为根用户，在登录提示后键入“root”，按【Enter】键。在口令提示后键入安装时设置的根口令，然后按【Enter】键。要登录为普通用户，在登录提示后输入用户的用户名，按【Enter】键，在口令提示后键入口令，然后再按【Enter】键。

登录后，用户可以键入如下命令来启动图形化桌面。

```
startx
```

这样系统就会从文本模式转换到图形模式。虚拟控制台登录速度比图形化登录速度快。

2.3.4　远程登录

要进行远程登录需要在文本模式下，输入以下命令。

```
[root@localhost root]# rlogin 218.xxx.xx.x    此为所要登录的主机的 IP 地址
password:
login incorrect
login root
password:
```

输入正确的用户名和口令之后就可以远程登录主机。

2.3.5　图形化环境

在安装 Red Hat Enterprise Linux 7.3 的时候，如果安装了图形化环境，启动了 X Window 系统后，会进入图形化桌面，如图 2-27 所示。

图 2-27　Linux 桌面

在 Linux 的图形化环境下，用户可以和在 Windows 环境中一样使用鼠标进行操作。图形化环境大大降低了 Linux 操作的难度，不必记忆大量的命令也可以很好地管理 Linux。

2.4　虚拟机安装 Red Hat Enterprise Linux

为了避免分区损失数据的风险，用户还可以采用虚拟机的方案。这样，既能保证更好的系统兼容性，也方便学习使用。目前各种虚拟机很多，比较流行的有 VMware Inc.出品的 VMware Worksation（商业软件）、Microsoft 出品的 Virtual PC（免费软件），以及开源的 Qemu 等。这里以 VMware Workstation 12 为例进行介绍。

2.4.1　下载并安装 VMware Workstation 12

（1）在官网下载 VMware Workstation 12。安装过程和其他常用软件区别不大，如图 2-28 和

图 2-29 所示分别为安装向导说明和软件使用许可，必须要接受许可才能继续安装。

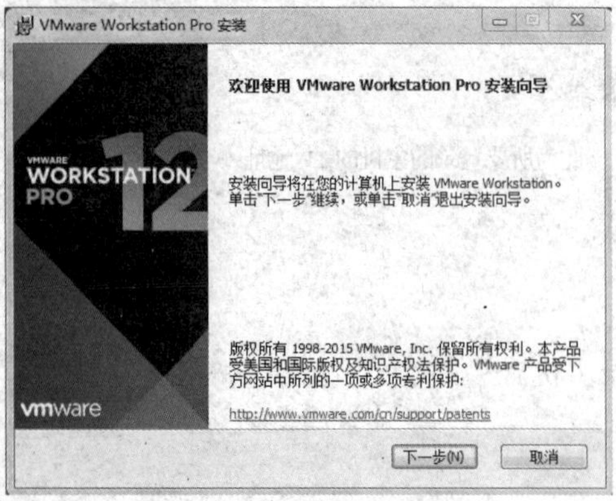

图 2-28　安装向导

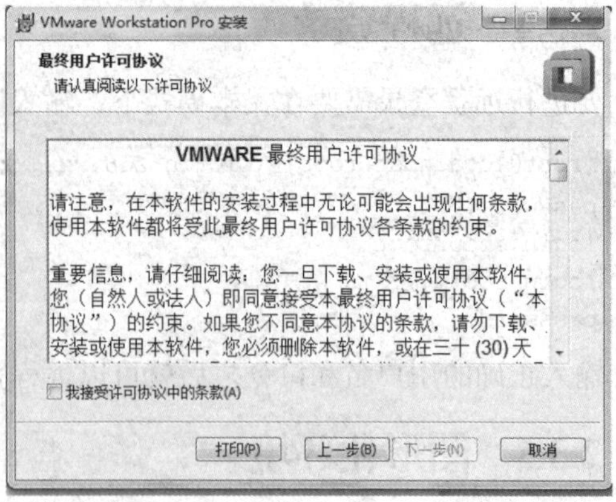

图 2-29　软件使用许可

（2）需要填写软件安装信息并选择安装路径，软件安装路径如无特殊要求，使用默认路径即可，如图 2-30 所示。

（3）单击【下一步】按钮，设置快捷方式和用户体验，如图 2-31 和图 2-32 所示。

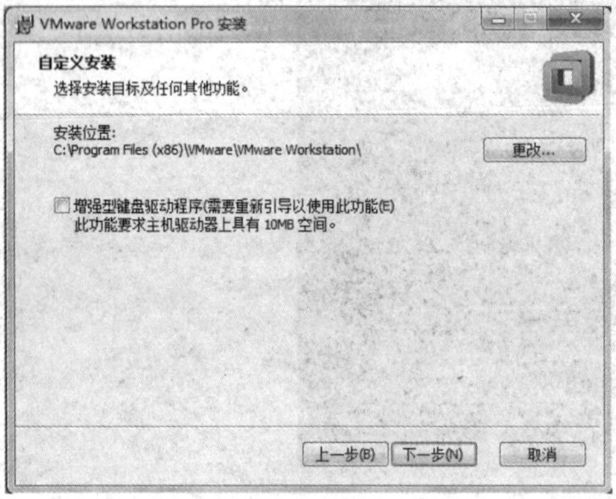

图 2-30　软件安装路径

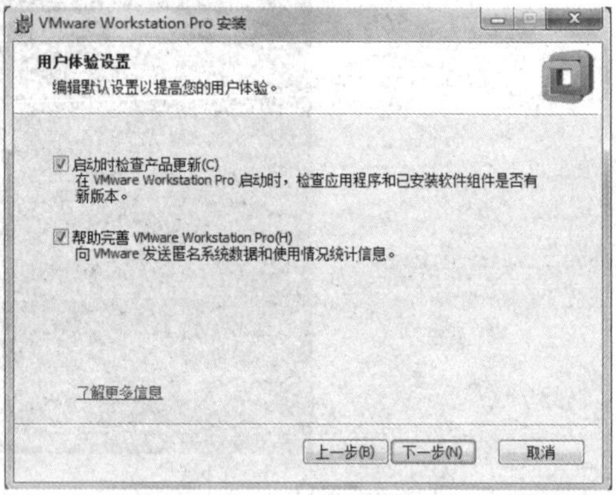

图 2-31　用户体验设置

（4）再次单击【下一步】按钮，进行安装，而后输入许可证，如图 2-33 和图 2-34 所示。

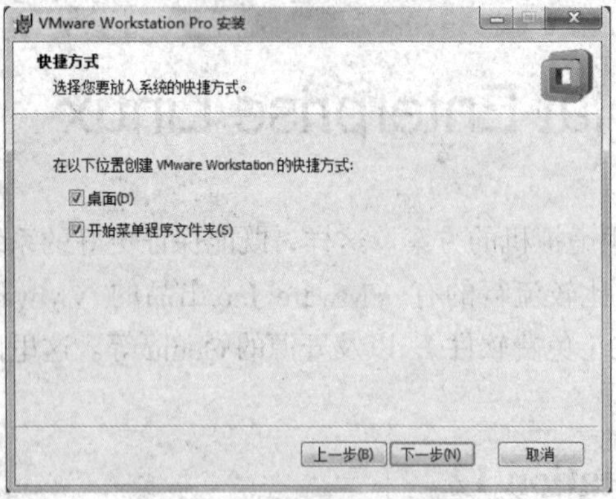

图 2-32　快捷方式设置

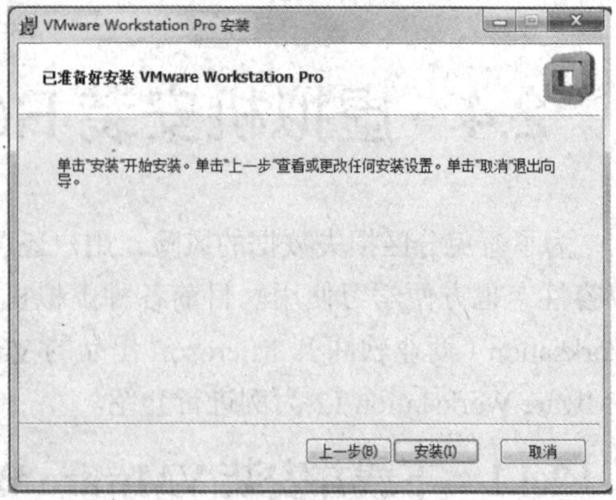

图 2-33　开始安装

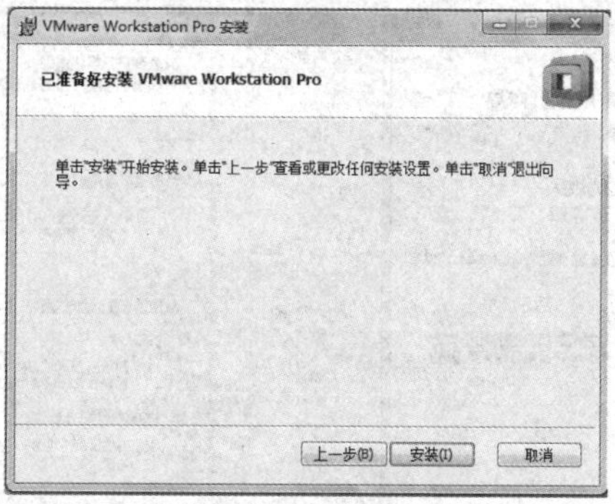

图 2-34　安装结束

（5）输入密钥后，单击【输入】按钮，安装过程完成，如图 2-35 和图 2-36 所示。

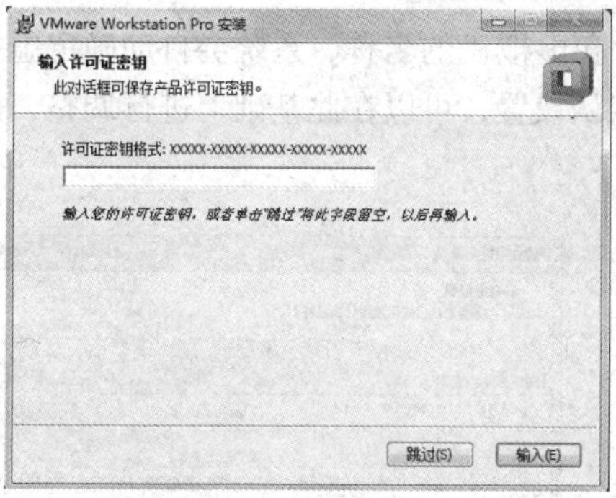

图 2-35　输入密钥

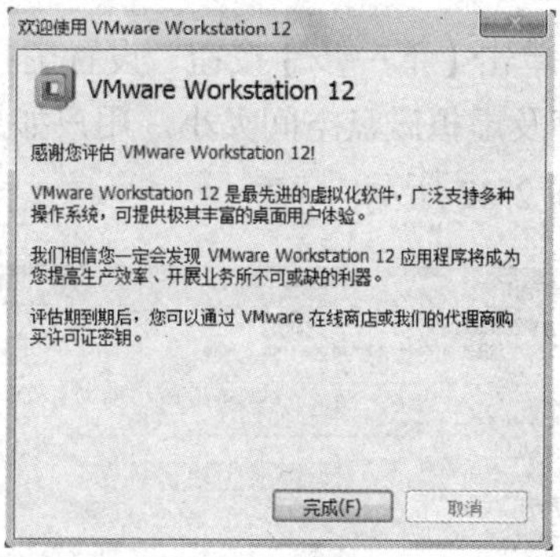

图 2-36　安装完成

2.4.2　添加新的虚拟机

启动 VMware Workstation 12，如图 2-37 所示。

（1）VMware Workstation 12 的控制台中单击【创建新的虚拟机】按钮，进入新建虚拟机向导，如图 2-38 所示。

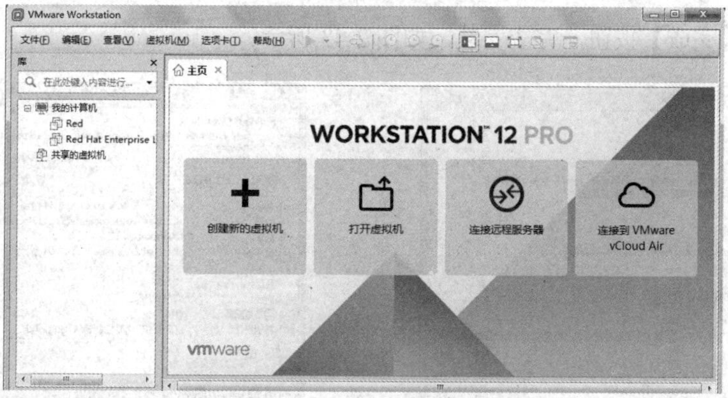

图 2-37　VMware 虚拟机

（2）在图 2-38 所示的对话框里，使用默认经典安装，单击【下一步】按钮。

（3）为新的虚拟机指定名字和路径和映像文件，如图 2-39 和图 2-40 所示。

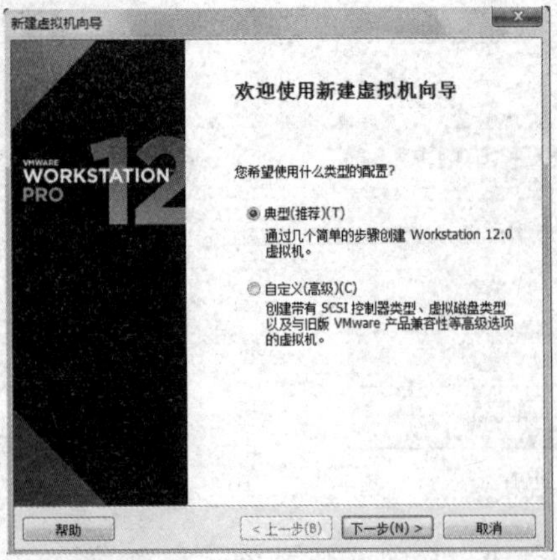

图 2-38　新建虚拟机向导

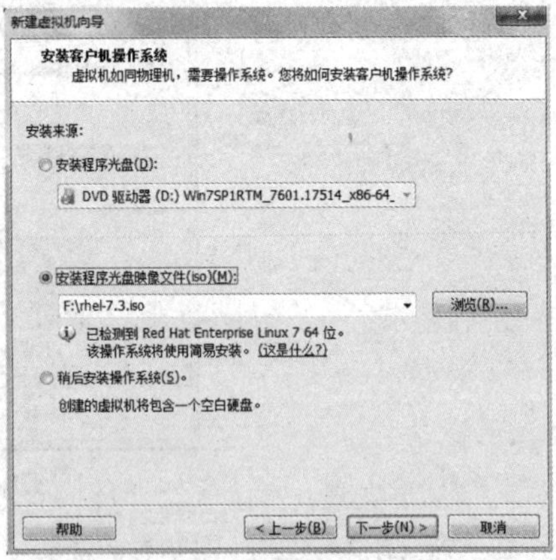

图 2-39　选择映像文件

（4）单击【下一步】按钮，设置虚拟机的位置和虚拟机的名称，系统会自动确定虚拟机所使用的内存及虚拟磁盘空间大小。用户如果不满意默认设置，可以在此基础上进行调整，分别如图 2-41 和图 2-42 所示。

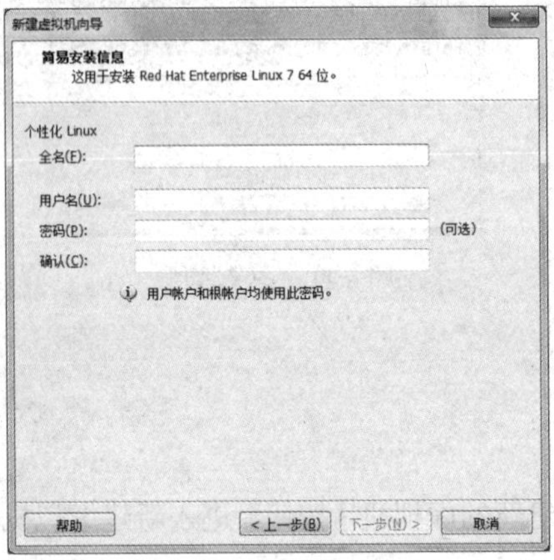

图 2-40　创建用户名和密码

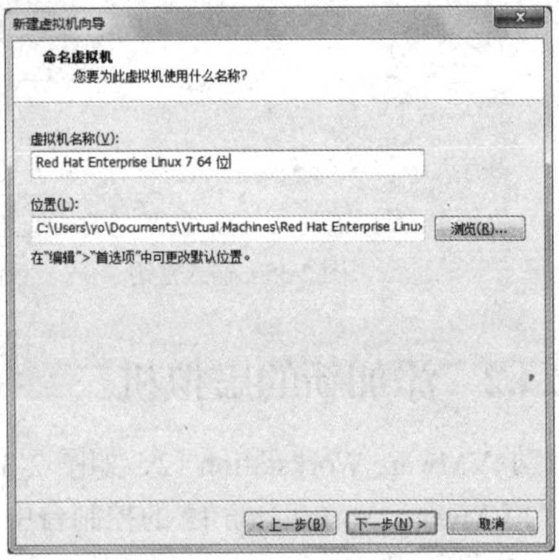

图 2-41　虚拟机名称和路径

（5）单击【完成】按钮，完成安装，如图 2-43 所示。

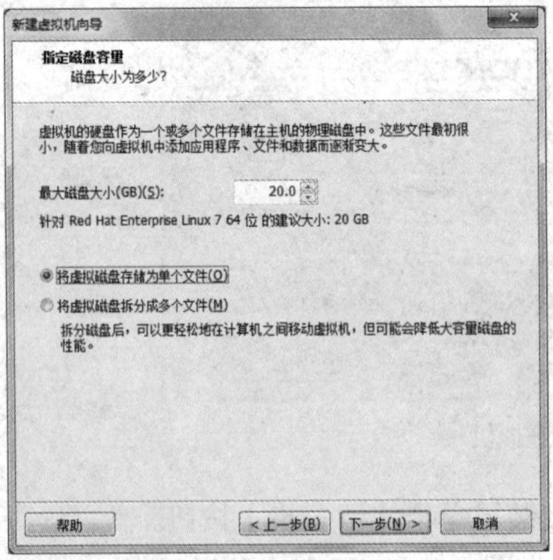

图 2-42　虚拟机选项

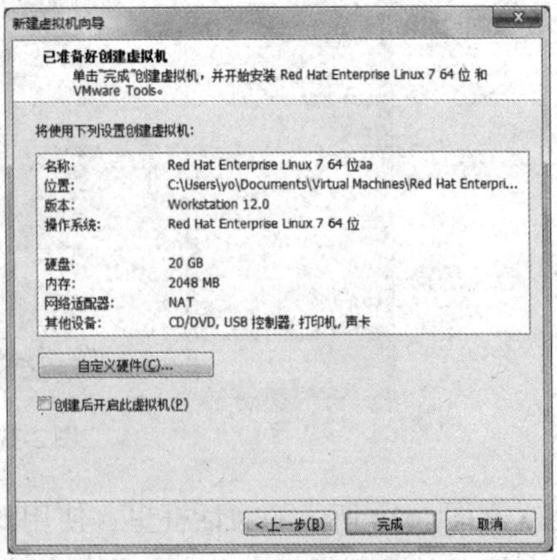

图 2-43　虚拟机添加成功

2.4.3　在虚拟机中安装 Red Hat Enterprise Linux

在 VMware Workstation 控制台里选中 Red Hat Enterprise Linux 7 64 位，单击【开启此虚拟机】按钮，打开该虚拟机，如图 2-44 所示。启动后，如果要关闭或重启虚拟机，可右击虚拟机，选择【电源】选项，如图 2-45 所示。

图 2-44　启动虚拟机

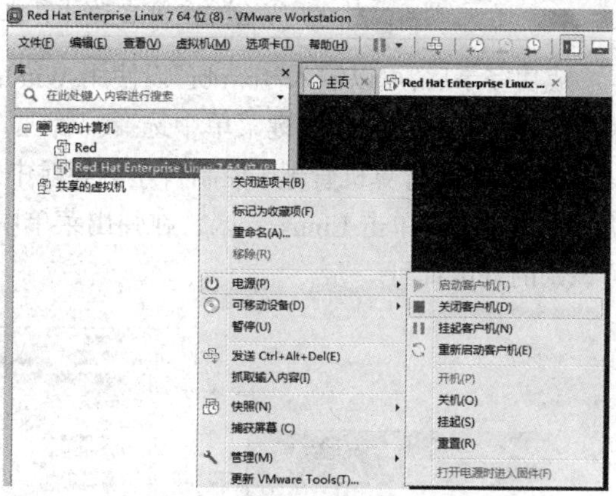

图 2-45　关闭虚拟机

注意　进入虚拟机后，虚拟的操作系统会自动捕获用户的鼠标和键盘操作。要退出虚拟系统回到宿主系统中，在 VMware Workstation 12 中需按下键盘【Alt】和【Ctrl】键。另一种方法是安装 VMware Tools，单击菜单【虚拟机】|【更新 VMware Tools】。

其他虚拟机的使用方法是类似的，可自行研究，此处不再赘述。

2.5　卸载 Red Hat Enterprise Linux

通常，一旦习惯了 Linux 的操作方式，就会为其强大的功能所吸引。当然，在某些情况下，也需要从磁盘上移除 Linux。本节将介绍卸载 Linux 的基本方法。

2.5.1　从硬盘上卸载 Red Hat Enterprise Linux

如果是在硬盘上安装 Red Hat Enterprise Linux，通过 GRUB 启动管理器和 Windows 形成双系统时，可用 Windows 的启动盘对 MBR 进行修复。对于 Windows XP 而言，可以通过其启动盘启动。待其文件复制完毕，按“R”进入【故障修复控制台】。进入【故障修复控制台】后系统有如下提示。

```
Microsoft Windows(R) Recovery Console

The Recovery Console provides system repair and recovery functionality.
Type EXIT to quit the Recovery Console and restart the computer.

1: C:\WINDOWS

Which Windows Installation would you like to log onto
```

```
(To cancel, press ENTER)?
```

输入适当的 Windows 安装号后，将提示输入管理员账户密码。

> **注意** 如果用户连续 3 次输入不正确的密码，Windows 故障恢复控制台将退出。另外，如果 SAM（Security account Mangager，安全账户管理器）数据库丢失或受损，那么也无法使用 Windows 故障恢复控制台，因为无法得到适当的身份验证。在输入密码并且 Windows 故障恢复控制台启动后，输入“exit”重新启动计算机。

成功登录后，可以输入“fixmbr”以使用 Windows 默认的启动器。修复后重启直接进入 Windows 系统。在【我的电脑】右键菜单中选择“管理”菜单项，如图 2-46 所示。

然后，在【计算机管理】控制台左侧导航中选择【存储】节点下的【磁盘管理】项，如图 2-47 所示。鼠标右键单击 Linux 分区，在弹出菜单中选中【格式化】菜单项，将其格式化为 Windows 可识别的分区即可。

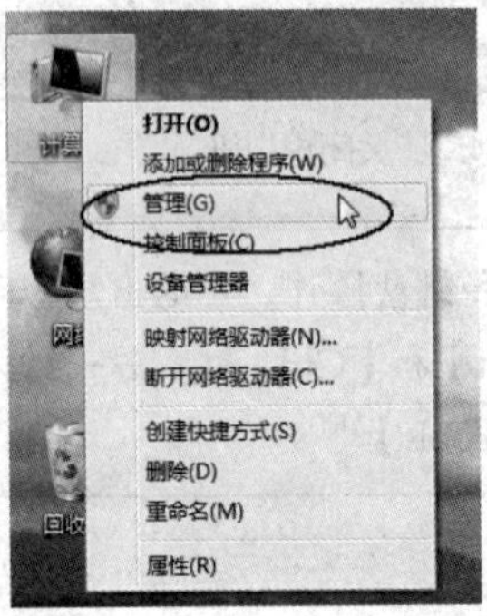

图 2-46 “管理”菜单项

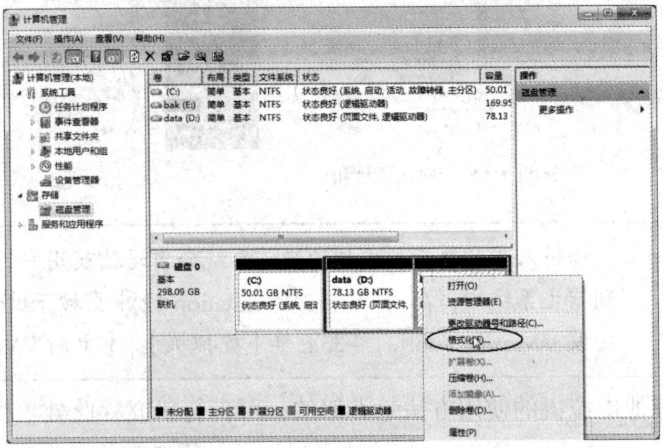

图 2-47 Windows 磁盘管理

2.5.2 从虚拟机上删除 Red Hat Enterprise Linux

从虚拟机上删除 Red Hat Enterprise Linux 比较简单，通常都有按钮可以直接移除。首先关闭虚拟机，在 VMware Workstation 12 控制台里右击需要删除的虚拟机，单击【移除】按钮即可将其移除，如图 2-48 所示。

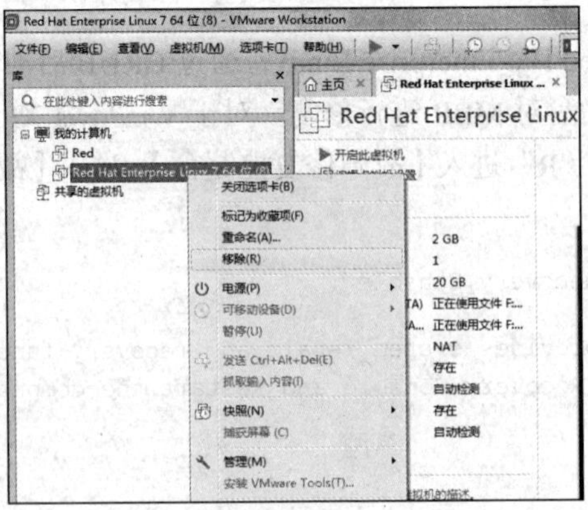

图 2-48 移除 Red Hat Linux

移除后在相应文件夹里删除该虚拟机的设置及虚拟磁盘文件即可。

小　结

现在，安装 Linux 操作系统已经变得越来越简单，比如，预先编译二进制软件、预先选择软件包和分区，还有图形化界面使得 Red Hat Enterprise Linux 的安装变得非常轻松，普通计算机用户进入 Linux 环境也更加方便了。

除了讲解逐步安装操作系统的过程外，本章还介绍了通过 VMware Workstation 虚拟机安装 Red Hat Enterprise Linux 系统的方法，同时还讨论了如何从 Windows 系统中卸载 Red Hat Enterprise Linux。

习　题

1. Linux 可以通过________、________和________等多种介质进行安装。
2. Red Hat Enterprise Linux 提供的引导程序有________和________。
3. 试比较图形化安装模式和文本安装模式的特点。

第3章 图形界面与命令行

Linux素来以高效、强大的字符界面著称，其灵活多变的Shell脚本非常利于服务器端的管理。近年来，随着X Window系统的发展，Linux的图形界面日渐成熟，也使Linux在操作的直观性、易用性上有了突飞猛进的进步。本章将对Linux下的图形界面（Graphic User Interface，GUI）和命令行（Command Line Interface，CLI）做一个初步的介绍。

3.1 Linux桌面

和Windows的图形化管理方式一样，Linux下也有自己的图形化管理系统。Linux图形化管理系统主要由以下两部分组成。

（1）X Window系统。

（2）KDE、GNOME或其他桌面环境（如XFCE等）。

3.1.1 X Window系统

X Window是一套基于“服务器/客户端”架构的视窗系统，于1984年在美国麻省理工学院（MIT）计算机科学研究室开始开发。目前，它是UNIX及类UNIX系统中最流行的视窗系统，并可用于几乎所有的现代操作系统。

X Window为GUI环境提供了基本的框架：在屏幕上绘图和移动窗口，以及与鼠标和键盘的互动。X Window并没有管辖到使用者接口——这是由每个独立的程序处理。因此，严格地说，X Window系统并不是一个软件，而是一个协议（Protocal）。

X Window由服务器（Server）、客户端（Client）和通信协议（X protocol）等3部分组成。服务器和客户端之间的通信协议的运作对计算机网络是透明的，即客户端和服务器可以在同一台计算机上，也可以不是。客户机和服务器还能够使用安全连接上在互联网上安全地通信。目前，X Window系统有两种实现：XFree86和X.Org服务器。

XFree86自1992年起一直循着自由发放的开放源代码模式发展。它主要的运作平台是UNIX类操作系统，包括各版本的UNIX、Linux、BSD、Solaris、Mac OS X、IRIX、OpenVMS及Cygwin/X等。但从2004年开始，它不再以GPL软件许可证的形式出现，而是使用XFree86®Project公司所拥有的XFree86 License version 1.1软件许可证模式发放。

由于在XFree86 4.4最终版本采用新许可证问题上的分歧，Xorg服务器的第一个版本X11R6.7.0

从 XFree86 4.4 RC2 派生出来，并加入了 X11R6.6 的一些改动。许多原先 XFree86 的开发者加入了这个比 XFree86 更开放的项目。目前，X.Org 服务器逐渐在开源 UNIX 风格操作系统中流行。

注意　在 Red Hat Linux 9 中仍然使用的是 XFree86，而在更新的 Linux 系统中（如本书介绍的 Red Hat Enterprise Linux 7.3），已经普遍采用了 X.Org 服务器。

3.1.2　KDE 桌面

KDE（K Desktop Environment），即 K 桌面环境，由德国人 Mathias Ettrich 于 1996 年 10 月创建。Mathias Ettrich 就读于图宾根大学时，由于对 UNIX 桌面不满，所以决心开发一个易于使用及更人性化的桌面系统。在其他志愿者的共同努力下，1997 年初第一个具有一定规模的 KDE 版本诞生。

尽管 KDE 是免费的开源软件，但 KDE 是基于 TrollTech 公司开发的商业版 Qt 链接库，因此很多人担心其日后会出现版权问题。1998 年 11 月，Qt 链接库采用开源的 QPL（Q Public License）授权。2000 年 9 月，一个以 GPL 发布的 UNIX 版本的 Qt 链接库发布。此后，KDE 才得到了充分发展，并被与用于一般非商业领域。KDE 主要包含以下应用程序。

（1）Konqueror（档案管理与网页浏览器）。

（2）amaroK（音乐播放器）。

（3）Gwenview（图像浏览器）。

（4）Kaffeine（媒体播放器）。

（5）Kate（文本编辑器）。

（6）Kopete（即时通讯软件）。

（7）KOffice（办公软件套件）。

（8）Kontact（个人信息管理软件）。

（9）KMail（电子邮件客户端）。

（10）Konsole（终端模拟器）。

（11）K3B（光盘烧录软件）。

（12）KDevelop（集成开发环境）。

如图 3-1 所示为 Red Hat Enterprise Linux 的 KDE 桌面截图，从图中可看到，KDE4 的操作方式类似于 Windows 7，单击左下角的红帽图标会弹出开始菜单。

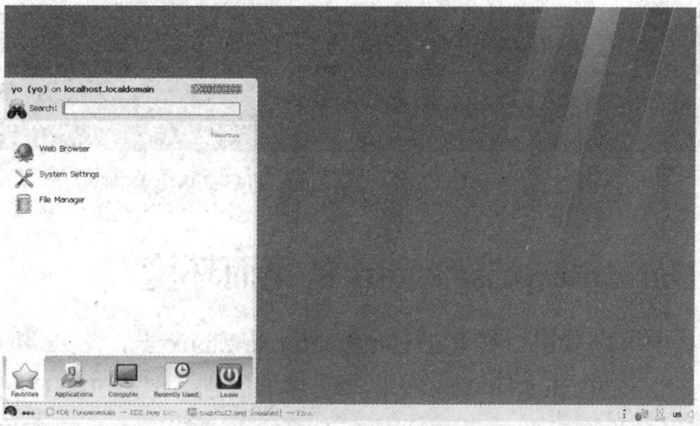

图 3-1　Red Hat Enterprise Linux 的 KDE 桌面

3.1.3 GNOME 桌面

GNOME（GNU Network Object Model Environment，GNU 网络对象模型环境）计划于 1997 年 8 月由 Miguel de Icaza 和 Federico Mena 发起，目的是取代 KDE。GNOME 的兴起很大程度上是因为 KDE 中使用的 Qt 链接库最初并未采用开源协议，限制了其应用。

GNOME 是 GNU 计划的正式桌面，也是开放源码运动的一个重要组成部分。目标是为 UNIX 或者类 UNIX 操作系统构造一个功能完善、操作简单及界面友好的桌面环境。GNOME 中的 GIMP Toolkit（GTK+）被选中作为 Qt Toolkit 的替代，担当 GNOME 桌面的基础。GNOME 下的主要应用程序如下。

（1）Abiword（文字处理器）。

（2）Epiphany（网页浏览器）。

（3）Evolution（联系/安排和 E-mail 管理）。

（4）Gaim（即时通信软件）。

（5）gedit（文本编辑器）。

（6）The Gimp（高级图像编辑器）。

（7）Gnumeric（电子表格软件）。

（8）GnomeMeeting（IP 电话或者电话软件）。

（9）Inkscape（矢量绘图软件）。

（10）Nautilus（文件管理器）。

（11）Rhythmbox（类型 Apple iTunes 的音乐管理软件）。

（12）Totem（媒体播放器）。

如图 3-2 所示为 Red Hat Enterprise Linux 的 GNOME 桌面截图。

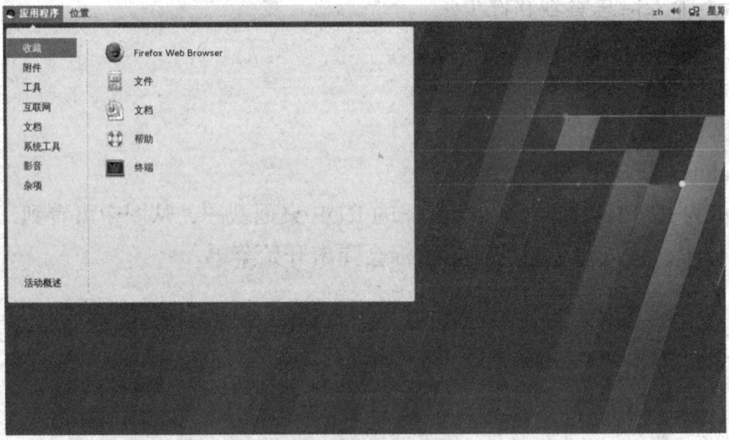

图 3-2 Red Hat Enterprise Linux 的 GNOME 桌面

3.1.4 Red Hat Enterprise Linux 的桌面环境

从图 3-1 和图 3-2 中可以看出，在 Red Hat Enterprise Linux 里，KDE 和 GNOME 看起来十分相似。尽管从底层上看，KDE 和 GNOME 有非常明显的区别，但是 Red Hat Enterprise Linux 的修改使图标、菜单、面板和许多系统工具在这两个不同的桌面环境中看起来是一致的。

除了前两小节介绍的不同桌面环境外，还有很多其他轻量级的桌面环境，如 XFCE、FVWM、Fluxbox、Blackbox 等许多不同的桌面环境，都可供 Linux 用户选择。因为 Red Hat Enterprise Linux 默认只安装 GNOME，所以后文中如果涉及图形界面中的操作，均以 GNOME 界面为准。

GNOME 和 KDE 等常见 Linux 桌面环境，在操作上和 Windows 基本类似。此处不再详细介绍其操作方法，重要的操作后文会详细介绍。

3.2　Linux 字符界面

虽然图形用户界面操作简单直观，但命令行的人机交互模式仍然沿用至今，并且依然是 Linux 系统配置和管理的首选方式。因此，掌握一定的命令行知识，是学习 Linux 的过程中一个必不可少且至关重要的步骤。

3.2.1　认识 Linux Shell

Shell 就是系统的用户界面，提供了用户与内核进行交互操作的一种接口。如果把操作系统内核想象成一个球体的中心，那么 Shell 就是围绕内核的外层。Shell 接收用户输入的命令并把它送入内核去执行。不仅如此，Shell 还可以拥有自己的编程语言，允许用户编写由 Shell 命令组成的程序。Shell 编程语言具有普通编程语言的很多特点，例如，它也有循环结构和分支控制结构等，用这种编程语言编写的 Shell 程序与其他应用程序具有同样的效果。但从本质上说，Shell 就是一个命令解释器。

Windows XP 中的 Shell 为命令行提示符 CMD 和窗口管理器 Explorer。Linux Shell 也是类似的，同时拥有基于字符界面的 Shell 和 KDE、GNOME 等窗口管理器。通常所说的 Linux Shell 实际上指的是字符界面的 Shell 解释器。

目前，Linux 下可用的 Shell 也有很多种，如 Bourne Shell、C Shell、Korn Shell、POSIX Shell 及 Bourne Again Shell 等，各自特点介绍如下。

1. Bourne Shell

Bourne Shell（包括 sh、ksh 和 bash）——最初的 UNIX shell 是由 Stephen R.Bourne 于 20 世纪 70 年代中期在新泽西的 AT&T 贝尔实验室编写的。这就是 Bourne Shell。Bourne Shell 是一个交换式的命令解释器和命令编程语言，其可以运行为 login shell 或者 login shell 的子 Shell（subshell）。只有 login 命令可以调用 Bourne Shell 作为一个 login shell。此时，Shell 先读取“/etc/profile”文件和“$HOME/.profile”文件。“/etc/profile”文件为所有的用户定制环境，“$HOME/.profile”文件为本用户定制环境。最后，Shell 会等待读取用户的输入。

2. C Shell

C Shell（包括 csh、tcsh）——Bill Joy 于 20 世纪 80 年代早期，在 Berkeley 的美国加利福尼亚大学开发了 C Shell。它主要是为了让用户更容易地使用交互式功能，并把 ALGOL 风格的语法结构变成了 C 语言风格。它新增了命令历史、别名、文件名替换、作业控制等功能。

3. Korn Shell

Korn Shell（包括 ksh）——长时间以来，只有两类 Shell 供人们选择，其中，Bourne Shell 用来编程，C Shell 用来交互。为了改变这种状况，AT&T 的贝尔实验室 David Korn 开发了 Korn Shell。ksh 结合了所有的 C Shell 的交互式特性，并融入了 Bourne Shell 的语法。因此，Korn Shell 广受用户的欢迎。它还新增了数学计算，进程协作（coprocess）、行内编辑（inline editing）等功能。Korn Shell 是一个交互式的命令解释器和命令编程语言。它符合 POSIX——一个操作系统的国际标准。POSIX 不是一个操作系统，而是一个目标在于应用程序的移植性的标准——在源程序一级跨越多种平台。

4. 其他 Shell

POSIX Shell——POSIX Shell 是 Korn Shell 的一个变种。Bourne Again Shell 即 bash。bash 是 GNU 计划的一部分，用来替代 Bourne Shell。它用于基于 GNU 的系统，如 Linux。大多数的 Linux（Red Hat、Slackware、SuSE）都以 bash 作为默认的 Shell。

注意

书中若未进行声明，那么 Shell 即为 bash。

3.2.2 登录终端控制台

登录终端控制台有两种方式：一种是在桌面系统中使用终端仿真器；另一种是直接在字符界面登录终端。

1. 使用 GNOME 终端仿真器

若用户直接以图形界面的方式登录 Red Hat Enterprise Linux 7.3，则启动终端控制台的方法为：单击【应用程序】|【工具】|【终端】命令，如图 3-3 所示，弹出 GNOME 的终端控制台界面。

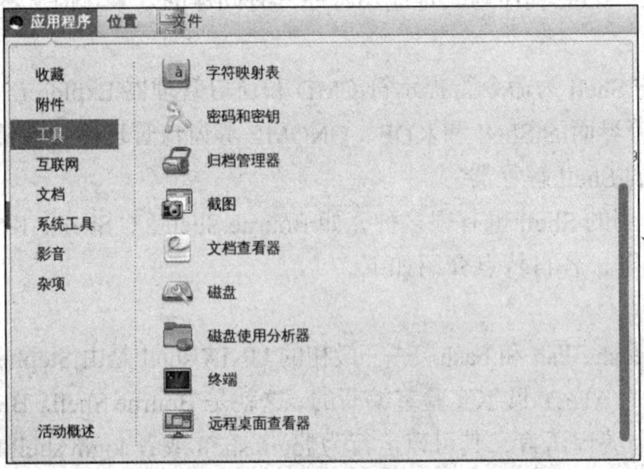

图 3-3　启动终端控制台

也可在 GNOME 桌面上单击鼠标右键，将弹出如图 3-4 所示的快捷菜单，选择【在终端中打开】命令，也将弹出 GNOME 的终端控制台界面。

GNOME 的终端控制台界面如图 3-5 所示。通常以 root 登录时，提示符以“#”结尾，以其他账户登录时，提示符以“$”结尾。

2. 直接登录字符界面

除了通过 GNOME 里的终端进入外，还可以直接在字符界面进行操作。若要从图形界面进入字符界面，则可使用【Ctrl】+【Alt】+【F2】组合键进行切换（【F2】~【F6】均可）。若要切换回图形界面，可以使用【Alt】+【Ctrl】+【F1】组合键返回图形界面。

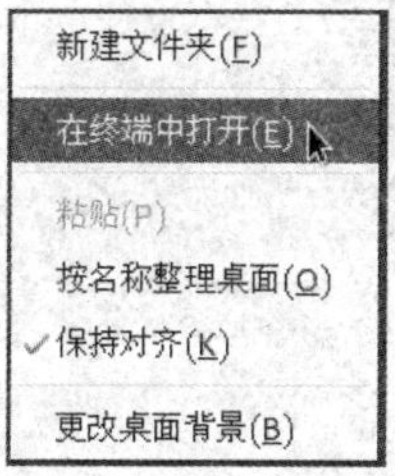

图 3-4　快捷菜单

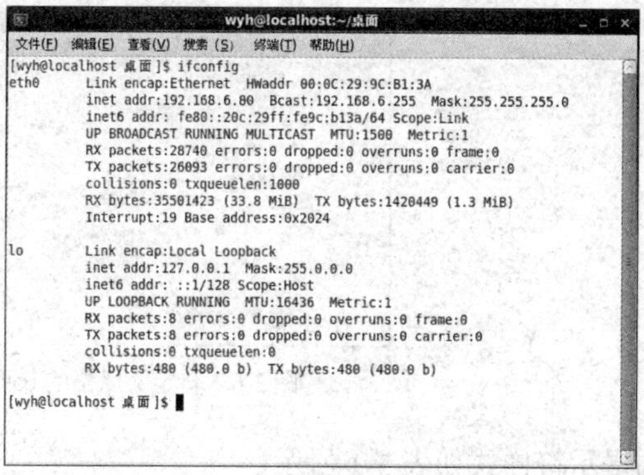

图 3-5　GNOME 的终端控制台

如果图形界面属于未开启状态（如直接登录字符界面，或退出了图形界面），则需要首先输入命令“startx”启动 X Window。

如果需要改变 Red Hat Enterprise Linux 7.3 默认的启动方式，则需要修改“/etc/inittab”。例如，由默认进入图形界面改为默认进入字符界面，则需要找到“id:5:initdefault:”一行，将其改为“id:3:initdefault:”。反之，则要把“id:3:initdefault:”改成“id:5:initdefault:”。

注意　这里的数字是运行级别。0 代表关机，1 代表单用户文本模式，2 代表多用户文本模式，3 代表正常的多用户文本模式，4 为进行指定，5 代表正常的多用户图形模式，6 代表重启。常用的运行级别为 3 或 5。如果需要修复系统找回 root 密码，则需要进入级别 1。级别 0 和 6 绝对不允许在此处出现，否则会导致无法正常启动。

3.2.3　使用 Linux 控制台

Linux 的 bash 相当智能化，可使用“<TAB>”的自动补齐功能，将部分命令补充完整。例如，如果用 cd 命令从当前目录迅速进入“/usr/src/redhat/”目录，那么只需输入如下命令。

```
[wyh@localhost ~]$ cd /u<TAB>sr<TAB>r<TAB>
```

第一次输入“<TAB>”时，“u”会自动扩展成“usr”；第二次输入“<TAB>”时，“sr”自动扩展成“src”；第三次输入“<TAB>”时，“r”自动扩展成“redhat”，从而快速进入指定目录。

如果按【TAB】键自动补全的结果并非预期结果，可继续按【TAB】键切换到下一结果。此外，这种补齐对于命令也是适用的。例如，查找 grep 可采用如下命令。

```
[wyh@localhost ~]$ gre<TAB>
grecord grefer grep
[wyh@localhost ~]$ gre
```

bash 还具备完善的历史记录功能。可通过方向键进行浏览（上下键）和编辑（左右键）。

除了智能化外，bash 的自定义功能也很强。默认情况下，Red Hat Enterprise Linux 7.3 控制台提示符的格式为“[username@host 工作目录]$”。实际上这是可以进行自定义的，例如输入如下命令，回车后提示符的样式就会改变，如图 3-6 所示。

```
[wyh@localhost ~]$ export PS1= "\[\e[36;1m\]\u@\[\e[32;1m\]\H\$ \[\e[0m\]"
```

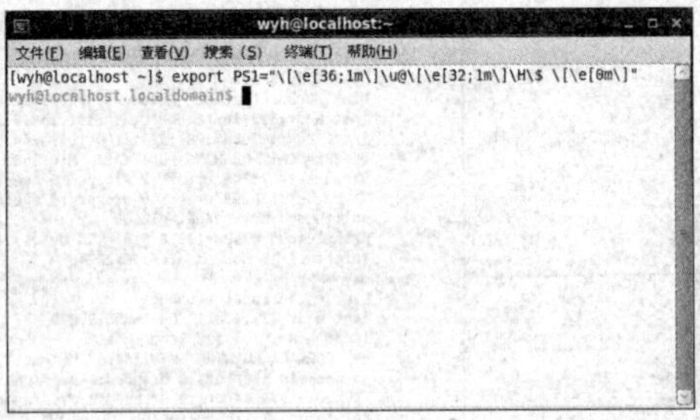

图 3-6　自定义风格的 bash 提示符

完整的提示符样式如表 3-1 所示。

表 3-1　提示符样式

转 义 符	说 明
\a	ASCII 响铃字符（也可以键入\007）
\d	“Wed Sep 06”格式的日期
\e	ASCII 转义字符（也可以键入\033）
\h	主机名的第一部分（如“mybox”）
\H	主机的全称（如“mybox.mydomain.com”）
\j	在此 shell 中通过按【Ctrl】+【Z】组合键挂起的进程数
\l	此 shell 的终端设备名（如“ttyp4”）
\n	换行符
\r	回车符
\s	shell 的名称（如“bash”）
\t	24 小时制时间（如“23:01:01”）
\T	12 小时制时间（如“11:01:01”）
\@	带有 am/pm 的 12 小时制时间
\u	用户名
\v	bash 的版本（如 2.04）
\V	bash 版本（包括补丁级别）
\w	当前工作目录（如“/home/drobbins”）
\W	当前工作目录的“基名（basename）”（如"drobbins"）
\!	当前命令在历史缓冲区中的位置
\#	命令编号（只要键入内容，它就会在每次提示时累加）
\$	如果不是超级用户（root），则插入一个$；如果是超级用户，则显示一个#
\×××	插入一个用三位数×××（用零代替未使用的数字，如“\007”）表示的 ASCII 字符
\	反斜杠
\[	这个序列应该出现在不移动光标的字符序列（如颜色转义序列）之前，使 bash 能够正确计算自动换行
\]	这个序列应该出现在非打印字符序列之后

默认的提示符格式实际上是“[\u@\h\w]\$”。此外，还可以使用颜色代码。颜色代码的格式为

“\e[前景色；背景色 m”，如“\e[32;40m”。用户可挑选喜欢的前景编号（30 ~ 37）和背景编号（40 ~ 47）颜色搭配。

如果需要保存此设置，则可以在“~ /.bashrc”文件中加入一行“export PS1="\[\e[36;1m\]\u@\[\e[32;1m\]\H>\[\e[0m\]"”。如果没有该文件，请自行创建。需要注意的是，以“.”开头的文件，在 GNOME 下不可见。

3.2.4　在控制台里使用帮助——man 命令

Linux 系统下包含了上千个经常用到的命令，而不同命令的参数也相当复杂，希望在短时间内完全掌握这些命令是不可能的。因此，帮助文档无论是在学习 Linux 操作系统，还是管理 Linux 服务器上，都是必不可少的。Red Hat Enterprise Linux 7.3 提供了丰富的帮助资源（包括手册和信息文档），可以使用 man 和 info 等命令进行查询。

man 命令用于查看 Linux 系统的手册，是 Linux 中使用最为广泛的帮助形式，其中不仅包含了常用命令的帮助说明，还包括配置文件、设备文件、协议和库函数等多种信息。man 命令的基本格式如下。

```
man[-acdfhkKtwW][-msystem][-pstring][-Cconfig_file][-Mpath][-Ppager][-Ssection_list][section]name...
```

相关选项及相应说明如表 3-2 所示。

表 3-2　man 参数列表及解释

选　项	说　明
-C	config_file 指定设定档 man.conf；内定值是“/etc/man.conf”。有关配置文件详细信息可以查看 man.cinfig(5)
-M	path 指定了线上手册的搜寻路径，如果没有指定则使用环境变数 MANPATH 的设定；如果没有使用 MANPATH，则会使用“/usr/lib/man.conf”内的设定；如果 MANPATH 是空字串则表示使用内定值
-P	pager 指定使用何种 pager。man 会优先使用此选项设定，然后是依环境变数 MANPAGER 设定，然后是环境变数 PAGER；man 内定使用“/usr/bin/less”
-S	section_listman 所搜寻的章节列表（以冒号分隔），此选项会覆盖环境变数 MANSECT 的设定
-a	man 内定在显示第一个找到的手册之后就会停止搜寻，使用此选项会强迫 man 显示所有符合 name 的线上手册
-c	即使有最新的 catpage，还是对线上手册重新作排版，本选项在萤幕的行列数改变时或已排版的线上手册损坏时特别有意义
-d	不显示线上手册，只显示除错信息
-D	同时显示线上手册与除错信息
-f	功能同 whatis
-h	显示求助信息然后结束程式
-k	功能同 apropos
-K	对所有的线上手册搜寻所指定的字串。警告：本功能回应速度可能很慢！如果指定 section 会对速度有帮助
-m	system 依所指定的 system 名称而指定另一组的线上手册
-p	string 指定在 nroff 或 troff 之前所执行的处理程式不是所有的安装都会有完整的前处理器

续表

选 项	说 明
-t	使用“/usr/bin/gruff”
-w 或 --path	不显示线上手册，但显示线上手册的位置。如果没有指定引数则显示 man 所搜寻的目录列表
-W	功能类似-w，但每行只印出一个档名，不印出额外的讯息。这在下面的状况特别有用：man-aWman|xargsls-l

例如查看 ls 的文档，输入“man ls”，则输出如图 3-7 所示。

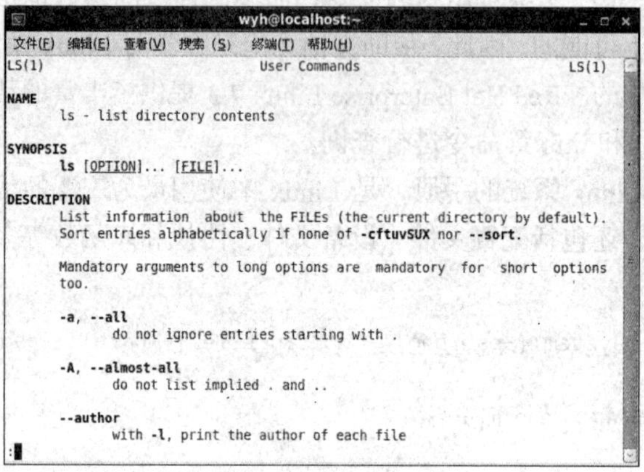

图 3-7　man ls 的输出结果

若一页显示不完，可以按空格键翻页，也可用上下键滚动。若希望退出查看 man 手册，可以按“Q”键。

除了上面基本的查找方式外，常用的查找方式还有按章节查找。man 手册供分为 man1 ~ man9 共 9 个章节，其说明如表 3-3 所示。

表 3-3　man 章节说明

章 节	说 明
man1	提供给普通用户使用的可执行命令说明
man2	系统调用、内核函数的说明
man3	子程序、库函数的说明
man4	系统设备手册，包括“/dev”目录中的设备文件参考说明
man5	配置文件格式手册，包括“/etc”目录中的设备文件参考说明
man6	游戏说明手册
man7	协议转换手册
man8	系统管理手册，这些工具只有 root 用户才能使用
man9	Linux 系统例程手册

例如，需要查看前文中介绍的“/etc/inittab”的说明，则可以输入如下命令。

```
[wyh@localhost ~]$ man 5 inittab
```

相应的输出如图 3-8 所示。

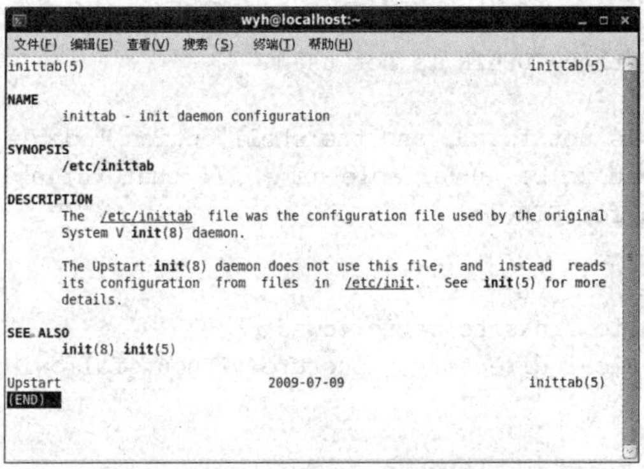

图 3-8　按章节查找 inittab 的说明

3.2.5　在控制台里使用帮助——info 命令及其他

info 文档是 Linux 系统提供的另一种格式的文档。info 命令支持文件的链接跳转，使用方向键在显示的帮助文档中选择需要进一步查看的文件名，回车后被选中的文件会自动打开。与 man 手册相比，info 文档具有更强的交互性。info 命令的基本格式如下。

```
info cmd_name
```

例如，查找 vi 的帮助信息，输入“info wget”即可。除了 info 命令外，还可以使用 pinfo 命令查看 info 文档。pinfo 命令支持彩色显示链接文件，支持鼠标功能，使用更为方便。执行命令“pinfo wget”的效果如图 3-9 所示。

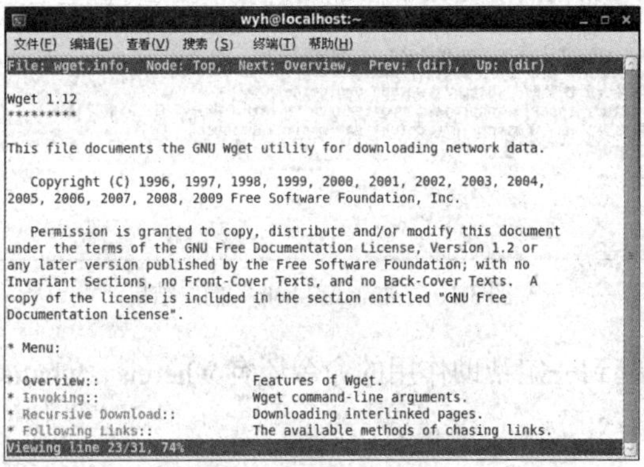

图 3-9　pinfo 效果图

除了 man 和 info 这两种相对重量级的帮助文档外，对于 bash 内置的命令，还可以使用“help[命令名]”的方式显示简单的帮助。例如，在控制台中输入“help cd”，输出的帮助结果如下。

```
[wyh@localhost ~]$ help cd
cd: cd [-L|-P] [dir]
    Change the shell working directory.

    Change the current directory to DIR.  The default DIR is the value of the
    HOME shell variable.

    The variable CDPATH defines the search path for the directory containing
    DIR.  Alternative directory names in CDPATH are separated by a colon (:).
```

```
    A null directory name is the same as the current directory.  If DIR begins
    with a slash (/), then CDPATH is not used.

    If the directory is not found, and the shell option 'cdable_vars' is set,
    the word is assumed to be  a variable name.  If that variable has a value,
    its value is used for DIR.

    Options:
       -L force symbolic links to be followed
       -P use the physical directory structure without following symbolic
     links

    The default is to follow symbolic links, as if '-L' were specified.

    Exit Status:
    Returns 0 if the directory is changed; non-zero otherwise.
[wyh@localhost ~]$
```

此外，多数 Linux 命令，添加-help 参数后都可显示该命令的帮助信息。例如，查询命令 mkdir 的帮助信息，输入“mkdir--help”，结果如图 3-10 所示。

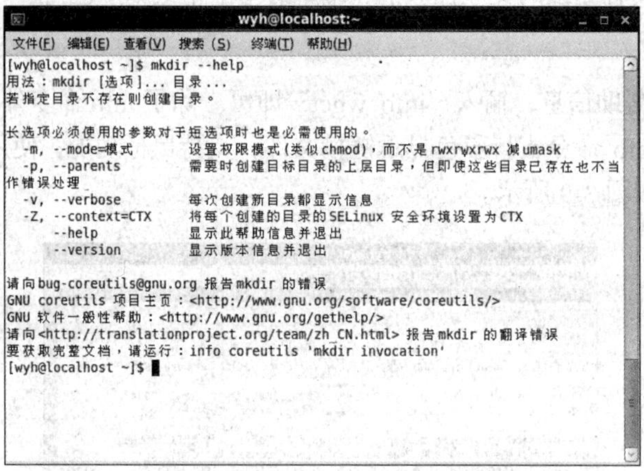

图 3-10　“mkdir --help”输出结果

除了以上命令外，能起到一定帮助作用的命令还有 whereis、whatis 和 apropos 等，此处不再介绍。

3.3　使用 Linux 的注意事项

为了描述方便，本书中很多示例都是采用 root 账户直接进行演示。在实际使用中，通常不建议直接登录 root 账户。因为 root 账户拥有最高的系统控制权，稍有不慎则可能完全破坏整个 Linux 系统。因此使用 Linux 时，最好使用普通用户账户。如果确实需要 root 权限执行某些操作，可以使用 su 和 sudo 命令执行。

其中，在命令行里执行 su 可以临时切换到 root 账户，然后就能够在 Shell 里使用 root 权限进行操作了。执行 su 命令后会提示输入密码，输入 root 密码即可。sudo 命令只是以 root 权限执行一个命令，其常用格式如下。

```
sudo root_cmd
```

其中，root_cmd 命令是需要 root 权限执行的命令。同样 root_cmd 也可以带参数，直接添加在其后即可。登录后首次执行 sudo 命令时需要输入 root 密码。

这里假设普通用户需要用 wyh 权限挂载 USB 磁盘，则可使用如下命令。

```
[wyh@localhost ~]$ sudo mount /dev/sda1 ~/usb_disk
```

说明　暂时不必理会挂载磁盘的含义，以后会详细地介绍。

小　结

本章讨论了 Linux 下两种不同的用户接口 GUI 和 CLI。对 X Window 系统及目前流行的窗口管理器 KDE 和 GNOME 进行了简单介绍。同时，对 Linux Shell 进行了初步讲解，并详细地介绍了命令行模式下使用 Linux 联机帮助的方法。

习　题

1. X Window 是一套基于________架构的视窗系统，于 1984 年在麻省理工学院（MIT）计算机科学研究室开始开发。
2. X Window 由________、________和________等 3 部分组成。
3. 下面不是 KDE 组件的程序是________。

   A. Konqueror　　B. Nautilus

   C. KOffice　　D. KDevelop
4. 下面不是 Linux 桌面的有________。

   A. KDE　　B. GNOME

   C. XFCE　　D. Bash
5. 请列举常用的 Linux Shell，至少 4 种。
6. 简述如何从 GNOME 切换到虚拟终端。
7. 简述如何在虚拟终端使用帮助。

上机练习

本节将对 Linux 的图形界面和命令行进行熟悉，并掌握命令行下各种帮助的使用方法。

实验一：熟悉 Red Hat Enterprise Linux 图形界面

实验目的

对于 GNOME 和 KDE 这两个常用的 Linux 桌面系统进行了解。

实验内容

以图形界面的方式登录 Red Hat Enterprise Linux，熟悉 GNOME 桌面的使用方法。

实验二：熟悉命令行操作

实验目的

熟悉命令行操作方式；掌握 man、info 等常用的帮助命令。

实验内容

对命令行基本操作进行了解，具体操作步骤如下。

（1）通过 GNOME 的终端仿真器熟悉命令行操作的。

（2）通过组合键【Ctrl】+【ALT】+【F2】切换到终端 TTY1，进行操作。

（3）使用智能补全、历史纪录等功能。

（4）根据表 3-1 修改命令行提示符。

（5）使用 man、info 查看 cat、head、tail 等命令的联机帮助。

第 4 章 文件管理与常用命令

文件管理是学习和使用 Linux 的基础，也是 Linux 系统管理与维护中最重要的部分之一。本章将对 Linux 目录与文件的基本知识，以及文件管理操作中的一些重要或者常见的命令做详细介绍。

4.1 Linux 文件基础知识

本节将系统、全面地介绍 Linux 文件的类别和 Linux 目录结构的基本概念等相关知识。

4.1.1 Linux 常用文件类别

在 Linux 系统上，任何软件和 I/O 设备都被视为文件。Linux 中的文件名最大支持 256 个字符，分别可以用 A ~ Z、a ~ z、0 ~ 9 等字符来命名。和 Windows 不同，Linux 中文件名是区分大小写的，所有的 UNIX 系列操作系统都遵循这个规则。Linux 下也没有盘符的概念（如 Windows 下的 C 盘、D 盘），而只有目录，不同的硬盘分区是被挂载在不同目录下的。

此外，Linux 的文件没有扩展名，所以 Linux 下的文件名称和它的种类没有任何关系。例如，“abc.exe”可以是文本文件，而“abc.txt”也可以是可执行文件。Linux 下的文件可以分为 5 种不同的类型：普通文件、目录文件、链接文件、设备文件和管道文件。

1. 普通文件

它最常使用的一类文件，其特点是不包含有文件系统的结构信息。通常用户所接触到的文件，如图形文件、数据文件、文档文件、声音文件等都属于这种文件。这种类型的文件按其内部结构又可细分为文本文件和二进制文件。

2. 目录文件

目录文件是用于存放文件名及其相关信息的文件。它是内核组织文件系统的基本节点。目录文件可以包含下一级目录文件或普通文件。在 Linux 中，目录文件是一种文件。但 Linux 的目录文件和其他操作系统中的“目录”的概念不同，它是 Linux 文件中的一种。

3. 链接文件

链接文件是一种特殊的文件，实际上是指向一个真实存在的文件链接，类似于 Windows 下的快捷方式。根据链接文件的不同，它又可以细分为硬链接（Hard Link）文件和符号链接（Symbolic Link，又称为软链接）文件。

4. 设备文件

设备文件是 Linux 中最特殊的文件。正是由于它的存在，使得 Linux 系统可以十分方便地访问外部设备。Linux 系统为外部设备提供一种标准接口，将外部设备视为一种特殊的文件，使用户可以像访问普通文件一样访问任何外部设备。通常 Linux 系统将设备文件放在“/dev”目录下，设备文件使用设备的主设备号和次设备号来指定某外部设备。根据访问数据方式的不同，设备文件又可以分为块设备和字符设备文件。

5. 管道文件

管道文件是一种很特殊的文件，主要用于不同进程间的信息传递。当两个进程间需要进行数据或信息传递时，可以使用管道文件。一个进程将需传递的数据或信息写入管道的一端，另一进程则从管道的另一端取得所需的数据或信息。通常管道是建立在调整缓存中的。

注意　为了方便讲解，以后提及文件，如未特殊说明，均指的是普通文件。

4.1.2 Linux 目录结构概述

在计算机系统中存有大量的文件，如何有效地组织与管理它们，并为用户提供一个使用方便的接口是文件系统的主要任务。Linux 系统以文件目录的方式来组织和管理系统中的所有文件。

所谓文件目录就是将所有文件的说明信息采用树型结构组织起来。整个文件系统有一个“根”（root），然后在根上分“杈”（directory），任何一个分杈上都可以再分杈，杈上也可以长出“叶子”。“根”和“杈”在 Linux 中被称为是“目录”或“文件夹”，而“叶子”则是文件。实践证明，此种结构的文件系统效率高，现代操作系统基本上都采用这种结构方式。

如前所述，目录也是一种类型的文件。Linux 系统通过目录将系统中所有的文件分级、分层组织在一起，形成了 Linux 文件系统的树型层次结构。以根目录为起点，所有其他的目录都由根目录派生而来，用户可以浏览整个系统，可以进入任何一个已授权进入的目录，从而访问其中的文件。

实际上，各个目录结点之下都会有一些文件和子目录。同时，系统在建立每一个目录时，都会自动为它设定两个目录文件，一个是“.”，代表该目录自己；另一个则是“..”，代表该目录的父目录。

Linux 目录为管理文件提供一个方便的途径。每个在目录中面都包含文件。用户可以为自己的文件创建自己的目录，也可以把一个目录下的文件移动或复制到另一个目录下，而且能移动整个目录，与系统中的其他用户共享目录和文件。

也就是说，用户能够方便地从一个目录切换到另一个目录，而且可以设置目录和文件的管理权限，以便允许或拒绝其他人对其进行访问。同时，文件目录结构的相互关联性使分享数据变得十分容易，几个用户可以访问同一个文件，因此允许用户设置文件的共享程度。

4.1.3 Linux 目录常见概念

在 Linux 目录中，有几个比较特殊的概念，以下进行简略介绍。

1. 路径

对文件进行访问时，要用到“路径”（Path）的概念。顾名思义，路径是指从树型目录中的某个目录层次到某个文件的一条道路。此路径的主要构成是目录名称，中间用“/”隔开。任一文件在文件系统中的位置都是由相应的路径决定的。用户在对文件进行访问时，要给出文件所在的路径。路径又分相对路径和绝对路径两种，其中，绝对路径是指从“根”开始的路径，也称为完全路径；相对路径是从用户工作目录开始的路径。

注意　在树型目录结构中到某一确定文件的绝对路径和相对路径均只有一条。绝对路径是确定不变的，而相对路径则随着用户工作目录的变化而改变。

2. 根目录

Linux 的根目录（/）是 Linux 系统中最特殊目录。根目录是所有目录的起点，操作系统本身的驻留程序存放在以根目录开始的专用目录中。

3. 用户主目录

用户主目录是系统管理员增加用户时建立起来的（以后也可以根据实际情况改变）。每个用户都有自己的主目录，不同用户的主目录一般互不相同。用户刚登录到系统中时，其工作目录便是该用户的主目录，通常与用户的登录名相同。用户可以通过一个“～”符来引用自己的主目录。例如，对于主目录位于“/home/user1”的用户 user1 而言，“～/tool/software 和/home/user1/tool/software”是完全一样的。

注意　通常用户的主目录位于“/home”下。但是 root 用户比较特殊，其主目录为“/root”。

4. 工作目录

从逻辑上讲，用户登录 Linux 系统之后，每时每刻都处在某个目录之中，此目录被称作工作目录或当前目录（Working Directory）。工作目录是可以随时改变的。用户初始登录到系统中时，其主目录（Home Directory）就成为其工作目录。工作目录用“.”表示，其父目录用“..”表示。

注意　对于根目录而言，由于不存在父目录，所以“.”和“..”都代表其自身。

4.1.4 Linux 系统目录及说明

通常 Linux 系统在安装后都会默认创建一些系统目录，以存放和整个操作系统相关的文件。系统目录及其说明如下。

（1）/：根目录。在 Windows、DOS 或者其他类似的操作系统里面，每个分区都会有一个相应的根目录。但是 Linux 和其他 UNIX 系统则把所有的文件都放在一个目录树里面，“/”就是唯一的根目录。一般来讲，根目录下面很少保存什么文件，或者只有一个内核映像在这里。

注意　对于根目录“/”来说，“.”和“..”都是其自身。

（2）/boot：很多 Linux 系统把内核映像和其他一些和启动有关的文件都放在这里。

（3）/tmp：一般只有启动时产生的临时文件才会放在这个地方。用户的临时文件都放在“/var/tmp”中。

（4）/mnt：这个目录下面放着一些用来安装其他设备的子目录，如“/mnt/cdrom”或者

“/mnt/floppy”。在有些 Linux 中这个目录是被“/mount”代替的。

（5）/lib：启动的时候所要用到的库文件都放在这个目录下。那些非启动用的库文件都会放在/usr/lib 下。内核模块是被放在/lib/modules/（内核版本）下的。

（6）/proc：这个目录在磁盘上其实是不存在的。里面的文件都是关于当前系统的状态，包括正在运行的进程、硬件状态、内存使用的多少等。

（7）/dev：这个目录下保存着所有的设备文件。里面有一些由 Linux 内核创建的用来控制硬件设备的特殊文件。

（8）/var：这里有一些被系统改变过的数据。比如说“/var/tmp”，就是用来储存临时文件的。还有很多其他的进程和模块把它们的记录文件也放在这个地方，包括如下一些重要的子目录。

① /var/log：这里放着绝大部分的记录文件。随着时间的增长，这个目录会变得很庞大，所以要定期清理。

② /var/run：包括了各种运行时的信息。

③ /var/lib：包括了一些系统运行时需要的文件。

④ /var/spool：邮件，新闻，打印序列的所在地。

（9）/root：root 用户的主目录。

（10）/home：默认情况下，除 root 外的用户主目录都会放在这个目录下。在 Linux 下，可以通过#cd ~ 来切换至自己的主目录。

（11）/etc：这里保存着绝大部分的系统配置文件。相对来讲，单个用户的系统配置文件会保存在这个用户自己的主目录里面。下面列举其中一些重要的子目录。

① /etc/X11：这里放着 X Window 系统（Linux 中的图形用户界面系统）所需要的配置文件。Xorg 就是把配置储存到这个地方的，“/etc/X11/fontpath.d”里面放着一些服务器需要的字体，还存放一些窗口管理器存放的配置文件。

② /etc/init.d：这个目录保存着启动描述文件，包括各种模块和服务的加载描述。这里存放的文件都是系统自动进行配置的，不需要用户配置。

③ /etc/rcS.d：这里放着一些连接到“/etc/init.d”的文件，根据 runlevel 的不同而执行相应的描述。这里的文件名都是由 S 来开头的，然后是一个两位的数字——表示各种服务启动的顺序。比如，S24foo 就是在 S42bar 前面执行的。接着就是相应的连接到“/etc/init.d”下面的文件的名字了。

④ /etc/rc0.d - /etc/rc6.d：这里面也是一些连接文件，和“/etc/rcS.d”差不多。不同的是，这些只会在指定的 runlevel 下运行相应的描述。0 表示关机，6 表示重启。所有以 K 开头的文件表示关闭，所有以 S 开头的文件表示重启。目前来讲，文件的命名方式和“/etc/rcS.d”是一样的。

（12）/bin 与/sbin：这里分别放着启动时所需要的普通程序和系统程序。很多程序在启动以后也很有用，它们放在这个目录下是因为它们经常被其他程序调用。

（13）/usr：这是一个很复杂、庞大的目录。除了上述目录之外，几乎所有的文件都存放在这下面。下面列举其中一些重要的子目录。

① /usr/bin：二进制可执行文件存放的目录，这里放着绝大部分的应用程序。

② /usr/etc：这里存放一些安装软件时的配置文件，一般为空。

③ /usr/games：游戏程序和相应的数据会放在这里。

④ /usr/include：这个目录保存着 C 和 C++的头文件。

⑤ /usr/lib：启动时用不到的库文件都会放在这里。

⑥ /usr/libexec：这里保存系统库文件。

⑦ /usr/local：这里面保存着本地计算机所需要的文件，在用户进行远程访问的时候特别有意义。这个目录在某些 Linux 系统下就是一个单独的分区，存放一些这台机子所属的那个用户的文件，里面的结构和“/usr”是一样的。

⑧ /usr/sbin：这里存放着绝大部分的系统程序。

⑨ /usr/share：这里保存着各种共享文件。

⑩ /usr/src：这里保存着源代码文件。

⑪ /usr/tmp：这里保存临时文件。

4.2　文件与目录基本操作

Linux 系统中，文件与目录的操作是最基本、最重要的技术。用户可以方便、高效地通过系统提供的命令对文件和目录进行操作，本节将分别对这些基本命令进行介绍。

4.2.1　显示文件内容命令——cat、more、less、head、tail

用户要查看一个文件的内容时，可以根据显示要求的不同选用以下的命令。

1. cat 命令

该命令的主要功能是用来显示文件，可依次读取其后所指文件的内容并将其输出到标准输出设备上。另外，还能够用来连接两个或多个文件，形成新的文件。该命令的常用形式如下。

```
cat [option] filename
```

cat 命令中各个选项（option）的含义如下。

（1）v：用一种特殊形式显示控制字符，LFD 与 TAB 除外。

（2）T：将 TAB 显示为“^I”。该选项要与 -v 选项一起使用，即如果没有使用-v 选项，则这个选项将被忽略。

（3）E：在每行的末尾显示一个“$”符。该选项须要与 -v 选项一起使用。

（4）u：输出不经过缓冲区。

（5）A：等同于 -vET。

（6）t：等同于 -vT。

（7）e：等同于 -vE。

下面给出使用该命令的例子。

```
[root@localhost root]# cat Readme.txt                    //在屏幕上显示出 Readme.txt 文件的内容

//屏幕上显示出 Readme.txt 文件的内容，如果文件中含有特殊字符的话，一起显示出来
[root@localhost root]# cat - A Readme.txt

//把文件 test1 和文件 test2 的内容合并起来，放入文件 test3 中
[root@localhost root]# cat test1 test2 > test3
//此时在终端屏幕上不能直接看到该命令执行后的结果，也就是文件 test3 的内容，若想看到连
//接后的文件内容，可以使用 cat test3 命令
[root@localhost root]# cat test3                         //显示文件 test3 的内容
```

2. more 命令

在查看文件过程中，因为某些文本过于庞大，文本在屏幕上迅速地闪过，用户来不及看清其内容。该命令就可以一次显示一屏文本，并在终端底部打印出“--more--”，系统还将同时显示出已显示文本占全部文本的百分比。若要继续显示，按回车或空格键即可。该命令的常用形式如下。

```
more [option] filename
```

more 命令中部分常用选项的含义如下。

（1）-p：显示下一屏之前先清屏。

（2）-c：作用同 -p 类似。

（3）-d：在每屏的底部显示更友好的提示信息为“--more--（XX%）[Press space to contiune , ‘q’to quit.]”。

（4）-s：文件中连续的空白行压缩成一个空白行显示。

另外，在 more 命令的执行过程中，用户可以使用其一系列命令动态地根据需要来选择显示的部分。more 在显示完一屏内容之后，将停下来等待用户输入某个命令。下面列出常用的几种命令。

（1）n：n 在命令行中指定了多个文件名的情况下，可用此命令使之显示第 *i* 个文件，若 *i* 过大（出界），则显示文件名列表中的最后一个文件。

（2）p：p 在命令行中指定了多个文件名的情况下，可用此命令使之显示倒数第 *i* 个文件，若 i 过大（出界），则显示第一个文件。

（3）f：f 显示当前文件的文件名和行数。

注意 上述 3 个命令中的 n、p 和 f 仅配合命令使用，没有具体的意义，只要依据其规定使用即可。

下面给出示例，说明如何使用上述命令及参数。

```
//用分页的方式显示文件 Makefile 的内容
[root@localhost root]# more Makefile
//下面为文件内容
CC              = gcc -g
# include path hash should be changed.
INCLUDES         = -I../../include -I/usr/include/pcap -I./include
#INCLUDES        = -I../../include -I/usr/include/pcap -I../../include
CFLAGS          = -Wall -Wstrict-prototypes $(INCLUDES) \
              `libnet-config --defines`
SOURCES          = smtp_ns.c
OBJS            = $(SOURCES:.c=.o)
TARGETS          = smtp_ns
# this is just for test
.PHONY: all clean deps test
all: $(TARGETS)
clean:
        rm -f $(TARGETS) *.o core core.* *~
smtp_ns:        smtp_ns.c
--More--(88%    //文件显示百分比为 88%，说明还有部分内容无法同时显示在一个整屏中
//显示 Rules.make 文件的内容，但显示之前先清屏，并且在屏幕的最下方显示完整的百分比
[root@localhost root]# more - dc example1.c
//下面为文件内容
```

```
# This file contains rules which are shared between multiple Makefiles.
# False targets.
.PHONY: dummy
#
# Special variables which should not be exported
#
unexport EXTRA_AFLAGS
unexport EXTRA_CFLAGS
unexport EXTRA_LDFLAGS
unexport EXTRA_ARFLAGS
unexport SUBDIRS
unexport SUB_DIRS
unexport ALL_SUB_DIRS
unexport MOD_SUB_DIRS
unexport O_TARGET
unexport ALL_MOBJS
--More--(4%)[Press space to continue, 'q' to quit.]

//显示 COPYING 文件的内容，要求每 10 行显示一次，且显示之前先清屏。
[root@localhost root]# more - c -10 COPYING
//显示文件的前 10 行内容
NOTE! This copyright does *not* cover user programs that use kernel
 services by normal system calls - this is merely considered normal use
 of the kernel, and does *not* fall under the heading of "derived work".
 Also note that the GPL below is copyrighted by the Free Software
 Foundation, but the instance of code that it refers to (the Linux
 kernel) is copyrighted by me and others who actually wrote it.
 Also note that the only valid version of the GPL as far as the kernel
 is concerned is _this_ license (ie v2), unless explicitly otherwise
 stated.--More--(2%)
```

按空格可以向下翻页，按【q】键退出。

3. less 命令

该命令的功能和 more 命令的功能基本相同，也是用来按页显示文件。不同之处在于，less 命令在显示文件时，允许用户既可以向前又可以向后逐行翻阅文件，而 more 命令只能向后翻阅文件。由于该命令参数的使用与 more 命令类似，在此不再赘述。如果要按页显示 test 文件，则执行如下命令。

```
[root@localhost root]# less test
```

如果要向后翻阅，可以使用键盘的【Page Up】键；如果要向前翻阅文件，则相应地使用键盘的【Page Down】键即可。按方向键可以逐行滚动，按【Q】键退出。

4. head 命令

该命令只显示文件或标准输入（从计算机的标准输入设备中得到的信息流，通常是指从键盘、鼠标等获得的数据）的头几行内容。如果用户希望查看一个文件究竟保存的是什么内容，只要查看文件的头几行，而不必浏览整个文件，便可以使用这个命令。该命令的常用形式如下。

```
head - number filename
```

该命令用来显示每个指定文件的前面 *n* 行。如果没有给出 *n* 值，默认设置为 10。如果没有指定文件，head 就从标准输入读取。例如，以下命令显示文件 test.c 的前 3 行。

```
[root@localhost root]# head - 3 test.c
//前3行的具体内容
#include <stdio.h>
#include <sring.h>
int main()
```

5. tail 命令

和 head 命令的功能相对应。如果想查看文件的尾部，可以使用 tail 命令。该命令显示一个文件的指定内容。它把指定文件的指定显示范围内的内容显示在标准输出上。同样，如果没有给定文件名，则使用标准输入文件。该命令的常用形式如下。

```
tail option filename
```

tail 命令中各个选项的含义如下。

（1）+num：从第 num 行以后开始显示。

（2）-num：从距文件尾 num 行处开始显示；如果省略 num 参数，系统默认值为 10。

（3）l：以文本行为 num 的计数单位；与参数选项+num 或-num 选项同时使用时，num 表示要显示的文本行行数。

（4）c：以字节为 num 的计数单位；与参数选项+num 或-num 选项同时使用时，num 表示要显示的字符数。

注意：c 选项可以省略，系统默认值为 l，即按行计。

例如显示文件 example 的最后 4 行，可用如下命令。

```
[root@localhost root]# tail -4 example
```

4.2.2 文件内容查询命令——grep、egrep、fgrep

文件内容查询命令主要是指 grep、egrep 和 fgrep 命令。这组命令以指定的查找模式搜索文件，通知用户在什么文件中搜索到与指定的模式匹配的字符串，并且打印出所有包含该字符串的文本行。该文本行的最前面是该行所在的文件名。这组命令中，grep 命令一次只能搜索一个指定的模式；egrep 命令检索扩展的正则表达式（包括表达式组和可选项）；fgrep 命令检索固定字符串，但并不识别正则表达式，是一种更为快速的搜索命令。

这组命令在搜索与定位文件中特定的主题和关键词方面非常有效，可以用其来搜索文件中包含的这些关键词。总的来说，grep 命令的搜索功能比 fgrep 强大，因为 grep 命令的搜索模式可以是正则表达式，而 fgrep 却不能。

说明：正则表达式是一种用来描述文本模式的特殊语法。一个正则表达式由普通字符（例如字符 a 到 z）及特殊字符（称为元字符，如/、*、？等）组成。简单地说，一个正则表达式就是需要匹配的字符串。

该组命令中的每一个命令都有一组选项，利用这些选项可以改变其输出方式。例如，可以在搜索到的文本行上加入行号，或者只输出文本行的行号，或输出所有与搜索模式不匹配的文本行，或只简单地输出已搜索到指定模式的文件名，并且可以指定在查找模式时忽略大小写。

这组命令在指定的输入文件中查找与模式匹配的行。如果没有指定文件，则从标准输入中读取。正常情况下，每个匹配的行都被显示到标准输出。如果要查找的文件是多个，则在每一行输出之前加上文件名。

该组命令的常用格式如下。

```
grep [option] [search pattern] [file1, file2,……]
erep [option] [search pattern] [file1, file2,……]
frep [option] [search pattern] [file1, file2,……]
```

下面列出常用的部分命令选项。

（1）-b：在输出的每一行前显示包含匹配字符串的行在文件中的字节偏移量。

（2）-c：只显示匹配行的数量。

（3）-i：比较时不区分大小写。

（4）-h：在查找多个文件时，指示 grep 不要将文件名加入到输出之前。

（5）-l：显示首次匹配串所在的文件名并用换行符将其隔开。当在某文件中多次出现匹配串时，不重复显示此文件名。

（6）-n：在输出前加上匹配串所在行的行号（文件首行行号为 1）。

（7）-v：只显示不包含匹配串的行。

（8）-x：只显示整行严格匹配的行。

下面给出一些使用 grep 命令的例子，该组其他命令的使用方法和该命令是一样的。

```
//在文件 stdc.h 中搜索字符串“text file”
[root@localhost root]# grep 'text file' stdc.h
//搜索出当前目录下所有文件中含有“data”字符串的行
[root@localhost root]# grep data *
//在 C 程序文件中搜索包含有“stdio.h”头文件的所有文件
[root@localhost root]# grep stdio.h *.c
```

4.2.3　文件查找命令——find、locate

用户进行文件查找时，可以使用如下介绍的几种命令。

1. find 命令

该命令的功能是在指定的目录开始，递归地搜索其各个子目录，查找满足寻找条件的文件并对之采取相关的操作。此命令提供了相当多的查找条件，功能非常强大。find 命令的常用格式如下。

```
find [option] filename
```

find 命令提供的寻找条件可以是一个用逻辑运算符 not、and、or 组成的复合条件。逻辑运算符 and、or、not 的含义如下。

（1）and：逻辑与，在命令中用“-a”表示，是系统默认的选项，表示只有当所给的条件都满足时，寻找条件才满足。

（2）or：逻辑或，在命令中用“-o”表示。该运算符表示只要所给的条件中有一个满足时，寻找条件就满足。

（3）not：逻辑非，在命令中用“!”表示。该运算符表示查找不满足所给条件的文件。

该命令的查找方式主要为以名称和文件属性查找，参数如下。

（1）-name ‘字串’：查找文件名匹配所给字串的所有文件，字串内可用通配符*、?、[ ]。

（2）-lname ‘字串’：查找文件名匹配所给字串的所有符号链接文件，字串内可用通配符*、?、[ ]。

（3）-gid n：查找属于 ID 号为 *n* 的用户组的所有文件。

（4）-uid n：查找属于 ID 号为 *n* 的用户的所有文件。

（5）-group string：查找属于用户组名为所给字串的所有的文件。

（6）-user string：查找属于用户名为所给字串的所有的文件。

（7）-empty：查找大小为 0 的目录或文件。

（8）-path string：查找路径名匹配所给字串的所有文件，字串内可用通配符*、?、[ ]。

（9）-perm permission：查找具有指定权限的文件和目录，权限的表示可以如 711（表示文件/目录所有者具有读写、执行权限，同组用户和系统其他用户只具有执行权限），644（文件/目录所有者具有读写权限，同组用户和系统其他用户之具有读权限）等，具体如何设置数字权限形式，读者请参看本章后面对文件/目录访问权限管理的介绍。

（10）-size n[bckw]：查找指定文件大小的文件，*n* 后面的字符表示单位，默认为 b，代表 512 字节的块。

该命令也提供了对查找出来的文件进行特定操作的选项。

（1）-exec cmd{}：对符合条件的文件执行所给的 Linux 命令，而不询问用户是否要执行该命令。{}表示命令的参数即为所找到的文件；命令的末尾必须以“\;”结束。

（2）-ok cmd{}：对符合条件的文件执行所给的 Linux 命令，与 exec 不同的是，它会询问用户是否要执行该命令。

（3）-ls：详细列出所找到的所有文件。

（4）-fprintf 文件名：将找到的文件名写入指定文件。

（5）-print：在标准输出设备上显示查找出的文件名。

说明

通配符*表示一个字符串；? 只代表一个字符。它们只能通配文件名或扩展名，不能全都表示。

下面给出使用该命令的例子。

```
//查找当前目录中所有以 main 开头的文件，并显示这些文件的内容
[root@localhost root]# find . - name 'main*' - exec more {} \;
//删除当前目录下所有一周之内没有被访问过的 a .out 或*.o 文件
[root@localhost root]# find . \(- name a.out - o - name '*.o'\)\
> - atime +7 - exec rm {} \;
//寻找三个给定条件都满足的所有文件
[root@localhost root]# find -name 'tmp' -xtype c -user 'inin'
//查询文件名为'tmp'或是匹配'mina*'的所有文件
[root@localhost root]# find -name 'tmp' -o -name 'mina*'
//命令查询文件名不是'tmp'的所有文件
[root@localhost root]# find ! -name 'tmp'
```

2. locate 命令

该命令也用于查找文件，比 find 命令的搜索速度快。使用时需要一个数据库，这个数据库由每天的例行工作（crontab）程序来建立。建立好数据库后，就可以方便地用来搜寻所需文件了。locate 命令的常用格式如下。

```
locate [option] filename
```

4.2.4 文本处理命令——sort、uniq

文件处理命令包括 sort 和 uniq，下面分别对其进行介绍。

1. sort 命令

该命令的功能是对文件中的各行进行排序。该命令有许多非常实用的选项，它们最初是用来对数据库格式的文件内容进行各种排序操作的。实际上，sort 命令可以被认为是一个非常强大的数据管理工具，用来管理内容类似数据库记录的文件。

该命令逐行地对文件中的内容进行排序，如果两行的首字符相同，那该命令将继续比较这两行的下一字符。sort 排序是根据从输入行抽取的一个或多个关键字进行比较来完成的。排序关键字定义了用来排序的最小的字符序列。在默认情况下，以整行为关键字按 ASCII 字符顺序进行排序。sort 命令的常用格式如下。

```
sort [option] filename
```

该命令改变默认设置的主要选项如下。

（1）-m：若给定文件已排好序，合并文件。

（2）-c：检查给定文件是否已排好序，如果它们没有都排好序，则打印一个出错信息，并以状态值 1 退出。

（3）-u：对排序后认为相同的行只保留其中一行。

（4）-o：输出文件将排序输出写到输出文件中而不是标准输出，如果输出文件是输入文件之一，sort 便将该文件的内容写入一个临时文件，然后再排序和写输出结果。

（5）-d：按字典顺序排序，比较时仅字母、数字、空格和制表符有意义。

（6）-f：将小写字母与大写字母同等对待。

（7）-I：忽略非打印字符。

（8）-M：作为月份比较，“JAN”<“FEB”<?<“DEC”。

（9）-r：按逆序输出排序结果。

（10）+posl -pos2：指定一个或几个字段作为排序关键字，字段位置从 posl 开始，到 pos2 为止（包括 posl，不包括 pos2）。如不指定 pos2，则关键字为从 posl 到行尾。字段和字符的位置从 0 开始。

（11）-b：在每行中寻找排序关键字时忽略前导的空白（空格和制表符）。

（12）-t separator：指定字符 separator 作为字段分隔符。

下面给出几个使用该命令的例子。

```
//用 sort 命令对 text 文件中各行排序后输出其结果
[root@localhost root]# cat text              //查看 text 未排序前原文件内容
//text 原文件内容
vegetable soup
fresh vegetables
fresh fruit
lowfat milk
[root@localhost root]# sort text             //对该文件进行排序
//显示排序后结果
fresh fruit
fresh vegetables
lowfat milk
```

```
vegetable soup
//用户可以保存排序后的文件内容，或把排序后的文件内容输出至打印机。下例中用户把排序后的
//文件内容保存到名为 result 的文件中
[root@localhost root]# sort text>result
//以第 2 个字段作为排序关键字对文件 example 的内容进行排序
[root@localhost root]# sort +1-2 example
//对于 file1 和 file2 文件内容反向排序，结果放在 outfile 中，利用第 2 个字段的第一个字符
//作为排序关键字
[root@localhost root]# sort -r -o outfile +1.0 -1.1 example
//sort 排序常用于在管道中与其他命令连用，组合完成比较复杂的功能，如利用管道将
//当前工作目录中的文件送给 sort 进行排序，排序关键字是第 6 个至第 8 个字段
[root@localhost root]# ls - l | sort +5 - 7
```

注意

字段编号从 0 开始计算。

sort 命令也可以对标准输入进行操作。例如，如果想把几个文件文本行合并，并对合并后的文本行进行排序，可以首先用命令 cat 把多个文件合并，然后用管道操作把合并后的文本行输入给命令 sort。sort 命令将输出这些合并及排序后的文本行。在下面的例子中，文件“veglist”与文件“fruitlist”的文本行经过合并与排序后被保存到文件 clist 中。

```
[root@localhost root]# cat veglist fruitlist | sort > clist
```

2. uniq 命令

文件经过处理后在它的输出文件中可能会出现重复的行。例如，用 cat 命令将两个文件合并后，再使用 sort 命令进行排序，就可能出现重复行。这时可以用 uniq 命令将这些重复行从输出文件中删除，只留下每条记录的唯一样本。

说明

这个命令读取输入文件，并比较相邻的行。在正常情况下，第二个及以后更多个重复行将被删去。行比较是根据所用字符集的排序序列进行的。该命令加工后的结果被写到输出文件中。输入文件和输出文件不能相同。如果输入文件用“- ”表示，则从标准输入读取。

uniq 命令的常用格式如下。

```
uniq [option] filename
```

该命令各选项含义如下。

（1）-d：只显示重复行。

（2）-u：只显示文件中不重复的行。

（3）-c：显示输出中，在每行行首加上本行在文件中出现的次数。它可取代- u 和- d 选项。

（4）-n：前 *n* 个字段与每个字段前的空白一起被忽略。一个字段是一个非空格、非制表符的字符串，彼此由制表符和空格隔开（字段从 0 开始编号）。

（5）+n：前 *n* 个字符被忽略，之前的字符被跳过（字符从 0 开始编号）。

（6）-f n：与-*n* 相同，这里 *n* 是字段数。

（7）-s n：与+*n* 相同，这里 *n* 是字符数。

下面是使用该命令的实例。

```
//显示文件 example 中不重复的行
[root@localhost root]# uniq -u example
```

```
//显示文件 example 中不重复的行，从第 2 个字段的第 2 个字符开始做比较
[root@localhost root]# uniq - u -1 +1 example
```

4.2.5　文件内容统计命令——wc

文件内容统计命令主要是指 wc 命令。该命令统计给定文件中的字节数、字数、行数。如果没有给出文件名，则从标准输入读取。wc 同时也给出所有指定文件的总统计数。字是由空格字符区分开的最大字符串。wc 命令的常用格式如下。

```
wc [option] filename
```

该命令各选项含义如下，它们可以结合使用。

（1）-c：统计字节数。

（2）-l：统计行数。

（3）-w：统计字数。

下面给出使用该命令的例子。

```
//统计文件 README 的行数、字节数和字数
[root@localhost root]# wc -lcw README
   303    2265   14242 README
//对文件 README 和 README.freeswan 进行行数、字节数、字数的统计
[root@localhost root]# wc -lcw README README.freeswan
   303    2265   14242 README
   174     766    5585 README.freeswan
   477    3031   19827 total
```

上面的选项顺序可以随意调换，而统计的结果形式相同。

4.2.6　文件比较命令——comm、diff

Linux 系统中可以使用 comm 和 diff 命令比较文件的异同，下面分别对这两个命令进行介绍。

1. comm 命令

该命令是对两个已经排好序的文件进行比较，其中 file1 和 file2 是已排序的文件（如果没有，可以使用上述的 sort 命令先进行排序）。comm 读取这两个文件，然后生成 3 列输出：仅在 file1 中出现的行；仅在 file2 中出现的行；在两个文件中都存在的行。如果文件名用“-”，则表示从标准输入读取。comm 命令的常用格式如下。

```
comm [option] filename
```

选项 1、2 或 3 控制相应的列显示与否。例如，“comm-12”就只显示在两个文件中都存在的行；“comm-23”只显示在第一个文件中出现而未在第二个文件中出现的行；“comm-123”则什么也不显示。下面给出使用该命令的例子。

```
//对文件 app.c 和 app1.c 进行比较
[root@localhost root]# cat app.c
//待比较文件 app.c 内容
#include <stdio.h>
#include <string.h>
#include <stdlib.h>
void main()
{
int count = 0;
```

```
printf("hello,world!\n");
}
//显示待比较文件 app1.c 内容
#cat app1.c
#include <stdio.h>
#include <string.h>
void main()
{
int count ;
char *s = "hello,world";
printf("hello,world!\n");
}
//对上述文件进行比较，显示两个文件中共有行的内容
[root@localhost root]# comm -12 app.c app1.c
#include <stdio.h>
#include <string.h>
void main()
{
printf("hello,world!\n");
}
//对上述文件进行比较，显示在第一个文件中出现，而不在第二个文件中出现的内容
[root@localhost root]# comm -23 app.c app1.c
#include <stdlib.h>
int count = 0;
```

2. diff 命令

该命令的功能为逐行比较两个文本文件，列出其不同之处。它对给出的文件进行系统地检查，并显示出两个文件中所有不同的行，不要求事先对文件进行排序。diff 命令的常用格式如下。

```
diff [option] file1 file2
diff [option] dir1 dir2
```

该命令运行后的输出通常由下述形式的行组成。

```
n1 a n3, n4
n1, n2 d n3
n1, n2 c n3, n4
```

以上说明如何将 file1 转变成 file2，并给出了两个文本文件之间的差异，其中，字母（a、d 和 c）之前的行号（n1、n2）是针对 file1 的，其后面的行号（n3、n4）是针对 file2 的。字母 a、d 和 c 分别表示附加、删除和修改操作。

在上述形式的每一行的后面跟随受到影响的若干行，以“<”打头的行属于第一个文件，以“>”打头的行属于第二个文件。

说明 diff 能区别块和字符设备文件及 FIFO（管道文件），不会把它们与普通文件进行比较。

如果比较的对象都是目录，则 diff 会产生很多信息。如果一个目录中只有一个文件，则产生一条信息，指出该目录路径名和其中的文件名。diff 各选项的含义如下。

（1）-b：忽略行尾的空格，而字符串中的一个或多个空格符都视为相等。如“How are you ”与“How are you”被视为相同的字符串。

（2）-c：采用上下文输出格式（提供 3 行上下文）。

（3）-C n：采用上下文输出格式（提供 *n* 行上下文）。

（4）-e：产生一个合法的 ed 脚本作为输出。

（5）-r：当 file1 和 file2 是目录时，递归作用到各文件和目录上。

下面给出使用该命令的例子。

```
//对文件 app.c 和 app1.c 进行比较
[root@localhost root]# cat app.c
//待比较文件 app.c 内容
#include <stdio.h>
#include <string.h>
#include <stdlib.h>
void main()
{
int count = 0;
printf("hello,world!\n");
}
//显示待比较文件 app1.c 内容
[root@localhost root]# cat app1.c
#include <stdio.h>
#include <string.h>
void main()
{
int count ;
char *s = "hello,world";
printf("hello,world!\n");
}
//使用 diff 比较得出上述两个文件的不同之处
[root@localhost root]# diff app.c app1.c
3d2
< #include <stdlib.h>
6c5,6
< int count = 0;
---
> int count ;
> char *s = "hello,world";
```

上述结果表示把文件 app.c 的第 3 行“#include<stdlib.h>”删除，并修改 app.c 文件的第 5 行“int count=0;”和 app1.c 文件的第五行“int count;”、第 6 行“char*s="hello,world";”后，则两个文件相同。

4.2.7　文件的复制、移动和删除命令——cp、mv、rm

文件的复制、删除和移动操作在 Linux 系统中使用得非常频繁。下面对这些操作的命令进行详细介绍。

1. cp 命令

该命令的功能是将给出的文件或目录复制到另一文件或目录中，就如同 DOS 下的 copy 命令一样，功能非常强大。cp 命令的常用格式如下。

```
cp [option] [src_file|src_dir] [dst_file|dst_dir]
```

该命令的各选项含义如下。

（1）-a：该选项通常在复制目录时使用。它保留链接、文件属性，并递归地复制目录。

（2）-d：复制时保留链接。

（3）-f：删除已经存在的目标文件而不提示。

（4）-i：和 -f 选项相反，在覆盖目标文件之前将给出提示要求用户确认。回答"y"时目标文件将被覆盖，是交互式复制。

（5）-p：此时 cp 除复制源文件的内容外，还将把其修改时间和访问权限也复制到新文件中。

（6）-r：若给出的源文件是一个目录文件，此时 cp 将递归复制该目录下所有的子目录和文件。此时目标文件必须为一个目录名。

（7）-l：不做复制，只是链接文件。

注意：有时，用户在不经意的情况下用 cp 命令破坏另一个文件，比如，用户指定的目标文件名是一个已存在的文件名，用 cp 命令复制文件后，这个文件就会被新复制的源文件覆盖。因此，建议用户在使用 cp 命令复制文件时，最好使用 i 选项。

下面举例说明该命令的使用方法。

```
//将文件 exam1.c 复制到/usr/wang 目录下，并改名为 shiyan1.c
[root@localhost root]# cp - i exam1.c /usr/wang/shiyan1.c
//若不希望重新命名，可以使用下面的命令
[root@localhost root]# cp exam1.c /usr/ wang/
//将/usr/xu 目录中的所有文件及其子目录复制到目录/usr/liu 中
[root@localhost root]# cp - r /usr/xu/ /usr/liu/
```

2. mv 命令

用户可以使用 mv 命令来为文件或目录改名或将文件由一个目录移入另一个目录中。该命令如同 DOS 下的 ren 和 move 的组合。mv 命令的常用格式如下。

```
mv [option] [src_file|src_dir] [dst_file|dst_dir]
```

根据 mv 命令中第二个参数类型的不同（目标文件或目标目录），mv 命令将文件重命名或将其移至一个新的目录中。当第二个参数类型是文件时，mv 命令完成文件重命名。此时，源文件只能有一个（也可以是源目录名），它将所给的源文件或目录重命名为给定的目标文件名。当第二个参数是已存在的目录名称时，源文件或目录参数可以有多个，mv 命令将各参数指定的源文件均移至目标目录中。在跨文件系统移动文件时，mv 先复制，再将原有文件删除，而链至该文件的链接也将丢失。命令中各选项的含义如下。

（1）-i：交互方式操作。如果 mv 操作将导致对已存在的目标文件的覆盖，此时系统询问是否重写，要求用户回答"y"或"n"。这样可以避免误覆盖文件。

（2）-f：禁止交互操作。在 mv 操作要覆盖某已有的目标文件时不给任何指示，指定此选项后，i 选项将不再起作用。如果所给目标文件（不是目录）已存在，此时该文件的内容将被新文件覆盖。

注意：为防止用户在不经意的情况下用 mv 命令破坏另一个文件，建议用户在使用 mv 命令移动文件时，最好使用-i 选项。

下面举例说明该命令的使用。

```
//将/usr/xu 中的所有文件移到当前目录（用"."表示）中
```

```
[root@localhost root]# mv /usr/xu/* .
//将文件 wch.txt 重命名为 wjz.doc
[root@localhost root]# mv wch.txt wjz.doc
```

3. rm 命令

对于无用文件，用户可以用 rm 命令将其删除。该命令的功能为删除一个目录中的一个或多个文件。它也可以将某个目录及其下的所有文件及子目录均删除。对于链接文件，该命令只是删除了链接，原有文件均保持不变。rm 命令的常用格式如下。

```
rm [option] [files|dirs]
```

该命令的各选项含义如下。

（1）-f：忽略不存在的文件，从不给出提示。

（2）-r：指示 rm 将参数中列出的全部目录和子目录均递归地删除，如果没有使用 -r 选项，则 rm 不会删除目录。

（3）-i：进行交互式删除。

注意　使用 rm 命令要格外小心。因为一旦一个文件被删除，恢复起来相当麻烦。为了防止此种情况的发生，可以使用 rm 命令中的 -i 选项来确认要删除的每个文件。如果用户输入 y，文件将被删除。如果输入任何其他东西，文件将被保留。

在下一个例子中，用户想要删除文件 test 和 example。系统会要求对每个文件进行确认。用户最终决定删除 example 文件，保留 test 文件。

```
[root@localhost root]# rm -i test example
Remove test ?n
Remove example ?y
```

4.2.8　文件链接命令——ln

文件链接命令是指 ln 命令。该命令在文件之间创建链接。这种操作实际上是给系统中已有的某个文件指定另外一个可用于访问它的名称。对于这个新的文件名，可以为其指定不同的访问权限，以控制对信息的共享和安全性的问题。

如果链接指向目录，用户就可以利用该链接直接进入被链接的目录而不用使用较长的路径名。而且，即使删除这个链接，也不会破坏原来的目录。

链接有两种，一种称为硬链接（Hard Link）；另一种称为符号链接（Symbolic Link），也称为软链接。建立硬链接时，链接文件和被链接文件必须位于同一个文件系统中，并且不能建立指向目录的硬链接。而对符号链接，则不存在这个问题。默认情况下，ln 产生硬链接。

在硬链接的情况下，参数中的“目标”被链接至【链接名】。如果【链接名】是一个目录名，系统将在该目录之下建立一个或多个与“目标”名的链接文件，且链接文件和被链接文件的内容完全相同。如果【链接名】为一个文件，用户将被告知该文件已存在且不进行链接。如果指定了多个“目标”参数，那么最后一个参数必须为目录。

如果给 ln 命令加上-s 选项，则建立符号链接。如果【链接名】已经存在但不是目录，将不做链接。【链接名】可以是任何一个文件名（可包含路径），也可以是一个目录，并且允许其与“目标”不在同一个文件系统中。如果【链接名】是一个已经存在的目录，系统将在该目录下建立一个或多个与“目标”同名的文件。此新建的文件实际上是指向原“目标”的符号链接文件。

说明

多数情况下，在使用文件链接的时候，方法跟普通文件的使用方法完全相同，所以这里不再重复介绍。

ln 命令的常用格式如下。

```
ln [option] file link
```

下面举例说明该命令的使用方法。

```
//用户为当前目录下的文件 lunch 创建了一个符号链接/home/xu
[root@localhost root]# ln - s lunch /home/xu
//使用建立的软链接查看文件，实际查看的是原文件 lunch 的内容
[root@localhost root]# cat /home/xu
```

4.2.9 目录的创建与删除命令——mkdir、rmdir

下面介绍 Linux 系统中目录的创建以及删除命令的使用。

1. mkdir 命令

创建目录需要使用 mkdir 命令。mkdir 命令的常用格式如下。

```
mkdir [option] [dirname]
```

该命令创建名为 dirname 的目录。mkdir 命令要求创建目录的用户在当前目录（即 dirname 的父目录）中具有写权限，并且 dirname 不能是当前目录中已有的目录或文件名称。

命令中各选项的含义如下。

（1）-m：对新建目录设置存取权限，也可以用 chmod 命令设置。

（2）-p：可以是一个路径名称。此时若路径中的某些目录尚不存在，加上此选项后，系统将自动建立好这些尚不存在的目录，即一次可以建立多个目录。

例如，在当前目录中建立 inin 和 inin 下的"/mail"目录，也就是连续建两个目录。指定权限为 700.，命令如下：

```
[root@localhost root]# mkdir -p -m 700 ./inin/mail/
```

该命令的执行结果是在当前目录中创建嵌套的目录层次"inin/mail"，权限设置为只有文件所有者有读、写和执行权限。chmod 命令及权限的设定会在后面讲解。

2. rmdir 命令

删除目录需要使用 rmdir 命令。rmdir 命令的常用格式如下。

```
rmdir [option] [dirname]
```

dirname 表示目录名。rmdir 命令可以从一个目录中删除一个或多个子目录项。需要注意的是，一个目录被删除之前必须是空的。和 mkdir 命令一样，删除某目录时也必须具有对父目录的写权限。

注意

rm – r dir 命令可代替 rmdir，但是有很大的危险性。

命令中各选项的含义如下所示。

-p：递归删除目录 dirname，当子目录删除后其父目录为空时，也一同被删除。如果整个路径被删除或者由于某种原因保留部分路径，则系统在标准输出上显示相应的信息。

例如要将/usr/xu/txt 目录删除，命令如下。

```
[root@localhost root]# rmdir -p /usr/xu/txt
```

4.2.10　改变工作目录、显示路径及显示目录内容命令——cd、pwd、ls

Linux 系统分别使用 cd、pwd 及 ls 命令来改变工作目录、显示路径及显示目录的内容。下面对这些命令进行介绍。

1. cd 命令

cd 命令即英文词组 change directory 的缩写，作用是改变当前工作目录。cd 命令的常用格式如下。

```
cd [directory]
```

该命令将当前目录改变为 directory 所指定的目录。若没有指定 directory，则回到用户的主目录。为了改变到指定目录，用户必须拥有对指定目录的执行和读权限。该命令可以使用通配符。假设用户当前目录是“/root/working”，若要更换到“/usr/src”目录中，则可使用如下命令。

```
[root@localhost working]# cd /usr/src
```

2. pwd 命令

pwd 命令即英文词组 print working directory 的缩写，作用是显示当前工作目录的路径。该命令无参数和选项。在 Linux 层次目录结构中，用户可以在被授权的任意目录下用 mkdir 命令创建新目录，也可以用 cd 命令从一个目录转换到另一个目录。然而，没有提示符来告知用户目前处于哪一个目录中。要想知道当前所处的目录，可以用 pwd 命令。该命令显示整个路径名。

注意：此命令显示当前工作目录的绝对路径，而不是相对路径。

例如使用该命令显示当前工作路径，命令如下。

```
[root@localhost working]# #pwd
/root/working
```

3. ls 命令

ls 是英文单词 list 的简写，其功能为列出目录的内容。这是用户最常用的命令之一，因为用户要不时地查看某个目录的内容。该命令类似于 DOS 下的 dir 命令。对于每个目录，该命令将列出其中所有的子目录与文件。对于每个文件，ls 将输出其文件名及所要求的其他信息。默认情况下，输出条目按字母顺序排序。当未给出目录名或文件名时，就显示当前目录的信息。ls 命令的常用格式如下。

```
ls [option] [dirname|filename]
```

命令中部分常用选项的含义如下。

（1）-a：显示指定目录下所有的子目录与文件，包括隐藏文件。

（2）-A：显示指定目录下所有的子目录与文件，包括隐藏文件。但不列出“.”和“..”。

（3）-d：如果参数是目录，只显示其名称而不显示其下的各个文件，且往往与 l 选项一起使用，以得到目录的详细信息。

（4）-l：以长格式来显示文件的详细信息。这个选项最常用，每行列出的信息依次是：文件类型与权限、链接数、文件属主、文件属组、文件大小建立或最近修改的时间和名字。对于符号链接文件，显示的文件名之后有“—〉”和引用文件路径名。对于设备文件，其“文件大小”字段显示主、次设备号，而不是文件大小。目录中的总块数显示在长格式列表的开头，其中包含间接块。

（5）-L：若指定的名称为一个符号链接文件，则显示链接所指向的文件。

（6）-m：输出按字符流格式，文件跨页显示，以逗号分开。

（7）-n：输出格式与 -l 选项相同，只不过在输出中文件属主和属组是用相应的 UID 号和 GID 号来表示，而不是实际的名称。

（8）-R：递归式地显示指定目录的各个子目录中的文件。

用 ls -l 命令显示的信息中，开头是由 10 个字符构成的字符串，其中第一个字符表示文件类型。第一个字符可以是下述类型之一。

（1）-：普通文件。

（2）d：目录。

（3）l：符号链接。

（4）b：块设备文件。

（5）c：字符设备文件。

后面的 9 个字符表示文件的访问权限，分为 3 组，每组 3 位。第一组表示文件属主的权限，第二组表示同组用户的权限，第三组表示其他用户的权限。每一组的 3 个字符分别表示对文件的读、写和执行权限。各权限如表 4-1 所示。

表 4-1　权限说明

字　符	文 件 权 限	目 录 权 限
r	可读取	可读取
w	可写入	可写入
x	可执行	可枚举文件
s	当文件被执行时，把该文件的 UID 或 GID 赋予执行进程的 UID（用户 ID）或 GID（组 ID）	当文件被执行时，把该文件的 UID 或 GID 赋予执行进程的 UID（用户 ID）或 GID（组 ID）
t	设置标志位（留在内存，不被换出）。如果该文件是目录，在该目录中的文件只能被超级用户、目录拥有者或文件属主删除。如果是可执行文件，在该文件执行后，指向其正文段的指针仍留在内存。这样再次执行它时，系统就能更快地装入该文件	设置标志位（留在内存，不被换出）。如果该文件是目录，在该目录中的文件只能被超级用户、目录拥有者或文件属主删除。如果是可执行文件，在该文件执行后，指向其正文段的指针仍留在内存。这样再次执行它时，系统就能更快地装入该文件
-	没有设置权限	没有设置权限

下面给出使用 ls 命令的实例。

```
//列出当前目录的内容
#[root@localhost src]# ls -A
freeswan-2.05  linux-2.4.18   linux-2.5.22  redhat
linux-2.4      linux-2.4.7-10 modules
//列出某个目录的内容
#[root@localhost root]# ls -A /home/user1
.bash_history  .bashrc  .kde      test.c
app1.c     .bash_logout  .emacs   libpcap1       .screenrc
app.c      .bash_profile .gtkrc   libpcap.tar.gz  test1.c
```

```
//用长格式列出某个目录下所有的文件(包括隐藏文件)
#[root@localhost root]# ls -la /home/user1
total 1248
-rw-r--r--   1 root    root       118  May 24 13:35 app1.c
-rw-r--r--   1 root    root       116  May 24 13:34 app.c
-rw-------   1 user1  user1      156 Nov 23 17:14 .bash_history
-rw-r--r--   1 user1  user1       24 Nov 23 17:03 .bash_logout
-rw-r--r--   1 user1  user1      191 Nov 23 17:03 .bash_profile
-rw-r--r--   1 user1  user1      124 Nov 23 17:03 .bashrc
-rw-r--r--   1 user1  user1      820 Nov 23 17:03 .emacs
-rw-r--r--   1 user1  user1      118 Nov 23 17:03 .gtkrc
drwxr-xr-x   3 user1  user1     4096 Nov 23 17:03 .kde
drwxr-xr-x   7 chenhq   xiang      4096 Jun 25 18:51 libpcap1
-rw-r--r--   1 root    root     925063 Aug  5  2003 libpcap.tar.gz
-rw-r--r--   1 user1  user1     3511 Aug 23 17:03 .screenrc
-rw-r--r--   1 root    root       153  Aug 11 17:58 test1.c
-rw-r--r--   1 root    root       414  Mar 28 12:02 test.c
//用长格式列出某个目录下所有的文件包括隐藏文件和它们的 i 节点号。并把文件属主和属组以 UID
//号和 GID 号的形式显示
#[root@localhost root]# ls -1ain /home/patterson
total 220
 654695 drwxrwxr-x    4 508      508         4096  May 19 10:28 .
 639756 drwx------    7 541      541         4096  May 24 13:38 ..
 654759 -rwxr-xr-x    1 0        0         137332  Jun 18 15:45 tux
 654698 -rw-rw-r--    1 508      508         8876  Aug 14  2003 tap.c
 654696 -rw-r--r--    1 0        0          33264  Jun 18 15:45 tap.o
 654699 drwx------    5 508      508         4096  Aug 13  2003 libnids-1.17
 686839 drwxr-xr-x    2 0        0          16384  Aug 19 10:34 log
 654697 -rw-rw-r--    1 508      508          260  Nov 13  2003 Makefile
```

4.3　文件/目录访问权限管理

Linux 系统中的每个文件和目录都有访问许可权限，从而确定何种用户/用户组可以通过何种方式对文件和目录进行访问和操作。本节将对文件/目录访问的方法和命令进行介绍。

4.3.1　文件/目录访问权限简介

文件或目录的访问权限分为只读、只写和可执行等。以文件为例，只读权限表示只允许读其内容，而禁止对其做任何的更改操作；只写权限允许对文件进行任何的修改操作；可执行权限表示允许将该文件作为一个程序执行。通常，文件被创建时，文件所有者自动拥有对该文件的读、写，以便于对文件的阅读和修改。用户也可根据需要把访问权限设置为需要的任何组合。

有 3 种不同类型的用户可对文件或目录进行访问：文件所有者、同组用户和其他用户。所有者一般是文件的创建者。该类用户可以允许同组用户有权访问文件，还可以将文件的访问权限赋予系统中的其他用户。在这种情况下，系统中的每一位用户都能访问该用户拥有的文件或目录。

每一个文件或目录的访问权限都有 3 组，每组用 3 位表示，分别为：文件属主的读、写和执行权限；与属主同组的用户的读、写和执行权限；系统中其他用户的读、写和执行权限。当用 ls -l

命令显示文件或目录的详细信息时，最左边的一列为文件的访问权限。例如，在如下实例中，横线代表空许可（即表示不具有该权限），r 代表只读，w 代表写，x 代表可执行。

```
[root@localhost root]# ls -l sobsrc.tgz
-rw-r--r-- 1 root root 483997 Jul 15 17:31 sobsrc.tgz
```

注意　这里共有 10 个位置。第 1 个字符指定了文件类型。在通常意义上，一个目录也是一个文件。如果第 1 个字符是横线，表示是一个非目录的文件。如果是 d，表示是一个目录。后面的 9 个字符每 3 个构成一组，依次表示文件主、组用户、其他用户对该文件的访问权限。

上述例子表示文件“sobsrc.tgz”的访问权限，说明“sobsrc.tgz”是一个普通文件；“sobsrc.tgz”的属主有读写权限；与“sobsrc.tgz”属主同组的用户只有读权限；其他用户也只有读权限。

确定了一个文件的访问权限后，用户可以利用 Linux 系统提供的 chmod 命令来重新设定不同的访问权限。也可以利用 chown 命令来更改某个文件或目录的所有者。

4.3.2　改变文件/目录的访问权限——chmod 命令

chmod 命令用于改变文件或目录的访问权限，是一条非常重要的系统命令。用户可用该命令控制文件或目录的访问权限。该命令有两种用法，一种是包含字母和操作符表达式的文字设定法；另一种是包含数字的数字设定法。

1. 文字设定法

文字设定法的一般使用形式如下。

```
chmod [who] [+|-|=] [mode] filename
```

其中，操作对象 who 可以是下述字母中的任一个或者为各字母的组合。

（1）u 表示“用户（user）”，即文件或目录的所有者。

（2）g 表示“同组（group）用户”，即与文件属主有相同组 ID 的所有用户。

（3）o 表示“其他（others）用户”。

（4）a 表示“所有（all）用户”。其为系统默认值。

允许的操作符号如下。

（1）+ 添加某个权限。

（2）– 取消某个权限。

（3）= 赋予给定权限并取消其他所有权限（如果有的话）。

设置 mode 所表示的权限可用下述字母的任意组合。

（1）r：可读。

（2）w：可写。

（3）x：可执行。只有目标文件对某些用户是可执行的或该目标文件是目录时才追加 x 属性。

（4）s：在文件执行时把进程的属主或组 ID 置为该文件的文件属主。可用“u+s”设置文件的用户 ID 位，而用“g + s”设置组 ID 位。

（5）t：将程序的文本保存到交换设备上。

（6）u：与文件属主拥有一样的权限。

（7）g：与和文件属主同组的用户拥有一样的权限。

（8）o：与其他用户拥有一样的权限。

说明　在一个命令行中可给出多个权限方式，其间用逗号隔开。

下面给出使用该设定法的例子。

```
//设定文件 sort 的属性如下
//文件属主（u）增加执行权限
//与文件属主同组用户（g）增加执行权限
//其他用户（o）增加执行权限
[root@localhost root]# chmod a+x sort
//设定文件 text 的属性如下
//文件属主（u）增加写权限
//与文件属主同组用户（g）增加写权限
//其他用户（o）删除执行权限
[root@localhost root]# chmod ug+w, o-x text
//对可执行文件 sniffer 添加 s 权限
//使得执行该文件的用户暂时具有该文件拥有者的权限
[root@localhost root]# chmod u+s sniffer
```

说明　上面例子中，当其他用户执行 sniffer 这个程序时，对应的身份将由于这个程序而暂时变成该 sniffer 程序的拥有者（由于 chmod 命令中使用了 s 选项），所以就能够读取“sniffer.c”文件（虽然这个文件被设定为其他人不具备任何权限）。这就是 s 的功能。在整个系统中特别是 root 本身，最好不要过多地设置这种类型的文件（除非必要）。这样可以保障系统的安全，避免因为某些程序的 bug 而使系统遭到入侵。

```
//以下命令都是将文件“readme.txt”的执行权限删除
[root@localhost root]# chmod a-x readme.txt
[root@localhost root]# chmod -x readme.txt
```

2. 数字设定法

数字设定法是与文字设定法功能等价的设定方法，只不过比文字设定法更加简洁。数字设定法用 3 个二进制位来表示文件权限，其中，第一位表示 r 权限（可读），第二位表示 w 权限（可写），第三位表示 x 权限（对于文件而言为可执行，对于文件夹而言为可枚举）。设定好后将其换算为十进制数即可。

当然，也可以直接用十进制数计算，其中，0 表示没有权限，1 表示 x 权限，2 表示 w 权限，4 表示 r 权限，然后将其相加。所以数字属性的格式应为 3 个从 0 到 7 的八进制数，其顺序是（u）、（g）、（o）。其他的与文字设定法基本一致。

如果想让某个文件的属主有“读/写”二种权限，须要把 4（可读）+2（可写）=6（读/写）。数字设定法的一般使用形式如下。

```
chmod [mode] filename
```

下面给出使用该数字设定法的例子。

```
//设定文件“mm.txt”的属性如下
//文件属主（u）拥有读、写权限
//与文件属主同组人用户（g）拥有读权限
//其他人（o）拥有读权限
```

```
[root@localhost root]# chmod 644 mm.txt
//设定 fib.c 这个文件的属性为：文件主本人（u）具有可读/可写/可执行权限；与文件主同组人
//（g）可读/可执行权；其他人（o）没有任何权限
[root@localhost root]# chmod 750 fib.c
//使用 ls 查看执行结果
[root@localhost root]# ls -l
-rwxr-x--- 1 inin users 44137 Oct 12 9:18 fib.c
```

4.3.3 更改文件/目录的默认权限——umask 命令

登录系统之后，创建文件或文件夹有一个默认权限的。umask 命令则用于显示和设置用户创建文件的默认权限。当使用不带参数的 umask 命令时，系统会输出当前 umask 的值。代码如下所示。

```
[root@localhost root]# umask
0022
```

通常文件权限只会用到后 3 位，即 022。值得一提的是 umask 命令与 chmod 命令设定刚好相反，umask 设置的是权限“补码”，而 chmod 设置的是文件权限码。对于文件而言，系统不允许创建之初就对其赋予可执行权限，因此，文件权限的最高设定值为 6，目录为 7。将最高可选值减去 umask 中的值即得到默认文件创建权限。因此，当 umask 为 022 时，默认创建文件的权限为 644，而默认创建目录的权限为 755。

若使用参数，则可用 chmod 命令的数字设定法类似的手段。umask 参数使用方法如下，*n* 为 0 ~ 7 之间的整数。

```
umask nnn
```

4.3.4 更改文件/目录的所有权——chown 命令

chown 命令用来更改某个文件或目录的属主和属组。举个例子，root 用户把自己的一个文件复制给用户 xu，为了让用户 xu 能够存取这个文件，root 用户应该把这个文件的属主设为 xu，否则，用户 xu 无法存取这个文件。chown 命令的常用格式如下。

```
chown [option] [user|group] filename
```

注意：chown 将指定文件的拥有者改为指定的用户或组。用户可以是用户名或用户 ID。组可以是组名或组 ID。文件是以空格分开的要改变权限的文件列表，支持通配符。

该命令的选项如下。

（1）-R：递归地改变指定目录及其下面的所有子目录和文件的拥有者。

（2）-v：显示 chown 命令所做的工作。

下面给出使用该命令的例子。

```
//把文件 shiyan.c 的所有者改为 wang
#chown wang shiyan.c
//把目录“/his”及其下面的所有文件和子目录的属主改成 wang，属组改成 users
#chown -R wang.users /his
```

4.4　文件/目录的打包和压缩

Linux 下的压缩程序很多，这里只介绍最常用的几种。

4.4.1　文件压缩——gzip 压缩

gzip 压缩利用 Lempel-Ziv（LZ77）算法，与之相关的命令有：gzip（压缩），gunzip（解压缩）和 zcat（解压并输出到标准输出设备）。gzip、gunzip 和 zcat 命令的常用格式如下。

```
gzip [-acdfhlLnNqrtvV] [-level] [-S suffix] [file]
gunzip [-acdfhlLnNqrtvV] [-S suffix] [file]
zcat [-fhlV] [file]
```

其中参数含义如下。

（1）-a 或--ascii：使用 ASCII 文字模式。

（2）-c 或--stdout 或--to-stdout：把压缩后的文件输出到标准输出设备，不去更动原始文件。

（3）-d 或--decompress 或----uncompress：解开压缩文件。

（4）-f 或--force：强行压缩文件。不理会文件名称或硬连接是否存在以及该文件是否为符号连接。

（5）-h 或--help：在线帮助。

（6）-l 或--list：列出压缩文件的相关信息。

（7）-L 或--license：显示版本与版权信息。

（8）-n 或--no-name：压缩文件时，不保存原来的文件名称及时间戳记。

（9）-N 或--name：压缩文件时，保存原来的文件名称及时间戳记。

（10）-q 或--quiet：不显示警告信息。

（11）-r 或--recursive：递归处理，将指定目录下的所有文件及子目录一并处理。

（12）-S 或--suffix<suffix>：更改压缩字尾字符串。

（13）-t 或--test：测试压缩文件是否正确无误。

（14）-v 或--verbose：显示指令执行过程。

（15）-V 或--version：显示版本信息。

（16）-level：压缩效率是一个介于 1 ~ 9 的数值，预设值为 6，指定越大的数值，压缩效率就会越高，但压缩速度越慢，解压缩速度不受影响。

（17）--best：此参数的效果和指定需确定是否为-q 参数相同。

（18）--fast：此参数的效果和指定-1 参数相同。

使用 gzip 时需要注意以下几点。

（1）默认 gzip 压缩的文件会以“.gz”结尾，同时删除原始文件。

（2）若不希望使用“.gz”后缀，则需用-S 覆盖。

（3）gunzip -c 和 zcat 功能相同。

使用 gzip、gunzip、zcat 的示例如下。

```
// 压缩 hello.c
// 压缩后，文件以“gz”结尾，原始文件已删除
```

```
[root@localhost compress]# gzip hello.c
[root@localhost compress]# ls
hello.c.gz
[root@localhost compress]# gzip hello.c.gz
gzip: Input file hello.c.gz already has .gz suffix.
// 解压缩 hello.c.gz 并输出到"std""zcat"不会删除原始文件
[root@localhost compress]# zcat hello.c.gz
#include <stdio.h>
ain()
{
    printf("Hello World\n");
}
[root@localhost compress]# ls
hello.c.gz
// 解压缩 hello.c.gz 并输出到 std，删除原始文件
[root@localhost compress]# gunzip hello.c.gz
[root@localhost compress]# ls
hello.c
```

4.4.2 文件压缩——bzip2 压缩

bzip2 压缩利用 Burrows-Wheeler block sorting 和 Huffman 编码算法，与之相关的命令有：bzip2（压缩），bunzip2（解压缩），bzcat（解压并输出到标准输出设备）和 bz2recover（从损坏的 bzip2 文件中恢复数据）。bzip2、bunzip2、bzcat 和 bz2recover 命令的常用格式如下。

```
bzip2 [-cdfhkLstvVz][--repetitive-best][--repetitive-fast][-level] [file]
bunzip2 [-fkLsvV] [file]
bzcat [-s] [file]
bz2recover [file]
```

其中参数含义如下。

（1）-c 或--stdout：将压缩与解压缩的结果送到标准输出。

（2）-d 或--decompress：执行解压缩。

（3）-f 或--force：bzip2 在压缩或解压缩时，若输出文件与现有文件同名，预设不会覆盖现有文件。若要覆盖，请使用此参数。

（4）-h 或--help：显示帮助。

（5）-k 或--keep：bzip2 在压缩或解压缩后，会删除原始的文件。若要保留原始文件，请使用此参数。

（6）-s 或--small：降低程序执行时内存的使用量。

（7）-t 或--test：测试".bz2"压缩文件的完整性。

（8）-v 或--verbose：压缩或解压缩文件时，显示详细的信息。

（9）-z 或--compress：强制执行压缩。

（10）-L 或--license：显示版本及授权等。

（11）-V 或--version：显示版本信息。

（12）--repetitive-best：若文件中有重复出现的资料时，可利用此参数提高压缩效果。

（13）--repetitive-fast：若文件中有重复出现的资料时，可利用此参数加快执行速度。

（14）-level：压缩时的区块大小。

bzip2 压缩的命令和 gzip 非常类似，不过 bzip2 通常都比基于 LZ77 算法的工具压缩率更高。

默认 bzip2 压缩的文件会以“.bz2”结尾，同时删除原始文件。但和 gzip 相比，bzip2 可以通过添加 -k 参数保留原始文件。bunzip2-c 和 bzcat 功能相同。

使用 bzip2，bunzip2 和 bzcat 的示例如下。

```
// 压缩 hello.c
// 压缩后，文件以“.bz2”结尾，原始文件已删除
[root@localhost compress]# bzip2 hello.c
// 解压缩 hello.c.bz2 并输出到 std，bzcat 不会删除原始文件
[root@localhost compress]# bzcat hello.c.bz2
#include <stdio.h>
main()
{
        printf("Hello World\n");
}
[root@localhost compress]# ls
hello.c.bz2
// 使用-k 参数的 bunzip2 不删除原始文件 hello.c.bz2
[root@localhost compress]# bunzip2 -k hello.c.bz2
[root@localhost compress]# ls
hello.c  hello.c.bz2
```

4.4.3　文件归档——tar 命令

tar 是一个归档程序，就是说 tar 可以把许多文件打包成为一个归档文件或者把它们写入备份设备，例如一个磁带驱动器。因此，通常 Linux 下保存文件都是先用 tar 命令将目录或者文件打成 tar 归档文件（也称为 tar 包），然后 gzip 或 bzip2 压缩。正因为如此，Linux 下已压缩文件的常见后缀有“tar.gz”、“tar.bz2”，以及“tgz”和“tbz”等。tar 命令参数相当丰富，此处只介绍最重要的参数及其用法。

（1）-c 或--create：创建新的备份。

（2）-f 或--file backup：指定备份文件名。

（3）-x 或--extract 或--get： 从备份文件中还原文件。

（4）-t 或--list：列出备份文件的内容。

（5）-v 或--verbose：显示指令执行过程。

（6）-z 或--gzip 或--gunzip：通过 gzip 指令处理备份文件。

（7）-j 或--I 或--bzip：通过 bzip2 指令处理备份文件。

（8）-C 或--directory dir：切换到指定的目录 dir。

具体使用中，需要这些参数相互组合。

1. 创建 tar 包

创建归档可以使用 -cf 参数，如果需要显示日志，可以使用 -cvf 参数。例如将“/etc”目录归档为当前目录下“etc.tar”文件命令的如下。

```
[root@localhost compress]# tar -cf etc.tar /etc
tar: Removing leading '/' from member names
[root@localhost compress]#
```

注意

这里会自动去掉开始的“/”，防止解压时出现问题。

2. 查看 tar 包内容

查看归档可以使用 -tf 参数。例如查看“etc.tar”文件命令的如下。此处用 more 对结果进行了分页。

```
[root@localhost compress]# tar -tf etc.tar | more
etc/
etc/sysconfig/
etc/sysconfig/network-scripts/
etc/sysconfig/network-scripts/ifdown-aliases
etc/sysconfig/network-scripts/ifcfg-lo
etc/sysconfig/network-scripts/ifdown
etc/sysconfig/network-scripts/ifup-aliases
etc/sysconfig/network-scripts/ifdown-ippp
etc/sysconfig/network-scripts/ifdown-ipv6
etc/sysconfig/network-scripts/ifdown-isdn
etc/sysconfig/network-scripts/ifdown-post
etc/sysconfig/network-scripts/ifdown-ppp
etc/sysconfig/network-scripts/ifdown-sit
etc/sysconfig/network-scripts/ifdown-sl
etc/sysconfig/network-scripts/ifup
etc/sysconfig/network-scripts/ifup-wireless
etc/sysconfig/network-scripts/ifup-ippp
etc/sysconfig/network-scripts/ifup-ipv6
etc/sysconfig/network-scripts/ifup-ipx
etc/sysconfig/network-scripts/ifup-isdn
etc/sysconfig/network-scripts/ifup-plip
etc/sysconfig/network-scripts/ifup-plusb
--More--
```

3. 还原 tar 包

还原归档可以使用 -xf 参数，如果需要显示日志，可以使用 -xvf 参数。例如将“etc.tar”解包的命令示例如下。

```
[root@localhost compress]# tar -xf etc.tar
// 解包会会在当前目录创建 etc 文件夹
[root@localhost compress]# ls -l
总用量 9948
drwxr-xr-x  53 root    root        4096  2月 18 04:19 etc
-rw-r--r--   1 root    root    10158080  2月 18 23:47 etc.tar
-rw-r--r--   1 root    root          58  2月 15 18:23 hello.c
-rw-r--r--   1 root    root          98  2月 15 18:23 hello.c.bz2
```

4. 直接在 tar 包中使用压缩选项

打好的 tar 包可以交由 gzip 或 bzip2 进行压缩。另外也可以直接在 tar 命令中调用这些压缩功能，加入相应参数即可。例如，将 hello.c 和 hello.c.bz2 打包后用 gzip 压缩并输出为 hello.tar.gz，显示执行过程，可以使用-czvf 参数。命令与输出如下所示。

```
[root@localhost compress]# tar -czvf hello.tar.gz hello.c hello.c.bz2
hello.c
hello.c.bz2
```

显示 hello.tar.gz 中内容可用 -tzf 参数。命令与输出如下所示。

```
[root@localhost compress]# tar -tzf hello.tar.gz
```

```
hello.c
hello.c.bz2
```

直接解包 hello.tar.gz 并显示执行过程，可使用 -xzvf 参数。这里因为当前目录下已有 hello.c 和 hello.c.bz2 文件，所以创建一个新的 hello.bak 目录，并 -C 参数将 hello.tar.gz 中的内容解包过去。命令与输出如下所示。

```
[root@localhost compress]# mkdir hello.bak
// 通过-C hello.bak 解包文件到 hello.bak 目录
[root@localhost compress]# tar -xzvf hello.tar.gz -C hello.bak
hello.c
hello.c.bz2
[root@localhost compress]# ls hello.bak
hello.c  hello.c.bz2
```

以上是 tar 最基本的用法，详细的参数列表请使用 man 命令参考帮助文档。

注意　tar 命令创建的归档文件可以完整地保存文件及目录的权限信息。

4.4.4　zip 压缩

zip 格式（即 PKZIP）在多种平台（UNIX、Linux、Machintosh，以及 Windows）下都有很广泛的应用。Linux 对 zip 格式的文件也有很好的支持。与 zip 相关的命令相当多，主要有 zip、unzip 等。zip 命令的格式如下。

```
zip [-AcdDfFghjJKlLmoqrSTuvVwXyz$] [-b tmp_dir] [-ll] [-n suffix] [-t datetime] [-level]
[zipfile] [files_to_zipped] [-i include_pattern] [-x exclude_pattern]
```

其中，zipfile 为输出的 zip 文件，而 files_to_zipped 为需要被压缩的文件。通过 -i include_pattern 可以指定被包含进 zip 压缩包的文件名样式，而 -x exclude_pattern 可以指定排除在 zip 压缩包外的文件名样式，其参数说明如下所示。

（1）-A：调整可执行的自动解压缩文件。

（2）-b tmp_dir：指定暂时存放文件的目录。

（3）-c：替每个被压缩的文件加上注释。

（4）-d：从压缩文件内删除指定的文件。

（5）-D：压缩文件内不建立目录名称。

（6）-f：此参数的效果和指定与 -u 参数类似，但不仅仅只更新既有文件，如果某些文件原本不存在于压缩文件内，使用本参数会一并将其加入压缩文件中。

（7）-F：尝试修复已损坏的压缩文件。

（8）-g：将文件压缩后附加在既有的压缩文件之后，而非另行建立新的压缩文件。

（9）-h：在线帮助。

（10）-j：只保存文件名称及其内容，而不存放任何目录名称。

（11）-J：删除压缩文件前面不必要的数据。

（12）-k：使用 MS-DOS 兼容格式的文件名称。

（13）-l：压缩文件时，把 LF 字符置换成 LF+CR 字符，即 DOS 和 Windows 下的文本格式。

（14）-ll：压缩文件时，把 LF+CR 字符置换成 LF 字符，即 UNIX 及类 UNIX 下的文本格式。

（15）-L：显示版权信息。

（16）-m：将文件压缩并加入压缩文件后，删除原始文件，即把文件移到压缩文件中。

（17）-n suffix：不压缩具有特定字尾字符串的文件。

（18）-o：以压缩文件内拥有最新更改时间的文件为准，将压缩文件的更改时间设成和该文件相同。

（19）-q：不显示指令执行过程。

（20）-r：递归处理，将指定目录下的所有文件和子目录一并处理。

（21）-S：包含系统和隐藏文件。

（22）-t datetime：把压缩文件的日期设成指定的日期。

（23）-T：检查备份文件内的每个文件是否正确无误。

（24）-u：更换较新的文件到压缩文件内。

（25）-v：显示指令执行过程或显示版本信息。

（26）-V：保存 VMS 操作系统的文件属性。

（27）-w：在文件名称里假如版本编号，本参数仅在 VMS 操作系统下有效。

（28）-X：不保存额外的文件属性。

（29）-y：直接保存符号连接，而非该连接所指向的文件，本参数仅在 UNIX 之类的系统下有效。

（30）-z：替压缩文件加上注释。

（31）-$：保存第一个被压缩文件所在磁盘的卷册名称。

（32）-level：压缩效率是一个介于 1~9 的数值。

这里只给出 zip 的一个简单的例子。本例的目标为压缩当前目录下的 etc.tar 包和 hello.bak 目录及其下所有文件，命令如下。

```
[root@localhost compress]# zip -r compress.zip etc.tar hello.bak
  adding: etc.tar (deflated 82%)
  adding: hello.bak/ (stored 0%)
  adding: hello.bak/hello.c (stored 0%)
  adding: hello.bak/hello.c.bz2 (stored 0%)
```

4.4.5 unzip 解压缩

zip 文件可用 unzip 解压缩，unzip 命令的格式如下。

```
unzip [-cflptuvz] [-agCjLMnoqsVX] [zipfile] [files] [-d dir] [-x file]
```

其中，zipfile 为 zip 压缩包，files 为需要解压缩的文件，而通过 -x 参数可以指定无须解压的文件。另外，还可以通过 -d dir 指定解压的目录。其他参数的列表如下。

（1）-c：将解压缩的结果显示到屏幕上。

（2）-f：更新现有的文件。

（3）-l：显示压缩文件内所包含的文件。

（4）-p：与 -c 参数类似，会将解压缩的结果显示到屏幕上。

（5）-t：检查压缩文件是否正确。

（6）-u：与 -f 参数类似，但是除了更新现有的文件外，也添加新文件。

（7）-v：执行是时显示详细的信息。

（8）-z：仅显示压缩文件的备注文字。

（9）-a：对文本文件进行必要的字符转换。

（10）-b：不要对文本文件进行字符转换。

（11）-C：压缩文件中的文件名称区分大小写。

（12）-j：不处理压缩文件中原有的目录路径。

（13）-L：将压缩文件中的全部文件名改为小写。

（14）-M：将输出结果送到 more 程序处理。

（15）-n：解压缩时不要覆盖原有的文件。

（16）-o：不必先询问用户，unzip 执行后覆盖原有文件。

（17）-q：执行时不显示任何信息。

（18）-s：将文件名中的空白字符转换为底线字符。

（19）-V：保留 VMS 的文件版本信息。

（20）-X：解压缩时同时回存文件原来的 UID/GID。

除了以上这些外，还可通过 -Z 参数查看压缩包内容。例如查看“compress.zip”的信息的命令格式如下。

```
[root@localhost compress]# unzip -Z compress.zip
Archive:  compress.zip   1807173 bytes   4 files
-rw-r--r--  2.3 unx 10158080 tx defN 18-Feb-08 23:47 etc.tar
drwxr-xr-x  2.3 unx        0 bx stor 19-Feb-08 00:15 hello.bak/
-rw-r--r--  2.3 unx       58 tx stor 15-Feb-08 18:23 hello.bak/hello.c
-rw-r--r--  2.3 unx       98 bx stor 15-Feb-08 18:23 hello.bak/hello.c.bz2
4 files, 10158236 bytes uncompressed, 1806601 bytes compressed:  82.2%
```

注意　查看 zip 压缩包内容的命令还有 zipinfo，作用和 unzip –Z 相似。

解压缩主要使用方法很简单，例如将 compress.zip 中除 etc.tar 外的内容解压缩到“/tmp”目录的命令格式如下。

```
[root@localhost compress]# unzip compress.zip -d /tmp -x etc.tar
Archive:  compress.zip
creating: /tmp/hello.bak/
extracting: /tmp/hello.bak/hello.c
extracting: /tmp/hello.bak/hello.c.bz2
```

4.4.6　其他归档压缩工具

除了以上这些工具外，Linux 中还可以使用的工具有：UNIX 下的压缩工具 compress/uncompress（后缀.Z），从 lharc 演变而来的压缩程序 lha（后缀.lzh），以及解压 ARJ 的 unarj 与解压 RAR 的 unrar 等。有备份归档的程序还有：dump、cpio 等。除了命令行下的工具外，Linux 也有图形化的压缩/解压缩工具，如 GNOME 桌面环境下的压缩操作如下。

（1）在桌面依次选择【应用程序】|【附件】|【文件】命令，打开如图 4-1 所示的【主文件夹】窗口，显示当前工作目录下的内容。

（2）在图 4-1 所示的界面中按住【Ctrl】键分别单击选择“test2.txt”和“test1.txt”文件，然后单击鼠标右键，将弹出如图 4-2 所示的快捷菜单。

（3）在快捷菜单中选择【压缩】命令，打开如图 4-3 所示的界面，默认在【文件名】处填入了当前目录的名称，在【文件名】右侧是一个下拉列表框，可选择压缩的类型，这里选择的是【.zip】。

（4）单击右上角的【创建】按钮即可将选中的文件压缩在一个文件中，文件名为【yo.zip】，如图 4-4 所示。

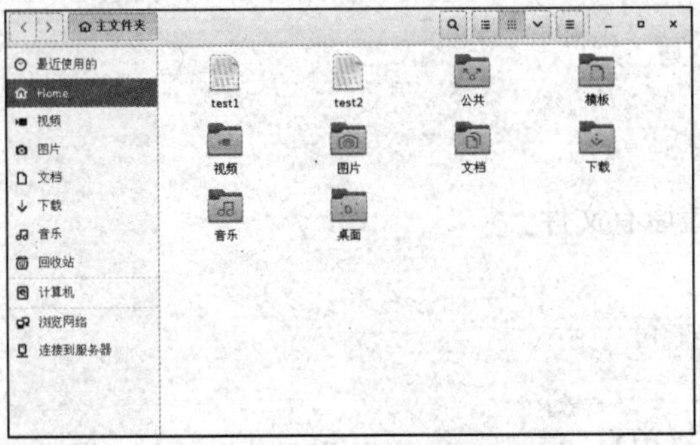

图 4-1　工作目录

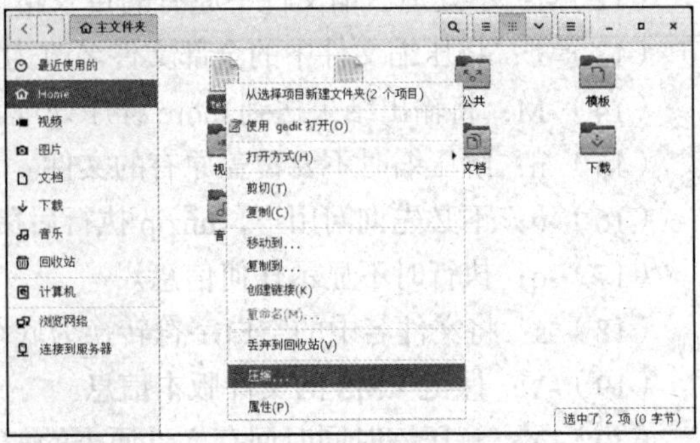

图 4-2　快捷菜单

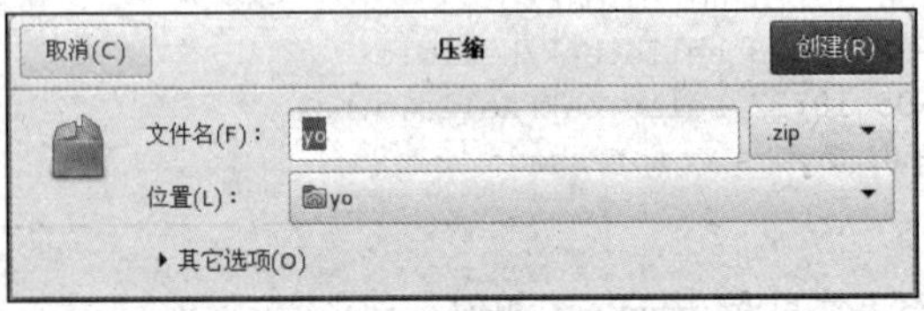

图 4-3　快捷菜单

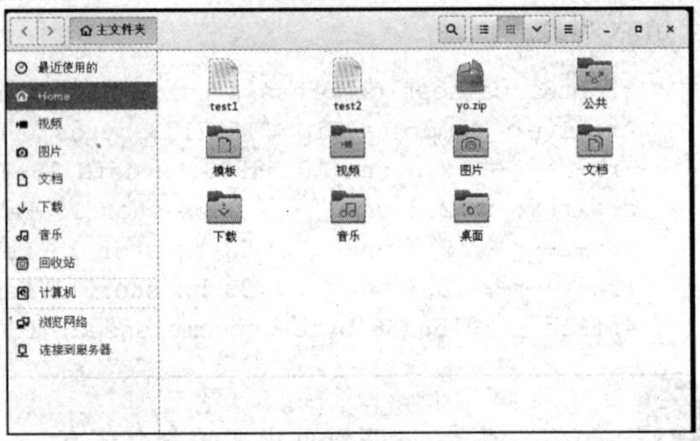

图 4-4　压缩得到的文件

（5）在图 4-4 所示的压缩文件【yo.zip】上单击鼠标右键将弹出如图 4-5 所示的快捷菜单，选择【提取到此处】命令就可进行解压缩操作，解压后将创建一个名为【yo】的目录，并将两个压缩文件解压到此目录中。

（6）在图 4-5 所示快捷菜单选择【使用归档管理器 打开】命令，将打开如图 4-6 所示界面，在这里可看到压缩的两个文件。

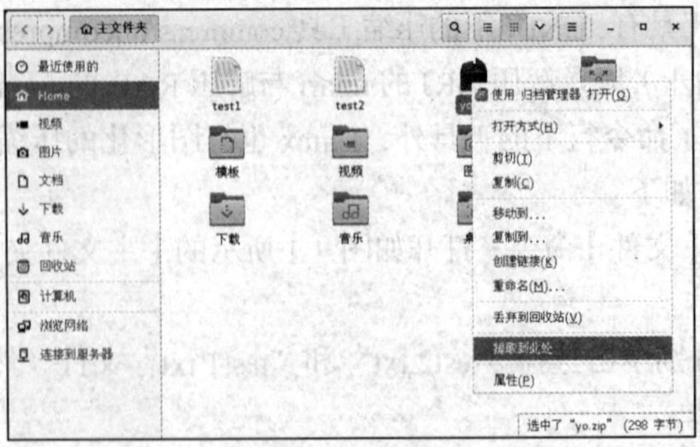

图 4-5　快捷菜单

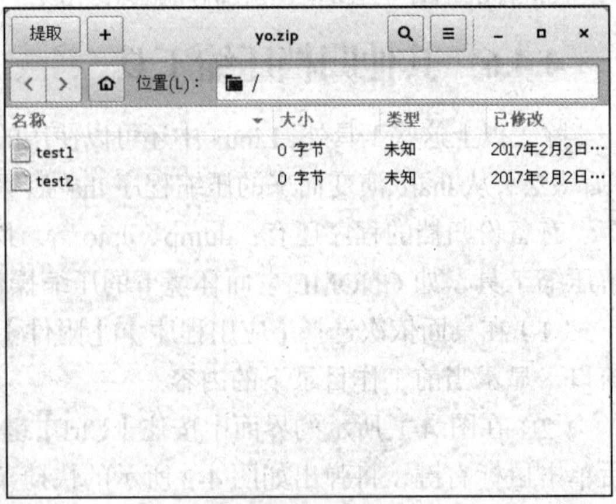

图 4-6　归档管理器

小　结

本章介绍了 Linux 文件和目录的基本知识，并且对常用的文件和目录操作命令进行了讲解。除此之外，本章还介绍了 Linux 下常用的压缩归档工具 gzip、bzip、tar、zip 等相关知识。

习　题

1. Linux 下的文件可以分为 5 种不同的类型，分别是：________、________、________、________和________。
2. 通常，root 的主目录为________。
3. 用于存放系统配置文件的目录是________。
   A. /etc　　B. /home　　C. /var　　D. /root
4. 通常，Linux 下的可执行程序位于下列哪些目录？（　）
   A. /bin　　B. /home　　C. /sbin　　D. /usr/lib
   E. /var　　F. /usr/bin
5. Linux 下重命名文件可用如下哪个命令？（　）
   A. ren　　B. ls　　C. mv　　D. copy
6. Linux 下移除目录可用如下哪些命令？（　）
   A. mv　　B. del　　C. rm　　D. deltree
   E. rmdir　　F. mkdir
7. 比较文件的异同可以使用哪些命令？
8. 要使默认创建的新文件可以由创建者和同组用户读写，但不可由非同组用户读取或写入，则应该设定 umask 为多少？
9. 下列命令中，无法对文件进行压缩的是________。
   A. tar　　B. less　　C. mv　　D. bzip2
   E. gzip　　F. ls　　G. zip　　H. locate
   I. cat
10. 将当前用户主目录打包成 tar.gz 格式备份，并将该文件权限设为 666。
11. 在当前目录下创建 backup 目录，并将上题中的 tar.gz 文件解压缩到该目录。
12. 上题中，要显示含权限信息的 backup 目录内容可用下面哪个命令？
    A. ls ./ backup　B. ls –A ./ backup　C. ls –la ./ backup　D. ls –r ./ backup

上机练习

本节将对文件夹和文件相关的命令，以及压缩归档命令进行练习，对实际的文件管理进行初步了解。

实验一：文件显示操作

实验目的

熟悉文件显示的相关操作。

实验内容

用 root 账户登录到终端，使用 cat、more、less、head、tail 等命令显示“/etc/inittab”文件。

实验二：文件及文件夹管理操作

实验目的

熟悉文件及文件夹的相关操作。

实验内容

（对文件管理和压缩归档进行了解）具体步骤如下。

（1）用 mkdir 命令在“/root”目录下创建一个“test”目录。

（2）用 cp 命令将/etc 目录及其下所有内容复制到 test 目录下。

（3）用 cd 和 ls 命令访问和查看“/root/test/etc”目录。

（4）更改权限和拥有者，用 ls 命令查看区别。

（5）将“/root/test/etc”目录用 tar 命令打包成 etc.tar.gz，查看 etc.tar.gz 的内容，解压缩 etc.tar.gz。

（6）删除“test”目录。

（7）设定 umask，重新创建 test1 目录，并查看其权限。

第 5 章 用户与用户组管理

在 Linux 操作系统中，任何文件都归属于某一特定的用户，而任何用户都隶属于至少一个用户组。用户是否有权限对某文件进行访问、读写及执行，受到系统严格约束。这种清晰、严谨的用户与用户组管理系统在很大程度上保证了 Linux 系统的安全性。本章将对 Linux 系统中重要的用户和组管理文件进行介绍，并且介绍如何使用命令行及图形用户界面对用户和组进行管理。

5.1 用户和组文件

Linux 操作系统采用了 UNIX 传统的方法，把全部的用户信息保存为普通的文本文件。本节将对这些文件的结构进行详细介绍。

5.1.1 用户账号文件——passwd

“/etc/passwd”文件是 UNIX 安全的关键文件之一。该文件用于用户登录时校验用户的登录名、加密的口令数据项、用户 ID（UID）、默认的用户组 ID（GID）、用户信息、用户主目录及登录后使用的 shell。“/etc/passwd” 文件的每一行保存一个用户的资料，而用户数据按域以冒号 “:” 分隔。格式如下所示。

```
username:password:uid:gid:userinfo:home:shell
```

其中，各个域的含义如表 5-1 所示。

表 5-1 “/etc/passwd”文件中域的含义

域	含　义
username	登录名
password	加密的用户口令
uid	用户 ID
gid	用户组 ID
userinfo	用户信息
home	分配给用户的主目录
shell	用户登录后将执行的 shell（若为空格则默认为 “/bin/sh”）

下面是一个实际的系统用户的例子。

```
user1:x:500:500: user1:/home/user1:/bin/bash
```

那么该用户的基本信息如下所示。

（1）登录名：user1。

（2）加密的口令表示：x。

（3）UID：500。

（4）GID：500。

（5）用户信息：user1。

（6）用户主目录："/home/user1"。

（7）登录后执行的 shell："/bin/bash"。

用户的登录名是用户用来登录的识别，由用户自行选定，主要由方便用户记忆或者具有一定含义的字符串组成。

所有用户口令的存放都是加密的，通常采用的是不可逆的加密算法，比如 MD5（Message-Digest algorithm 5）。当用户在登录提示符处输入它们的口令时，输入的口令将由系统进行加密。再把加密后的数据与机器中用户的口令数据项进行比较。如果这两个加密数据匹配，就可以让这个用户进入系统。在"/etc/passwd"文件中，UID 信息也很重要。系统使用 UID 而不是登录名区别用户。

一般来说，用户的 UID 应当是独一无二的，其他用户不应当有相同的 UID 数值，只有 UID 等于 0 时可以例外。任何拥有 0 值 UID 的用户都具有 root 用户（系统管理员）访问权限，因此具备对系统的完全控制。通常，UID 为 0 这个特殊值的用户的登录名是"root"，拥有系统的最高权限。

说明　根据惯例，从 0 到 99 的 UID 为系统保留。

每个用户都需要保存专属于自己的配置文件及其他文档，以免用户间相互干扰。这个存放个性化设置和文档的地方就叫作用户主目录。除 root 账户外（root 账户的主目录为"/root"），大多数 Linux 默认将用户主目录安置在"/home"目录下，并把每个用户的主目录命名为其上机使用的登录名。例如 user1 的登录子目录一般为"/home/user1"。通常，"~"被指向当前用户的登录子目录。

注意　用户主目录被安排在"/home"下完全是人为决定的。其实系统并不关心我们到底把用户主目录安排在什么地方，因为每个用户的位置是在账号文件中定义说明的。所以，用户可以自行地加以调整，灵活使用。

当用户登录进入系统时，会启动一个 Shell 程序，默认是 bash。

通过查看"/etc/passwd"文件，可以得到如下完整的系统账号文件。

```
#cat /etc/passwd          //使用 cat 命令查看
//显示结果
root:x:0:0:root:/root:/bin/bash
bin:x:1:1:bin:/bin:/sbin/nologin
daemon:x:2:2:daemon:/sbin:/sbin/nologin
adm:x:3:4:adm:/var/adm:/sbin/nologin
lp:x:4:7:lp:/var/spool/lpd:/sbin/nologin
sync:x:5:0:sync:/sbin:/bin/sync
```

```
shutdown:x:6:0:shutdown:/sbin:/sbin/shutdown
halt:x:7:0:halt:/sbin:/sbin/halt
...
pcap:x:77:77::/var/arpwatch:/sbin/nologin
apache:x:48:48:Apache:/var/www:/sbin/nologin
squid:x:23:23::/var/spool/squid:/sbin/nologin
webalizer:x:67:67:Webalizer:/var/www/html/usage:/sbin/nologin
xfs:x:43:43:X Font Server:/etc/X11/fs:/sbin/nologin
named:x:25:25:Named:/var/named:/sbin/nologin
ntp:x:38:38::/etc/ntp:/sbin/nologin
gdm:x:42:42::/var/gdm:/sbin/nologin
postgres:x:26:26:PostgreSQL Server:/var/lib/pgsql:/bin/bash
user1:x:500:500: user1:/home/ user1:/bin/bash
```

5.1.2　用户影子文件——shadow

Linux 使用不可逆的加密算法（如 MD5、SHA1 等）来加密口令。由于加密算法是不可逆的，所以黑客从密文是得不到明文的。但“/etc/passwd”文件是全局可读的，加密的算法是公开的，所以一旦恶意用户取得了“/etc/passwd”文件，便极有可能破解口令。在计算机性能日益提高的今天，对账号文件进行字典攻击的成功率越来越高，速度也越来越快。因此，针对这种安全隐患，Linux 系统目前广泛采用了“shadow（影子）文件”机制，将加密的口令转移到“/etc/shadow”文件里。“/etc/shadow”文件只为 root 超级用户可读，而相应的“/etc/passwd”文件的密文域显示为一个“x”，从而最大限度地减少了密文泄露的机会。

和“/etc/passwd”类似，“/etc/shadow”文件中每条记录用冒号“:”分隔，形成 9 个域，格式如下所示。

```
username:password:lastchg:min:max:warn:inactive:expire:flag
```

其中，各个域的含义如表 5-2 所示。

表 5-2　“/etc/shadow”文件中域的含义

域	含　义
username	用户登录名
password	加密的用户口令
lastchg	表示从 1970 年 1 月 1 日起到上次修改口令所经过的天数
min	表示两次修改口令之间至少经过的天数
max	表示口令还会有效的最大天数，如果是 99999 则表示永不过期
warn	表示口令失效前多少天内系统向用户发出警告
inactive	表示禁止登录前用户名还有效的天数
expire	表示用户被禁止登录的时间
flag	保留域，暂未使用

下面是一个系统中实际影子文件的例子。

```
#cat /etc/shadow              //使用 cat 命令显示影子文件
//显示内容
root:$1$MvhPpaiz$XWSqsNcCoISw2./3Exaiw/:12929:0:99999:7:::
bin:*:12929:0:99999:7:::
daemon:*:12929:0:99999:7:::
```

```
adm:*:12929:0:99999:7:::
lp:*:12929:0:99999:7:::
sync:*:12929:0:99999:7:::
. . . . . .
nscd:!!:12929:0:99999:7:::
sshd:!!:12929:0:99999:7:::
rpc:!!:12929:0:99999:7:::
rpcuser:!!:12929:0:99999:7:::
nfsnobody:!!:12929:0:99999:7:::
mailnull:!!:12929:0:99999:7:::
smmsp:!!:12929:0:99999:7:::
pcap:!!:12929:0:99999:7:::
apache:!!:12929:0:99999:7:::
squid:!!:12929:0:99999:7:::
webalizer:!!:12929:0:99999:7:::
xfs:!!:12929:0:99999:7:::
named:!!:12929:0:99999:7:::
ntp:!!:12929:0:99999:7:::
gdm:!!:12929:0:99999:7:::
postgres:!!:12929:0:99999:7:::
user1:$1$kg6cOZ3z$Hdi9/H2TCYjrilMVFWsIR1:12929:0:99999:7:::
```

现在对最后一个用户的信息进行解释。该信息含义如下。

（1）用户登录名：user1。

（2）用户加密的口令：1kg6cOZ3z$Hdi9/H2TCYjrilMVFWsIR1。

（3）从 1970 年 1 月 1 日起到上次修改口令所经过的天数为：12929 天。

（4）需要多少天才能修改这个命令：0 天。

（5）该口令永不过期。

（6）要在口令失效前 7 天通知用户，发出警告。

（7）禁止登录前用户名还有效的天数未定义，以“:”表示。

（8）用户被禁止登录的时间未定义，以“:”表示。

（9）保留域，未使用，以“:”表示。

5.1.3 用户组账号文件——group 和 gshadow

“/etc/passwd”文件中包含着每个用户的用户组 ID（GID）。在“/etc/group”文件中，GID 被映射到该用户分组的名称及同一分组中的其他成员。“/etc/group”文件包含关于用户组信息。在“/etc/passwd”中，每个 GID 在“/etc/group”中都应该有相应的项列出用户组和其中的用户。“/etc/group”实际上提供了一个比较快捷的寻找途径。若不使用该快捷途径，那就必须根据 GID 在“/etc/passwd”文件中从头至尾地寻找同组用户。

“/etc/group”文件对用户组的许可权限的控制并不是必要的，这是因为 Linux 系统用来自于“/etc/passwd”文件的 UID、GID 来决定文件存取权限。即使“/etc/group”文件不存在于系统中，具有相同的 GID 用户也能以用户组的许可权限共享文件。

用户组可以像用户一样拥有口令。如果“/etc/group”文件中某行第二个域为非空（通常用“x”表示），则该组被认为已使用加密口令。

/etc/group 文件记录格式如下所示。

```
group_name:group_password:group_id:group_members
```

其中，各个域的含义如表 5-3 所示。

表 5-3　“/etc/group”的域及其含义

域	含　义
group_name	用户组名
group_password	加密后的用户组口令
group_id	用户组 ID（GID）
group_members	以逗号分隔的成员用户清单

以下是一个“/etc/group”文件的实例。

```
#cat /etc/group          //使用 cat 命令显示文件内容
root:x:0:root
bin:x:1:root,bin,daemon
. . . . . .
sshd:x:74:
rpc:x:32:
rpcuser:x:29:
nfsnobody:x:65534:
mailnull:x:47:
smmsp:x:51:
pcap:x:77:
apache:x:48:
squid:x:23:
webalizer:x:67:
xfs:x:43:
named:x:25:
ntp:x:38:
gdm:x:42:
postgres:x:26:
user1:x:500:
```

以上面文件第二行为例，信息如下所示。

（1）用户组名为 bin。

（2）用户组口令已经加密，用“x”表示。

（3）GID 为 1。

（4）同组的成员用户有：root、bin 和 daemon。

和用户账号文件 passwd 一样，为了应对黑客对其实行的暴力攻击，用户组文件也采用一种将组口令与组的其他信息相分离的安全机制——gshadow。“/etc/gshadow”文件记录格式如下所示。

```
group_name:group_password: group_members
```

其中，各个域的含义如表 5-4 所示。

表 5-4　“/etc/gshadow”的域及其含义

域	含　义
group_name	用户组名
group_password	加密后的用户组口令
group_members	以逗号分隔的成员用户清单

5.1.4 使用 pwck 和 grpck 命令验证用户和组文件

Red Hat Enterprise Linux 提供了 pwck 和 grpck 两个命令分别验证用户和组文件，以保证这两个文件的一致性和正确性。下面将分别加以介绍。pwck 命令的作用是检验“/etc/passwd”和“/etc/shadow”每个域的格式及数据的正确性，并会对二者的一致性进行校验。如果发现错误，该命令将会提示用户对出现错误的数据项进行修改或删除。

与 pwck 命令相类似，grpck 命令的作用是检验“/etc/group”和“/etc/gshadow”数据项中每个域的格式及数据的正确性，并对组账号文件“/etc/group”及其影子文件“/etc/gshadow”的一致性进行校验。如果发现错误，该命令将会提示用户对出现错误的数据项进行修改或删除。

5.2 使用命令行方式管理用户和组

本节将介绍如何通过命令行方式来进行用户和用户组的管理操作。

5.2.1 使用 useradd 命令添加用户

Linux 使用 useradd 命令添加用户或更新新创建用户的默认信息。默认信息包括前文所述的用户账号文件所存储的用户相关信息。useradd 命令的格式如下。

```
useradd option username
```

该命令所使用的选项如下。

（1）-c comment：描述新用户账号，通常为用户全名。

（2）-d home_dir：设置用户主目录，默认值为用户的登录名，并放在“/home”目录下。

（3）-D：创建新账号后保存为新账号设置的默认信息。

（4）-e expire_date：用 YYYY-MM-DD 格式设置账号过期日期。

（5）-f inactivity：设置口令失效时间。inactivity 值为 0 时，口令失效后账号立即失效；为-1 时，该选项失效。

（6）-g：设置基本组。

（7）-k 框架目录：设置框架目录，该目录包含用户的初始配置文件，创建用户时该目录下的文件都被复制到用户主目录下。

（8）-m：自动创建用户主目录，并把框架目录（默认为“/etc/skel”）下的文件复制到用户主目录下。

（9）-M：不创建用户主目录。

（10）-r：允许保留的系统账号使用用户 ID 创建一个新账号。

（11）-s shell 类型：设定用户使用的登录 shell 类型。

（12）-u 用户 ID：设置用户 ID。

出于系统安全考虑，Linux 系统中的每一个用户除了有其用户名外，还有其对应的用户口令。因此使用 useradd 命令增加时，还须用 passwd 命令为每一位新增加的用户设置口令。之后还可以随时用 passwd 命令改变自己的口令。passwd 命令的格式如下。

```
passwd username
```

其中，用户名为需要修改口令的用户名。只有 root 才能使用“passwd 用户名”修改其他用户的口令。普通用户只能用不带参数的 passwd 命令修改自己的口令。

注意　选取口令应该保证至少有 6 位（最好是 8 位）字符，且应该是大小写字母、标点符号和数字混杂的，尽量不要采用字典上的单词，以降低被黑客使用“字典攻击”成功的概率。

以下为使用 useradd 命令添加用户的实例。

```
//建立一个用户名为jone
//描述信息为Jone
//用户组为jerry
//登录shell为“/bin/sh”
//登录主目录为“/home/Jone”的用户
[root@localhost root]# useradd -r jone -c "Jone" -g jerry -s /bin/sh -d /home/Jone
[root@localhost root]# passwd jone
Changing password for user jone                          //给该用户指定密码
New password:                                            //提示输入新密码
Retype new password:                                     //重新输入新密码
passwd: all authentication tokens updated successfully.  //提示修改成功
//建立一个用户名为jeffery
//描述信息为Jeffery
//用户组为jerry
//登录shell为/bin/csh
//登录主目录为/home/Jeffey
//用户ID为4800
//账户过期日期为2013年6月30日的用户
#[root@localhost root]# useradd -r jeferry -c "Jeffery" -g jerry -s /bin/csh -d /home/Jeffery
-u 4800 -e 2013-06-30
```

5.2.2　使用 usermod 命令修改用户信息

usermod 命令用来修改使用者账号，具体的修改信息和 useradd 命令所添加的信息一致，这里不再一一列出。usermod 命令的格式如下。

```
usermod option username
```

该命令使用的参数和 useradd 命令使用的参数一致，这里也不再赘述。

注意　在使用过程当中，usermod 命令会参照命令列上指定的内容修改系统账号的相关信息。usermod 不允许改变正在系统中使用的用户账户。因此，要用 usermod 改变用户 ID，必须确认该用户没有在系统中执行任何程序。

以下为使用 usermod 命令修改用户信息的实例。

```
//将用户jeffery的组改为super
//其用户ID改为5600
[root@localhost root]# usermod -g super -u 5600 jeffery
//将用户jone的用户名改为honey-jone
//其登录shell改为/bin/ash
```

```
//用户描述改为"honey-jone"
[root@localhost root]# usermod -l honey-jone -s /bin/ash -c "honey-jone"
```

5.2.3 使用 userdel 命令删除用户

userdel 命令用来删除系统中的用户信息。userdel 命令的格式如下。

```
userdel option username
```

该命令的选项如下。

-r：删除账号时，连同账号主目录一起删除。

> 注意　删除用户账号时非用户主目录下的用户文件并不会被删除。管理员必须以 find 命令搜索这些文件，以便删除。

下面的例子会删除用户 manager，并且使用 find 命令删除该用户非用户主目录下的文件。

```
//删除用户 manager，并且使用 find 命令删除该用户非用户主目录下的文件
[root@localhost root]# userdel manager
[root@localhost root]# find / -user manager-exec rm {} \
```

5.2.4 使用 groupadd 命令创建用户组

groupadd 命令可以以指定名称来建立新的用户组。groupadd 命令的格式如下。

```
groupadd option groupname
```

该命令的选项如下。

（1）-g gid：组 ID 值。除非使用 -o 参数，否则该值必须唯一。gid 数值不可为负。预设为最小不得小于 500 且逐次增加（0 ~ 499 习惯上是为系统账号预留的）。

（2）-o：配合上面 -g 选项使用，可以设定不唯一的组 ID 值。

（3）-r：此参数用来建立系统账号。

（4）-f：若新增一个已经存在的用户组，那系统会出现错误信息然后结束该命令执行操作，并不新增这个群组；如果新增的组所使用的 GID 系统已经存在，那结合使用-o 选项则可以成功创建。

下面给出使用 groupadd 命令的一组例子。

```
//创建一个 GID 为 5400，组名为 testbed 的用户组
[root@localhost root]# groupadd -g 5400 testbed
//再次创建一个 GID 为 5401，组名为 testbed 的用户组，由于组名不唯一，创建失败
[root@localhost root]# groupadd -g 5401 testbed
groupadd: group testbed exists
//使用-f 和 -o 选项，系统不提示信息，由于组名不唯一，仍然创建失败
[root@localhost root]# groupadd -g 5401  -f -o testbed
//创建一个 GID 为 5400，组名为 supersun 的用户组，由于 GID 不唯一，创建失败
[root@localhost root]# groupadd -g 5400 supersun
groupadd: gid 5400 is not unique
//使用-f 选项，则创建成功，系统将该 GID 递增为 5401
[root@localhost root]# groupadd -g 5401 -f supersun
//综合使用-f 和-o 选项，则创建成功，系统将该 GID 仍然设置为 5401
[root@localhost root]# groupadd -g 5401 -f -o supersun
```

5.2.5 使用 groupmod 命令修改用户组属性

groupmod 命令用来修改用户组信息。groupmod 命令的格式如下。

```
groupmod option groupname
```

groupmod 命令会参照命令选项上指定的部分修改用户组属性。该命令的选项如下。

（1）-g gid：gid 值。其必须为唯一的 ID 值，除非用 -o 选项。gid 数值不可为负。预设为最小不得小于 99 而逐次增加（0 ~ 99 习惯上是为系统账号预留的）。

（2）-o：配合上面 -g 选项使用，可以设定不唯一的 gid 值。

（3）-n group_name：更改组名。

下面给出使用 groupmod 命令的一组例子。

```
//将组 testbed 的名称改为 testbed-new
[root@localhost root]# groupmod -n testbed-new testbed
//将组 testbed-new 的 GID 改为 5404
[root@localhost root]# groupmod -g 5404 testbed-new
//将组 testbed-new 的 GID 改为 5405，名称改为 testbed-old
[root@localhost root]# groupmod -g 5405 -n testbed-old testbed-new
```

5.2.6 使用 groupdel 命令删除用户组

groupdel 命令比较简单，用来删除系统中存在的用户组。使用该命令时必须确认待删除的用户组存在。groupdel 命令的格式如下。

```
groupdel groupname
```

注意：如果有任何一个组群的用户在系统中使用，并且要删除的组为该用户的主分组的时候，则不能移除该组群，必须先删除该用户后才能删除该组。

下面给出使用 groupdel 的例子。

```
[root@localhost root]# cat /etc/group          //显示出系统中存在的组
named:x:25:
ntp:x:38:
gdm:x:42:
postgres:x:26:
supersun:x:501: super
super:x:502:
patterson1:x:504:
programmer:x:2500:
jerry:x:503:
manager:x:2500:
//删除用户组 super，其存在一个用户 user1super，所以不能删除
[root@localhost root]# groupdel super
groupdel: cannot remove user's primary group.
//删除用户组 jerry，该组没有任何用户，删除成功
[root@localhost root]# groupdel jerry
```

5.3 Red Hat Enterprise Linux 用户管理

相对于命令行方式来说，图形界面的用户管理者具有简单、直观等优点。下面将对 Red Hat Enterprise Linux【用户】的使用方法进行详细地介绍。

5.3.1 启动用户管理者

在 Linux 系统中，有两种方法可以启动 Red Hat Enterprise Linux 的【用户】。

（1）第一种方法是通过在 shell 下使用 system-config-users 命令来启动，命令所示如下。

```
[root@localhost root]# system-config-users
```

（2）第二种方法是通过使用图形界面来启动【用户】，操作方法为（以 GNOME 界面为例）单击【系统工具】|【设置】|【用户】选项，Linux 显示 Red Hat Enterprise Linux【用户】界面，如图 5-1 和图 5-2 所示。

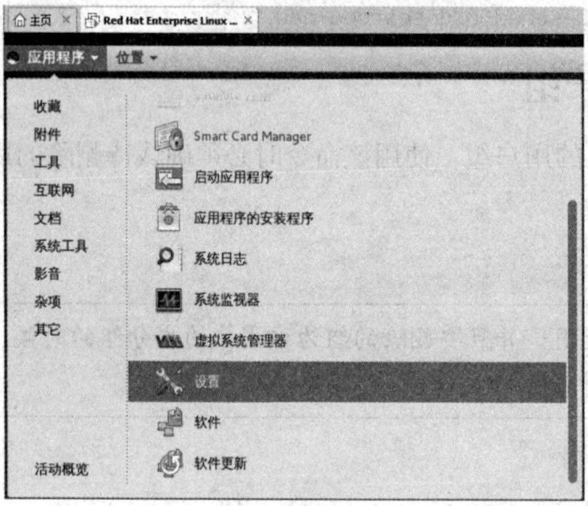

图 5-1 设置

图 5-2 启动 Red Hat Enterprise Linux 用户

5.3.2 创建用户

启动 Red Hat Enterprise Linux【用户】后，就可以方便地进行添加用户的操作。可以查看系统已经创建的用户的基本信息，如图 5-3 所示。

使用【用户】来创建系统的新用户，操作步骤如下。

（1）单击【用户】中工具栏的【解锁】按钮，则会弹出【需要认证】对话框，输入管理员密码，如图 5-4 所示。

（2）单击图 5-3 左下角的【+】按钮。

（3）在【添加账户】对话框中填写需要添加的用户的基本信息。

（4）填写信息完毕后，单击【添加】按钮，则添加用户操作成功。如果不想操作生效，则单击【取消】按钮。

完成后，通过查看【用户】，可以清楚地看到，系统中已经成功添加用户。

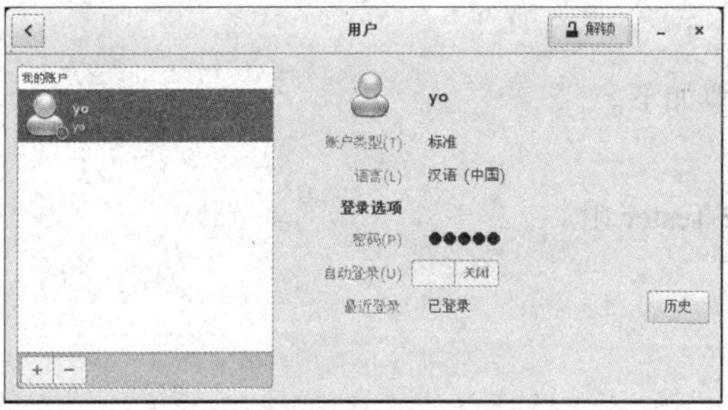

图 5-3　用户

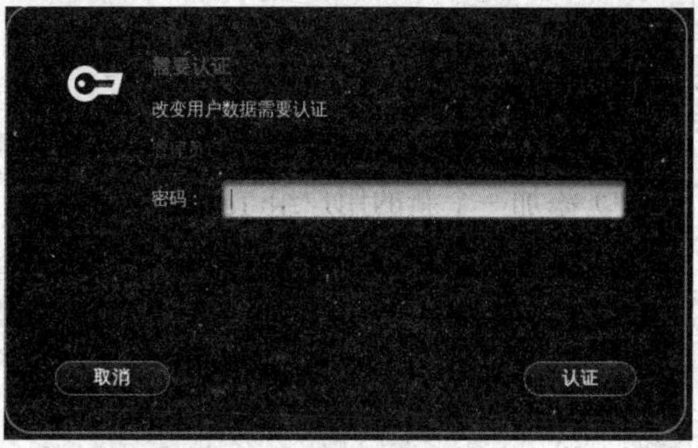

图 5-4　输入管理员密码

注意　用户名一般不应该包含大写字母，登录 Shell、主目录、用户 ID 等，都可以自行指定。

小　结

本章主要介绍如何对 Linux 系统中的用户和组进行管理，包括一些重要的用户和组文件的使用，使用命令行方式管理，以及使用 Red Hat Enterprise Linux 的【用户】管理用户。

习　题

1. 下面哪些文件和用户组账号有关？
   A. /etc/passwd　　B. /etc/g shadow　　C. /etc/shadow　　D. /etc/gpasswd
2. root 的 UID 通常为________。
3. 删除用户使用的命令是________。
   A. delusr　　B. userdel　　C. usrdel　　D. delete user
4. 默认情况下，root 用户属于以下哪个用户组？（　　）
   A. user　　B. admin　　C. root　　D. system
5. 普通用户如何修改密码？
6. 如何为新增用户指定用户主目录？
7. 删除一个用户组，会删除该用户组下的用户吗？

上机练习

实验：管理用户和用户组

实验目的

熟悉命令行操作方式和图形方式进行用户和用户组管理的方法。

实验内容

学习用户和用户组进行管理的方法，具体步骤如下。

（1）添加一个新的用户组 Tester。

（2）添加一个新的用户 user999，并将其设为 Tester 组。

（3）修改 user999 的主目录为“/home/test”。

（4）删除 user999 和 Tester 用户组。

（5）用图形界面完成上述类似操作。

第 6 章 软件包管理 RPM 和 YUM 数据库

在 Red Hat 推出 RPM 包之前，Linux 操作系统下的软件主要以源码形式发布。对于使用者而言需要自行编译软件，安装和卸载都不方便，门槛较高。而预编译好的程序经常因为库文件依赖性问题而导致无法使用。RPM 软件包可以完成软件的查询、安装、卸载、升级、验证，以及源码分发等多项任务，极大地方便了程序员对 Linux 的使用。除了 RPM 方式，近年来还有一种包管理方式比较流行，那就是 YUM。本章将详细介绍 Red Hat Enterprise Linux 下 RPM 和 YUM 软件包的管理及其使用方法。

6.1 使用 rpm 命令管理 RPM 包

Red Hat Package Manager（简称 RPM）工具包由于其使用简单、操作方便，可以实现软件的查询、安装、卸载、升级和验证等功能，为 Linux 使用者节省大量时间，所以被广泛应用于 Linux 下载、安装、删除软件。RPM 软件包通常具有类似 xplns-elm-3.3.1-1.i386.rpm 的文件名。文件名中一般包括软件包名称（xplns-elm），版本号（3.3.1）、发行号（1）和硬件平台（i386）。RPM 命令的详细使用说明可以在 Linux 终端使用 man rpm 命令显示出来。

6.1.1 查询 RPM 软件包

在新软件安装之前，一般都要先查看一下这个软件包里有什么内容。RPM 软件包的查询是使用带参数 -q 的 rpm 命令实现的，系统将会列出待查询软件包的详细资料，包括含有多少个文件、各文件名称、文件大小、创建时间、编译日期等信息。RPM 软件包查询命令的格式如下。

```
rpm {-q|--query} [select-options] [query-options]
```

相关参数说明如下：软件包查询可使用参数 -q，也可用--query，这两个参数必选其一；select-options 是可选信息；query-options 是查询信息。RPM 查询所支持的所有参数有 3 类：详细选项、信息选项和通用选项。

1. 详细选项包括

（1）-p<file>：查询软件包的文件。

（2）-f<file>：查询 <file> 属于哪个软件包。

（3）-a：查询所有安装的软件包。

（4）--whatprovides<x>：查询提供了 <x> 功能的软件包。

（5）-g<group>：查询属于 <group> 组的软件包。

（6）--whatrequires<x>：查询所有需要 <x> 功能的软件包。

2. 信息选项

该选项用于显示文件的一些属性信息，如文件列表、文件功能等。信息选项参数主要有以下几种。

（1）<null>：显示软件包的全部标识。

（2）-i：显示软件包的概要信息。

（3）-l：显示软件包中的文件列表。

（4）-c：显示配置文件列表。

（5）-d：显示文档文件列表。

（6）-s：显示软件包中文件列表及其状态。

（7）--scripts：显示安装、卸载、校验脚本。

（8）--queryformat （或--qf）：以用户指定的方式显示查询信息。

（9）--dump：显示每个文件的所有已校验信息。

（10）--provides：显示软件包提供的功能。

（11）--requires （或-R）：显示软件包所需的功能。

3. 通用选项

（1）-v：显示附加信息。

（2）-vv：显示调试信息。

（3）--root<path>：指定软件安装目录。

（4）--rcfile<rcfile>：设置 rpmrc 文件为 <rcfile>。

（5）--dbpath<path>：设置 RPM 资料库存所在的路径为“<path>”。

下面以软件包“zip-3.0-1.el6.i686”为例，说明 rpm 查询命令的使用方法。

（1）查询文件所属软件包，相关代码如下。

```
//查询文件“/usr/bin/zip”所属的软件包
[root@localhost ~]# rpm -qf /usr/bin/zip
zip-3.0-1.el6.i686
//结果显示该文件属于 zip-3.0-1.el6.i686 软件包
```

（2）查询软件包所包含的文件列表，相关代码如下。

```
//查询已安装软件包“zip-3.0-1.el6.i686”所包含的文件列表
[root@localhost ~]# rpm -ql zip-3.0-1.el6.i686
//以下显示该软件包所包含的所有文件列表
/usr/bin/zip
/usr/bin/zipcloak
/usr/bin/zipnote
/usr/bin/zipsplit
/usr/share/doc/zip-3.0
/usr/share/doc/zip-3.0/CHANGES
/usr/share/doc/zip-3.0/LICENSE
/usr/share/doc/zip-3.0/README
/usr/share/doc/zip-3.0/README.CR
/usr/share/doc/zip-3.0/TODO
/usr/share/doc/zip-3.0/WHATSNEW
```

```
/usr/share/doc/zip-3.0/WHERE
/usr/share/doc/zip-3.0/algorith.txt
/usr/share/man/man1/zip.1.gz
/usr/share/man/man1/zipcloak.1.gz
/usr/share/man/man1/zipnote.1.gz
/usr/share/man/man1/zipsplit.1.gz
```

（3）查询软件包概要信息，相关代码如下。

```
//查询软件包 zip-3.0-1.el6.i686 的概要信息
[root@localhost ~]# rpm -qi zip-3.0-1.el6.i686
Name        : zip                                  //显示软件包名称
Relocations: (not relocatable)                     //是否可重定位
Version     : 3.0                                  //版本号
Vendor: Red Hat, Inc.                              //软件包发布厂商
Release     : 1.el6                                //发布号
Build Date: 2014年05月24日 星期一 22时23分58秒
Install Date: 2017年02月21日 星期四 16时10分40秒
Build Host: x86-006.build.bos.redhat.com
Group       : Applications/Archiving
Source RPM: zip-3.0-1.el6.src.rpm
Size        : 801168
License: BSD
Signature   : RSA/8, 2014年08月17日 星期二 04时35分19秒,
Key ID 199e2f91fd431d51
Packager    : Red Hat, Inc. <http://bugzilla.redhat.com/bugzilla>
URL        : http://www.info-zip.org/Zip.html
Summary     : A file compression and packaging utility compatible with PKZIP
Description :
The zip program is a compression and file packaging utility.  Zip is
analogous to a combination of the UNIX tar and compress commands and
is compatible with PKZIP (a compression and file packaging utility for
MS-DOS systems).
Install the zip package if you need to compress files using the zip
program.
```

（4）查询所有已经安装的软件包，相关代码如下。

```
//查询所有已经安装的软件包
[root@localhost root]# rpm -qa
setup-2.5.25-1
bzip2-libs-1.0.2-8
e2fsprogs-1.32-6
glib-1.2.10-10
iputils-20020927-2
losetup-2.11y-9
net-tools-1.60-12
… …
```

系统中安装的软件包很多，这里就不逐一列出了。

6.1.2　RPM 软件包的安装

软件包查询完成后，用户就可以进行软件的实际安装了。使用带参数 -i 的 rpm 命令可以实

现 RPM 软件包的安装，其命令格式如下。

```
rpm -i ( or --install) options file1.rpm ... fileN.rpm
```

其中，-i 表示欲安装软件包，options 是安装选项，“file1.rpm”到“fileN.rpm”表示待安装的 RPM 软件包名称。带 -i 参数的 rpm 命令的详细选项如下。

（1）-h（或者-hash）：安装时输出 hash 记号（“#”）。

（2）--test：只对安装进行测试，并不实际安装。

（3）--percent：以百分比的形式输出安装的进度。

（4）--excludedocs：不安装软件包中的文档文件。

（5）--includedocs：安装文档。

（6）--replacepkgs：强制重新安装已经安装的软件包。

（7）--replacefiles：替换属于其他软件包的文件。

（8）--force：忽略软件包及文件的冲突。

（9）--noscripts：不运行预安装和后安装脚本。

（10）--prefix <path>：将软件包安装到由 <path> 指定的路径下。

（11）--ignorearch：不校验软件包的结构。

（12）--ignoreos：不检查软件包运行的操作系统。

（13）--nodeps：不检查依赖性关系。

（14）--ftpproxy <host>：用 <host> 作为 FTP 代理。

（15）--ftpport <port>：指定 FTP 的端口号为 <port>。

通用选项类似于 RPM 查询命令，这里不再详述。安装方式主要包括如下 3 种。

（1）普通安装。所谓普通安装，就是指使用的最多的安装方式，采用一般的安装参数 ivh，表示显示附加信息和安装进度的 # 符号的安装方式。例如，安装 vsftpd 程序，该程序的软件包名称为“vsftpd-2.2.2-6.el6_0.1.i686.rpm”。

由于“vsftpd-2.2.2-6.el6_0.1.i686.pm”软件包安装文件保存在 Red Hat Enterprise Linux 7.3 安装光盘中，因此需将 DVD 光盘放入计算机的 DVD 光驱中。软件包都放在光盘的“RHEL_7.3 i386 Disc 1”目录下的“Packages”子目录中，在安装软件包时将输入很长的路径，因此最好使用以下命令将光盘的“Packages”子目录在当前目录下创建一个链接（目录名之间有空格时输入需要注意，可用“%20”来表示，也可输入目录名称前几个字符，然后按【Tab】键由系统自动完成目录名）。

```
[root@localhost ~]# ln -s /media//Packages/ ./dvd
```

创建好链接后，就可从当前目录下进行安装了。“vsftpd-3.0.2-9.el7.x86_64.rpm”软件包的安装代码如下。

```
//安装 vsftpd-3.0.2-9.el7.x86_64.rpm 软件包
//显示安装过程的详细信息
//用#号表示安装进度
[root@localhost ~]# rpm -ivh ./dvd/Packages/ vsftpd-3.0.2-9.el7.x86_64.rpm
Preparing...                ########################################### [100%]
   1:man                    ########################################### [100%]
```

（2）测试安装。测试安装其实并未实际安装。当用户对安装不是非常确定时，可以先使用这种安装方式测试安装。如果没有显示错误信息再实际安装。例如测试安装 vsftpd-3.0.2-9.el7.x86_

64.rpm 的代码如下。

```
[root@localhost ~]# rpm -i --test ./dvd/Packages/ vsftpd-3.0.2-9.el7.x86_64.rpm
    package vsftpd-3.0.2-9.el7.x86_64.rpm is already installed
```

从命令执行的提示信息可看出，软件包“vsftpd-3.0.2-9.el7.x86_64.rpm”已经被安装。

（3）强制安装。强制安装软件，忽略软件包依赖性及文件的冲突。如果对软件包的依赖性很清楚，而且确实要忽视文件的冲突，可以选择强制安装。一般不建议使用这种安装方式。

```
[root@localhost ~]# rpm - ivh  --force  vsftpd-3.0.2-9.el7.x86_64.rpm
```

6.1.3 RPM 软件包安装可能出现的问题

在安装过程中，有可能出现如下几种问题，需要特别注意。

1. 重复安装

如果用户的软件包已被安装，将会出现以下信息。

```
[root@localhost ~]# rpm -ivh ./dvd/Packages/  vsftpd-3.0.2-9.el7.x86_64.rpm
Preparing...                ########################################### [100%]
    package vsftpd-3.0.2-9.el7.x86_64 is already installed
```

如果用户仍旧要安装该软件包，可以在命令行上使用 --replacepkgs 选项，RPM 将忽略该错误信息强行安装。

2. 文件冲突

如果用户要安装的软件包中有一个文件已在安装其他软件包时安装，会出现以下错误信息。

```
[root@localhost ~]# rpm -ivh ./dvd/Packages/ vsftpd-3.0.2-9.el7.x86_64.rpm
foo /usr/bin/foo conflicts with file from vsftpd-3.0.2
error:  vsftpd-3.0.2-9.el7.x86_64.rpm  cannot be installed
```

要想让 RPM 忽略该错误信息，请使用 --replacefiles 命令行选项。

3. 依赖关系

RPM 软件包可能依赖于其他软件包，也就是说要求在只有安装特定的软件包之后才能正常安装该软件包。如果在用户安装某个软件包时存在这种未解决的依赖关系，会产生以下信息。

```
[root@localhost ~]# rpm -ivh  ./dvd/Packages/ gcc-4.8.2-16.el7.x86_64.rpm
error: Failed dependencies:
    cloog-ppl >= 0.15 is needed by  gcc-4.8.2-16.el7.x86_64
    cpp = 4.4.6-3.el6 is needed by  gcc-4.8.2-16.el7.x86_64
    glibc-devel >= 2.2.90-12 is needed by  gcc-4.8.2-16.el7.x86_64
```

用户必须安装完所依赖的软件包，才能解决这个问题。如果用户想强制安装，请使用 --nodeps 命令行选项，不推荐 Linux 初学者使用强制安装方式安装软件包，因为强制安装后的软件包可能不能正常运行。

6.1.4 RPM 软件包的卸载

如果某个软件安装后不再需要，或者为了腾出磁盘空间，则可以卸载该软件。RPM 同样也提供软件卸载的功能。卸载 RPM 软件包的命令的格式如下。

```
rpm -e rpm_name
```

需要注意的是，这里的 rpm_name 是软件包的名称，而不是软件包的文件名。例如卸载 vsftpd

软件包不可以使用如下命令。

```
[root@localhost root]# rpm -e  vsftpd-2.2.2-6.el6_0.1.i686.rpm
```

正确的命令应该如下所示。

```
[root@localhost root]# rpm -e vsftpd
```

另外，如果其他软件包依赖于用户要卸载的软件包，卸载时则会产生错误信息。如要卸载 man，会出现如下的错误信息。

```
[root@localhost ~]# rpm -e man
error: Failed dependencies:
      man >= 1.6f-24 is needed by (installed) man-pages-overrides-6.2.3-2.el6.noarch
      /usr/bin/man is needed by (installed)  redhat-lsb-4.1-24.el7.i686
```

如果需要忽略这个错误，并继续卸载，可以使用 --nodeps 命令行选项进行强制卸载。通常并不提倡强制卸载，因为强制卸载后依赖于该软件包的程序可能无法正常运行。

6.1.5 RPM 软件包的升级

升级软件包用于用较新版本软件包替代旧版本软件包，应使用带 -U 参数的 RPM 命令完成，其命令格式如下。

```
#rpm -U options file1.rpm ... fileN.rpm
```

其中，-U 参数表明需要更新软件，options 是一些其他的参数选项，file1.rpm 到 fileN.rpm 为需要升级的软件包名称。

例如，更新系统中的 man 软件的方法如下所示。

```
//用软件包 vsftpd-3.0.2-9.el7.x86_64.rpm 更新系统中的 vsftpd 软件
//显示更新过程的信息，用#指示安装进度。
[root@localhost ~]# rpm -Uvh ./dvd/Packages/ vsftpd-3.0.2-9.el7.x86_64.rpm
Preparing...                ########################################### [100%]
   1:vsftpd                 ########################################### [100%]
```

RPM 将自动卸载已安装的老板本的 vsftpd 软件包，用户不会看到有关信息。事实上用户可以总是使用 -U 来安装软件包，因为即便以往未安装过该软件包，也能正常运行。

此外，RPM 执行智能化的软件包升级，会自动处理配置文件，用户可能会看到如下信息。

```
saving /etc/vsftpd.conf as /etc/vsftpd.conf.rpmsave
```

这表示用户对配置文件的修改不一定能向上兼容。因此，RPM 会先备份老文件再安装新文件。用户应当尽快解决这两个配置文件的不同之处，以使系统能持续正常运行。

因为升级实际包括软件包的卸载与安装两个过程，所以升级过程中可能会碰到由这两个操作引起的错误。可能碰到的另一个问题是：当用户使用旧版本的软件包来升级新版本的软件时，RPM 会产生以下版本错误。例如，用 vsftpd-2.0.5-1tr.i586.rpm 更新时，如果系统中已经安装 vsftpd，且版本是 2.2.2-6，系统则会出现如下所示错误信息。

```
[root@localhost ~]# rpm -ivh vsftpd-2.0.5-1tr.i586.rpm
Preparing...                ########################################### [100%]
        package vsftpd-3.0.2-9.el7.x86_64.rpm (which is newer than vsftpd-2.0.5-1tr.i586) is
already installed
```

如果用户真要将该软件包“降级”，加入 --oldpackage 命令选项即可。

6.1.6　RPM 软件包的验证

验证软件包是通过比较已安装的文件和软件包中的原始文件信息来进行的。验证的手段主要有比较文件的尺寸、MD5 校验码、文件权限、类型、属主和用户组等。rpm 采用带参数 -V 的命令来验证一个软件包。用户可以使用以下 4 种包选项来查询待验证的软件包。

（1）验证单个软件包，命令格式如下。

```
rpm -V  package-name
```

例如，将前面安装的 vsftpd 软件包中位于“/etc/vsftpd”目录中的两个文件移到当前目录，然后使用 rpm 命令来验证软件包 vsftpd，命令及输出如下。

```
[root@localhost vsftpd]# rpm -V vsftpd
missing   c /etc/vsftpd/user_list
missing   c /etc/vsftpd/vsftpd.conf
```

上述命令运行结果中的 missing 表明：软件包缺少 user_list 和 vsftpd.conf 两个文件。

（2）验证包含特定文件的软件包，命令格式如下。

```
rpm -V  package-name
```

例如验证/bin/vi 文件的正确性，命令及输出如下。

```
# rpm -Vf /bin/vi              //验证/bin/vi 文件的正确性
#                              //没有任何显示说明软件完整无误
```

（3）验证所有已安装的软件包，命令格式如下。

```
rpm -Va
```

实例如下所示。

```
[root@localhost root]# rpm -Va
S.5....T c /etc/hotplug/usb.usermap
S.5....T c /etc/sysconfig/pcmcia
.......T c /etc/libuser.conf
.......T c /etc/mail/sendmail.cf
S.5....T c /etc/mail/statistics
SM5....T c /etc/mail/submit.cf
S.5....T c /usr/share/a2ps/afm/fonts.map
S.5....T c /etc/sysconfig/rhn/rhn-applet
SM5....T   /usr/share/rhn/rhn_applet/rhn_applet.pyc
SM5....T   /usr/share/rhn/rhn_applet/rhn_applet_animation.pyc
SM5....T   /usr/share/rhn/rhn_applet/rhn_applet_dialogs.pyc
SM5....T   /usr/share/rhn/rhn_applet/rhn_applet_model.pyc
SM5....T   /usr/share/rhn/rhn_applet/rhn_applet_rpc.pyc
SM5....T   /usr/share/rhn/rhn_applet/rhn_applet_rpm.pyc
SM5....T   /usr/share/rhn/rhn_applet/rhn_utils.pyc
S.5....T   /usr/lib/qt-3.1/etc/settings/qtrc
S.5....T   /usr/lib/openoffice/share/fonts/truetype/fonts.dir
```

（4）根据 RPM 文件来验证软件包。如果用户担心用户的 RPM 数据库已被破坏，就可以使用这种方式，命令格式如下。

```
rpm -Vp file.rpm
```

例如，验证 xplns-elm 的完整性的命令及输出如下。

```
[root@localhost ~]# rpm -Vp ./dvd/Packages/ vsftpd-3.0.2-9.el7.x86_64.rpm
missing   c /etc/vsftpd/user_list
missing   c /etc/vsftpd/vsftpd.conf
```

如果一切校验正常，则将不会产生任何输出。如果验证有不一致的地方，就会显示出相应信息。输出格式是 8 位长字符串，“c”用以指配置文件，接着是文件名，8 位字符的每一个用以表示文件与 RPM 数据库中一种属性的比较结果。“.”表示测试通过。其他字符则表示对 RPM 软件包进行的某种测试失败。各测试错误信息汇总见表 6-1。

表 6-1 RPM 验证错误信息汇总

显示字符	错误源
5	MD5 校验码
S	文件尺寸
L	符号连接
T	文件修改日期
D	设备
U	用户
G	用户组
M	模式 e（包括权限和文件类型）

6.2 RPM 软件包的密钥管理

为了提高 Linux 下软件的安全性，RPM 软件包还可以使用数字签名（Digital Signature）的身份认证技术。软件包增加数字签名后，其他用户可以通过校验其签名辨其真伪，从而判断软件包是否原装和是否被修改过。

6.2.1 下载与安装 PGP

RPM 采用的数字签名为 PGP 数字签名。PGP（Pretty Good Privacy）是一个公钥加密程序，应用时会产生密钥对：一个为公开密钥（对外公开），另一个为秘密密钥（自己保留）。秘密密钥加密的文件任何有相应公开密钥的人均可解密，而用公开密钥加密的文件只有持有秘密密钥的人才可以解密。

使用 PGP 公钥加密法，用户可以广泛传播公钥，同时安全地保存好私钥。由于只有用户自己拥有私钥，因此任何人都可以用用户的公钥加密写给用户的信息，并可以直接在安全性未知的通道上传输，而不用担心被窃听。

PGP 应用程序可以从 PGP 官方网站（http://www.pgpi.org/products/pgp/versions/freeware/unix/）下载得到。Linux 版本的下载文件为 PGPcmdln_6.5.8.Lnx_FW.rpm.tar。可用下面的命令解压此软件包，并安装 PGP。

```
//将安装软件包 tar 文件解包
[root@localhost root]# tar xvzf PGPcmdln_6.5.8.Lnx_FW.rpm.tar
PGPcmdln_6.5.8_Lnx_FW.rpm
PGPcmdln_6.5.8_Lnx_FW.rpm.sig
```

```
WhatsNew.htm
WhatsNew.txt
//安装 PGPcmdln
[root@localhost root]# rpm -iv PGPcmdln_6.5.8_Lnx_FW.rpm
Preparing packages for installation...
pgp-6.5.8-rsaref658
```

6.2.2 RPM 使用 PGP 产生签名所需的配置

生成 PGP 密钥对，用 pgp-kg 命令来产生新的密钥对用于签名，下面是部分程序运行显示结果。

```
[root@localhost root]# pgp -kg
Pretty Good Privacy(tm) Version 6.5.8
(c) 1999 Network Associates Inc.
Uses the RSAREF(tm) Toolkit, which is copyright RSA Data Security, Inc.
Export of this software may be restricted by the U.S. government.
...
```

在该过程中，系统需要用户输入一些配置信息，例如加密算法、主密钥长度、设置用户标志等，用户可以按照安装提示输入相关内容。密钥生成后，PGP 会在用户主目录下建立一个“.pgp”的子目录，用于存放密钥相关的文件。以下为 root 用户“.pgp”子目录下的文件。

```
[root@localhost root]# ls ~/.pgp
total 32
-rw------- 1 root root 2117 Nov 8 17:10 PGPMacBinaryMappings.txt
-rw------- 1 root root 146 Nov 8 17:10 PGPgroup.pgr
-rw------- 1 root root 151 Nov 8 17:12 PGPsdkPreferences
-rw------- 1 root root0 Nov 8 17:10 pgp.cfg
-rw------- 1 root root0 Nov 8 17:10 pubring-bak-1.pkr
-rw------- 1 root root 897 Nov 8 17:12 pubring-bak-2.pkr
-rw------- 1 root root 897 Nov 8 17:12 pubring.pkr
-rw------- 1 root root 512 Nov 8 19:34 randseed.rnd
-rw------- 1 root root0 Nov 8 17:10 secring-bak-1.skr
-rw------- 1 root root 984 Nov 8 17:12 secring-bak-2.skr
-rw------- 1 root root 984 Nov 8 17:12 secring.skr
```

上述文件中，pubring.pkr 为公开密钥文件，secring.skr 为秘密密钥文件。

6.2.3 配置 RPM 宏

RPM 如果需要使用 PGP 数字签名的功能，必须在“/usr/lib/rpm/macros”宏文件或者在用户主目录下的 ~ /.rpmmacros 文件中设置以下几个宏。

（1）_signature ：此宏定义数字签名的类型。此类型只有一个 pgp。RPM 仅支持这一种数字签名类型。其定义为：%_signature pgp。

（2）_pgpbin：此宏定义 PGP 执行程序名。其定义为：%_pgpbin/usr/bin/pg。

（3）_pgp_name：此宏定义使用哪个 PGP 用户的公开密钥进行签名处理（PGP 可建立属于多个用户的密钥对）。其定义格式为：%_pgp_name yourname youremail。举个例子：%_pgp_name 中关村 username@163.com。

（4）pgp_path：此宏定义 RPM 使用的签名所在的目录，如“%_pgp_path /root/.pgp”。该宏定义 RPM 使用“/root/.pgp”目录下的签名。

6.2.4 RPM 的 PGP 签名选项

RPM 的 PGP 签名主要包括如下两个选项。

（1）--resign：本选项用于为 RPM 软件包重新签名。如果原包没有数字签名，则为其添加签名；如果已有签名，则旧的签名将统统删除，之后再添加新的签名。用法如下所示。

```
rpm --resign rpm1 [rpm2]…
```

（2）--addsign：本选项用于为 RPM 软件包添加数字签名（一个软件包可以有多个数字签名），其用法如下所示。

```
rpm --addsign rpm1 [rpm2]…
```

6.2.5 添加数字签名

数字签名可以在建包时添加，这时须使用 --sign 选项。而 --checksig 选项则用于校验 RPM 包的数字签名等内容，看其是否正常。命令格式如下。

```
rpm --checksig [--nopgp] [--nogpg] [--nomd5] [--rcfile resource] rpm
```

可选项中，--nopgp 选项指示 RPM 不校验 PGP 签名；--nogpg 选项指示 RPM 不校验 GPG 签名；--nomd5 选项指示 RPM 不校验 MD5 检查和；--rcfile 选项则用于指定 RPM 所利用的资源配置文件。

```
[root@localhost root]# rpm --checksig lze-6.0-2.i386.rpm
Pretty Good Privacy(tm) Version 6.5.8
(c) 1999 Network Associates Inc.
Uses the RSAREF(tm) Toolkit, which is copyright RSA Data Security, Inc.Export of this software
may be restricted by the U.S. government.lze-6.0-2.i386.rpm: pgp md5 OK
```

本例子为 lze 软件包添加数字签名，输入密码为“MYPASS”。此处校验 lze 包的签名时，RPM 显示 pgp 校验 OK 和 md5 校验 OK，这表明 lze 包一切正常。

6.3 使用 yum 命令管理软件包

YUM（全称为 Yellow dog Updater, Modified）是一个在 Fedora 和 RedHat 及 CentOS 中的 Shell 前端软件包管理器。基于 RPM 包管理，能够从指定的服务器自动下载 RPM 包并且安装，可以自动处理依赖性关系，并且一次安装所有依赖的软件包，无需繁琐地一次次下载、安装。

6.3.1 添加本地 yum 源

RHEL 7 配置 yum 源。

（1）挂载 DVD 光盘到“/mnt：mount /dev/cdrom /mnt”。

（2）在目录“/etc/yum.repos.d/”创建文件文件名“.repo”。

（3）配置本地 yum 源。

```
cd /etc/yum.repos.d/          #进入 yum 配置目录
touch  rhel7.repo             #建立 yum 配置文件
```

```
  vim  rhel7.repo             #编辑配置文件，添加以下内容
[rhel-yum]
name=rhel7                    #自定义名称
baseurl=file:///mnt           #本地光盘挂载路径
enabled=1                     #启用 yum 源，0 为不启用，1 为启用
gpgcheck=0                    #检查 GPG-KEY，0 为不检查，1 为检查
:wq!                          #保存退出
```

（4）测试使用 yum 命令自动安装软件。

```
yum clean all                          #清除 yum 缓存
yum makecache                          #缓存本地 yum 源中的软件包信息
yum install httpd                      #安装 apache
rpm -ql httpd                          #查询所有安装 httpd 的目录和文件
systemctl start httpd.service          #启动 apache
systemctl stop httpd.service           #停止 apache
systemctl restart httpd.service        #重启 apache
systemctl enable httpd.service         #设置开机启动
```

6.3.2 安装软件包

安装软件包的命令如下。

```
yum  install software-name
```

此时，yum 会查询数据库，是否有这一软件包。如果有，则检查其依赖冲突关系则会给出提示，询问是否要同时安装依赖，或删除冲突的包；如果没有依赖冲突，则下载安装。软件组安装命令如下。

```
yum groupinstall software-name
```

6.3.3 查询软件包

我们常会碰到这样的情况，想安装一个软件，只知道它和某方面有关，但又不能确切知道它的名字。这时 yum 的查询功能就起作用了。我们可以用 yum search keyword 这样的命令来进行搜索。yum 会搜索所有可用 rpm 的描述，列出所有描述有关的 rpm 包。

有时我们还会碰到安装了一个包，但又不知道其用途，则可以用 yuminfo packagename 这个指令来获取信息。

常用的查找软件包的命令如下。

- 查找软件：yum search software。
- 列出所有可安装的软件包: yum list。
- 列出所有可更新的软件包: yum list updates。
- 列出所有已安装的软件包: yum list installed。
- 列出所指定软件包: yum list software-name。
- 获取软件包信息: yum info software-name。
- 列出所有已安装的软件包信息: yum info installed。
- 列出软件包提供哪些文件: yum provides software-name。

- 查看系统中已经安装的和可用的软件组: yum grouplist。

6.3.4 检测升级软件包

升级软件包分如下两种。

- 一种是全面升级，使用命令：yum update。
- 一种升级指定软件包：yum install software-name。

更新指定软件组的软件包命令如下。

```
yum groupupdate group-name
```

6.3.5 卸载软件包

使用 yum 卸载软件，只能卸载 rpm 格式的软件。这是读者一定要注意的。删除软件包的命令如下。

```
yum  remove  software-name
```

同安装一样，yum 也会查询数据库，给出解决依赖关系的提示。

如果是卸载指定软件组中的软件包，则用如下命令。

```
yum  groupremove  group-name
```

小　结

RPM 和 YUM 作为目前最为流行的软件包管理方式，在各种 Linux 发行版中都得到了广泛应用。本章主要介绍了如何使用 rpm 和 yum 这俩命令进行软件管理，同时还对 RPM 包的签名进行了简单介绍。

习　题

1. RPM 软件包管理器可以完成查询、________、________、________、验证，以及源码分发等多项任务，极大地方便了 Linux 的使用。
2. RPM 软件包文件名中一般包括________、________、发行号和________等信息。
3. 查询 RPM 软件包的命令为________。
   A. rpm –q　　B. rpm –s　　C. rpm -i　　D. rpm --query
4. 什么是软件包的依赖关系？
5. 如何测试软件包是否能够正常安装？
6. rpm –Uvh 可以用于安装新软件吗？
7. 卸载软件包时的依赖关系是怎么产生的？
8. 为什么要为 RPM 软件包添加数字签名？简述实现方法。

上机练习

实验一：RPM 包管理

实验目的

熟悉 RPM 包管理方法。

实验内容

查询当前安装的 RPM 包，在安装光盘上查找尚未安装的 RPM 包，通过命令和图形界面的多种方式进行安装、升级、卸载等操作。

实验二：YUM 包管理

实验目的

熟悉 YUM 包管理方法。

实验内容

添加本地源，列出所有可更新的安装包，熟练操作各种形式的安装（在线下载安装、只下载不安装等）和卸载命令。

第7章 Linux磁盘管理

磁盘作为存储数据的重要载体，在如今日渐庞大的软件资源面前显得格外重要。目前，各种存储器的容量越来越大，磁盘管理的难度也越来越高。本章将简单介绍 Linux 文件系统的概念及磁盘管理的基本方法。

7.1 Linux 文件系统 XFS

Linux 文件系统（File System）是 Linux 系统的核心模块。通过使用文件系统，用户可以很好地管理各项文件及目录资源。本节将对 Linux 常用的文件系统、文件的基本概念和目录的基本概念等进行系统、全面的介绍。

7.1.1 Linux 常用文件系统介绍

在 Linux 不断发展的同时，其所能支持的文件格式系统也在迅速扩展。特别是 Linux 2.6 内核正式推出后，出现了大量新的文件系统，其中包括日志文件系统 Ext4、Ext3、ReiserFS、XFS、JFS 和其他文件系统。Linux 系统核心可以支持十余种文件系统类型：JFS、ReiserFS、Ext、Ext2、Ext3、Ext4、ISO9660、XFS、Minx、MSDOS、UMSDOS、VFAT、NTFS、HPFS、NFS、SMB、SysV、PROC 等。较为普遍的有如下几种。

（1）扩展文件系统（Ext File System）是随着 Linux 不断地成熟而引入的。它包含了几个重要的扩展，但提供的性能不令人满意。1994 年人们引入了第二扩展文件系统（Second Extended File System，Ext2）以代替过时的 Ext 文件系统。目前，Ext2 主要用于软盘等无需日志功能的设备上。

（2）Ext3（Third Extended File System）是由开放资源社区开发的日志文件系统，被设计成 Ext2 的升级版本，尽可能地方便用户从 Ext2 向 Ext3 迁移。Ext3 在 Ext2 的基础上加入了记录元数据的日志功能，努力保持向前和向后的兼容性，是 Ext2 的升级。Ext3 还支持异步的日志，同时优化了硬盘磁头运动，其性能甚至优于无日志功能的 Ext2 文件系统。目前，Ext3 是 Linux 上较为成熟的一套文件系统。

（3）Ext4（Fourth Extended File System）是一种针对 Ext3 系统的扩展日志式文件系统，是专门为 Linux 开发的原始的扩展文件系统（Ext 或 Extfs）的第四版。Linux kernel 自 2.6.28 开始正式支持新的文件系统 Ext4。Ext4 是 Ext3 的改进版，修改了 Ext3 中部分重要的数据结构，而不仅仅像 Ext3 对 Ext2 那样，只是增加了一个日志功能而已。Ext4 不仅提供更强大的性能和更好的可靠性，还增加了丰富的新功能。

（4）Reiser 是另一套专为 Linux 设计的日志文件系统，目前最新的版本是 Reiser4。Reiser 文件系统在处理小文件上比 Ext3 文件系统更有优势，因为它效率更高，碎片也更少。目前此文件系统已经成为不少发行版的默认文件系统。

（5）XFS 是从 SGI 开发的高级日志文件系统，XFS 具备较强的伸缩性，非常健壮，其数据完整性、传输特性、可扩展性等诸多指标都非常突出。

（6）ISO 9660 是标准的 CD-ROM 文件系统，允许长文件名。

（7）NFS（Network File System）是 Sun 公司推出的网络文件系统，允许在多台计算机之间共享同一文件系统，易于从所有这些计算机上存取文件。

还有一些并不常用或者已经被淘汰了的文件系统，比如，Minix（Linux 支持的第一个文件系统），Xia（Minix 文件系统修正后的版本），以及 SysV（System V/Coherent 在 Linux 平台上的文件系统）等。

除了上面这些 Linux 文件系统外，Linux 还可以支持基于 Windows 和 Netware 的文件系统，如 UMSDOS、MSDOS、VFAT、HPFS、SMB 和 NCPFS 等。兼容这些文件系统对 Linux 用户来说也是很重要的，毕竟在桌面环境下 Windows 文件系统还是很流行的。而 Netware 网络也有许多用户、Linux 用户也要共享这些文件系统的数据。

（1）UMSDOS 是一种 Linux 下的 MSDOS 文件系统驱动，支持长文件名、所有者、允许权限、连接和设备文件。允许一个普通的 MSDOS 文件系统用于 Linux，无须为其建立单独的分区。

（2）MSDOS 是在 DOS、Windows 和某些 OS/2 操作系统上使用的一种文件系统，其名称采用“8+3”的形式，即 8 个字符的文件名加上 3 个字符的扩展名。

（3）VFAT 是在 Windows 9X 和 Windows 2000 下使用的一种 DOS 文件系统，在 DOS 文件系统的基础上增加了对长文件名的支持。

（4）HPFS（High Performance File System，高性能文件系统）是微软 LAN Manager 中的文件系统，同时也是 IBM 的 LAN Server 和 OS／2 的文件系统。HPFT 能访问较大的硬盘驱动器，提供了更多的组织特性，改善了文件系统的安全特性。

（5）SMB 是一种支持 Windows for Workgroups、Windows NT 和 LAN Manager 的基于 SMB 协议的网络操作系统。

（6）NCPFS 是一种 Novell NetWare 使用 NCP 协议的网络操作系统。

（7）NTFS 是由 Windows 2000/XP/2003 操作系统支持、一个特别为网络和磁盘配额、文件加密等安全特性设计的磁盘格式。

除以上这些外，Linux 下还有几个比较特殊的文件系统。例如，Swap 是 Linux 用于交换分区格式。交换分区作用类似于 Windows 下的页面文件 Pagefile.sys，当内存空间不足时，用硬盘提供虚拟内存空间。还有一些内存文件系统，如 Linux Kernel 2.6 引入的 Sysfs 等。

7.1.2　磁盘分区命名方式

在 Linux 中，每一个硬件设备都映射到一个系统的文件，包括硬盘、光驱等 IDE 或 SCSI 设备。Linux 把各种 IDE 设备分配了一个由 hd 前缀组成的文件。而各种 SCSI 设备，则被分配了一个由 sd 前缀组成的文件，编号方法为拉丁字母表顺序。例如，第一个 IDE 设备（如 IDE 硬盘或 IDE 光驱），Linux 定义为 hda；第二个 IDE 设备就定义为 hdb；下面依次类推。而 SCSI 设备就应该是 sda、sdb、sdc 等。USB 磁盘通常会被识别为 SCSI 设备，因此其设备名可能是 sda。

在 Linux 中规定，每一个硬盘设备最多能有 4 个主分区（其中包含扩展分区）。任何一个扩展分区都要占用一个主分区号码。在一个硬盘中，主分区和扩展分区一共最多是 4 个。编号方法为阿拉伯数字顺序。需要注意的是，主分区按 1234 编号，扩展分区中的逻辑分区，编号直接从 5 开始，无论是否有 2 号或 3 号主分区。对于第一个 IDE 硬盘的第一主分区，则编号为 hda1，而第二个 IDE 硬盘的第一个逻辑分区编号应为 hdb5。

常见的 Linux 磁盘命名规则为 hdXY（或 sdXY），其中，X 为小写拉丁字母，Y 为阿拉伯数字。个别系统可能命名略有差异。

7.2 常用磁盘管理命令

本节将介绍 Linux 下磁盘管理的最基本命令，包括挂载/卸载磁盘分区，查看磁盘信息，以及磁盘的分区与格式化等。

7.2.1 挂载磁盘分区

要使用磁盘分区，就需要挂载该分区。挂载时需要指定需要挂载的设备和挂载目录（该目录也成为挂载点）。挂载磁盘分区的命令为 mount，常用的命令格式如下所示。

```
mount -t type device dir
```

选项 -t 的参数 type 为文件系统格式，如 ext4、vfat、ntfs 等；参数 device 为设备名称，如“/dev/hda1”“/dev/sdb1”等；参数 dir 为挂载目录，成功挂载后，就可以通过访问该目录以访问该分区内的文件，如“/mnt/windows_c”“/mnt/cdrom”等。只要是未被使用的空目录，都可用于挂载分区。

例如，通常挂载 IDE 硬盘第一个分区的目录可用如下命令。这里假设第一个分区是 Windows 系统分区，FAT32 格式。

```
[root@localhost root]# mount -t vfat /dev/hda1 /mnt/windows_c
```

而对于挂载第一个 FAT32 格式 USB 磁盘来说，命令如下。

```
[root@localhost root]# mount -t vfat /dev/sda1 /mnt/usb_disk
```

假设光驱设备名称为/dev/hdc，则挂载光盘的命令如下。

```
[root@localhost root]# mount -t iso9660 /dev/hdc /mnt/cdrom
```

前面已经介绍过，设备也是特殊的文件。实际上普通文件也可以理解为一个 loop 设备。通过 -o 参数指定一个额外选项 loop 即可。例如，还可以把一个 ISO 光盘镜像文件挂载到一个目录方便读取。假设 ISO 文件路径为“/home/user1/sample.iso”，则该命令如下所示。

```
[root@localhost root]# mount -t iso9660 -o loop /home/user1/sample.iso /mnt/cdrom
```

说明：loop 设备可把文件虚拟成块设备，借以模拟整个文件系统，让用户得以将其视为硬盘驱动器，光驱或软驱等设备，并挂入当作目录来使用。

类似的额外选项还有很多，例如把磁盘以只读方式挂载的 ro 选项对于硬盘救护、恢复文件等操作十分有用；或者以读写方式挂载的 rw 选项等。详细情况可以参考 man 手册。

系统中对磁盘加载进行配置的文件为“/etc/fstab”，对于“/etc/fstab”中已经配置的磁盘分区，

Linux 在启动时会自动加载。"/etc/fstab"的详细说明可以参考 man 手册。以下是一个样本文件。如果需要系统自动挂载分区，则需要直接修改"/etc/fstab"。

```
# /etc/fstab
# 加载 Swap 分区
/dev/hda8 swap swap defaults 0 0

# 加载 ext3 格式的根分区
/dev/hda9 / ext3 defaults 1 1

# 加载 windows 的 E 盘，FAT32 格式，代码页 cp936
/dev/hda6 /mnt/wine vfat defaults,codepage=936,iocharset=cp936 0 0

# 加载 windows 的 F 盘，FAT32 格式，代码页 cp936
/dev/hda7 /mnt/winf vfat defaults,codepage=936,iocharset=cp936 0 0

# /dev/hdb 为光驱，noauto 表示不自动加载，user 表示非 root 账户也可以挂载光驱
/dev/hdb /mnt/cdrom iso9660 noauto,user 0 0

none /proc proc defaults 0 0
none /dev/pts devpts gid=5,mode=620 0 0
```

对于以上配置文件，因为"/etc/fstab"中已经表明光驱的设备名称和挂载点，所以如果需要加载光驱，实际上使用如下任何一个命令就可以完成。

```
mount /mnt/cdrom
mount /dev/hdb
```

以上是挂载分区的方法。另外，随着 Linux 的发展，不少发行版都能够自行检测并自动挂载光盘和 USB 设备，并通过可视化的方法进行操作。

7.2.2 卸载磁盘分区

要移除磁盘，例如卸载 USB 磁盘、光盘或者某一硬盘分区，首先需要卸载该分区。卸载磁盘的命令为 umount，使用方法也很简单。常用的命令格式如下所示。

```
umount [device|dir]
```

卸载时只需要一个参数，可以是设备名称，也可以是挂载点（目录名称）。例如，卸载一个光驱设备"/dev/hdc"，该设备挂载于"/mnt/cdrom"，那么既可以直接卸载该设备，也可以通过其挂载的目录卸载。命令格式如下所示。

```
umount /dev/hdc
umount /mnt/cdrom
```

同样，卸载设备在很多 Linux 发行版中也能够以可视化的方式进行。

7.2.3 查看磁盘分区信息

查看磁盘分区信息实际上分很多种，例如查看磁盘的挂载情况，磁盘的分区情况，以及磁盘的使用情况等，以下进行说明。

1. 查看磁盘的挂载情况——mount

查看磁盘的挂载情况方法很简单，直接输入不带参数的 mount 命令即可。以下为输出结果的

示例。

```
[root@localhost root]# mount
/dev/hda2 on / type ext4 (rw)
none on /proc type proc (rw)
/dev/hda1 on /boot type ext4 (rw)
none on /dev/pts type devpts (rw,gid=5,mode=620)
none on /dev/shm type tmpfs (rw)
```

2. 查看磁盘的分区情况——fdisk

查看磁盘的分区情况可用 fdisk 命令加 -l 参数即可。以下为输出结果的示例。

```
[root@localhost root]# fdisk -l
Disk /dev/hda: 8589 MB, 8589901824 bytes
255 heads, 63 sectors/track, 1044 cylinders
Units = cylinders of 16065 * 512 = 8225280 bytes

   Device Boot    Start       End   Blocks    Id   System
/dev/hda1   *        1        13   104391    83  Linux
/dev/hda2           14       996  7895947+   83  Linux
/dev/hda3          997      1044   385560    82  Linux swap
```

3. 查看磁盘的使用情况——df

查看此用使用情况可以用 df，直接使用 df 的输出结果示例如下。

```
[root@localhost root]# df
文件系统              1K-块      已用      可用 已用% 挂载点
/dev/hda2            7771920   1211456   6165668   17%   /
/dev/hda1             101089      9324     86546   10%   /boot
none                   95312         0     95312    0%   /dev/shm
```

当然也可以通过调整参数改变其输出方式，例如使用 –h 参数显示更易读的信息。更多信息可以使用 man 命令进行查询。

```
[root@localhost root]# df -h
文件系统            容量   已用    可用    已用%    挂载点
/dev/hda2           7.5G   1.2G    5.9G    17%      /
/dev/hda1            99M   9.2M     85M    10%      /boot
none                 94M   0        94M     0%      /dev/shm
```

7.2.4 磁盘分区

对于一个新硬盘，首先需要对其进行分区。和 Windows 一样，在 Linux 下用于磁盘分区的工具也是 fdisk 命令。除此之外，还可以通过 cfdisk、parted 等可视化工具进行分区。由于磁盘分区操作可能造成数据损失，因此操作需要十分谨慎。下面具体介绍 fdisk 的使用方法。

例如，若需要对“/dev/sda”进行分区，则可以在控制台输入“fdisk /dev/sda”。

```
[root@localhost root]# fdisk /dev/sda
Command (m for help): m              //选择命令选项
Command action
   a   toggle a bootable flag
   b   edit bsd disklabel
   c   toggle the dos compatibility flag
   d   delete a partition
   l   list known partition types
```

```
m   print this menu
n   add a new partition
o   create a new empty DOS partition table
p   print the partition table
q   quit without saving changes
s   create a new empty Sun disklabel
t   change a partition's system id
u   change display/entry units
v   verify the partition table
w   write table to disk and exit
x   extra functionality (experts only)
```

用户通过提示键入“m”，可以显示 fdisk 中各个命令的说明。fdisk 有很多命令，但通常只需要熟练掌握最常用的命令就可以顺利地运用 fdisk 进行分区。常用命令的具体意义如表 7-1 所示。

表 7-1　fdisk 命令参数说明

命　令	说　明
a	切换分区是否为启动分区
b	编辑 bsd 卷标
c	切换分区是否为 DOS 兼容分区
d	删除分区
l	打印 Linux 支持的分区类型
m	打印 fdisk 帮助信息
n	新增分区
o	创建空白的 DOS 分区表
p	打印该磁盘的分区表
q	不保存直接退出
s	创建一个空的 Sun 分区表
t	改变分区的类型号码
u	改变分区大小的显示方式
v	检验磁盘的分区列表
w	保存结果并退出
x	进入专家模式

在 Linux 分区过程，一般是先通过 p 命令来显示硬盘分区表信息，然后根据信息确定将来的分区，如下所示。

```
Disk /dev/sda: 4294 MB, 4294967296 bytes
255 heads, 63 sectors/track, 522 cylinders
Units = cylinders of 16065 * 512 = 8225280 bytes
  Device Boot    Start       End    Blocks   Id  System
/dev/hda1   *       41       522   3871665   83  Linux
/dev/hda2            1        40    321268+  82  Linux swap

Partition table entries are not in disk order
Command (m for help):
```

如果想完全改变硬盘的分区格式，就可以通过 d 命令一个一个地删除存在的硬盘分区。删除完毕后，就可以通过 n 命令来增加新的分区。执行后可以看到如下所示的结果。

```
Command (m for help): n
Command action
   e   extended
   p   primary partition (1-4)
   p
   Partiton number(1-4):1
   First cylinder(1-1023):1
   Last cylinder or + size or +sizeK or + sizeM(1-1023):+258M
```

这里要选择新建的分区类型，是主分区还是扩展分区。然后就是设置分区的大小。要注意的是，如果硬盘上有扩展分区，就只能增加逻辑分区，不能增加扩展分区。

在增加分区的时候，其类型都是默认的 Linux Native，如果要把其中的某些分区改变为其他类型，例如 Linux Swap 或 FAT32 等，可以通过命令 t 来改变。改变分区类型时，系统会提示要改变哪个分区，以及改变为什么类型（如果想知道系统所支持的分区类型，键入“l”），如下所示。

```
Command (m for help): t
Partition number (1-4): 1
Hex code (type L to list codes): 82
Changed system type of partition 1 to 82 (Linux swap)
```

修改完分区类型，使用命令 w，保存并退出。如果不想保存，那么可以使用命令 q 直接退出。通过如上的步骤，即可按照需要对磁盘进行分区操作。

7.2.5 分区的格式化

分区完成后，需要对文件系统格式化才能正常使用。格式化磁盘主要的命令是 mkfs，其常用的命令格式如下。

```
mkfs -t type device [block_size]
```

选项 -t 的参数 type 为文件系统格式，如 ext4、vfat、ntfs 等；参数 device 为设备名称，如“/dev/hda1”“/dev/sdb1”等；参数 block_size 为 block 大小，为可选项。

如果需要把/dev/sda1 格式化为 FAT32 格式，则可以使用如下命令。

```
mkfs -t vfat /dev/sda1
```

其实此命令还有很多别名，例如 mkfs.ext4、mkfs.xfs、mkfs.vfat 等。mkfs.fstype 形式的别名，还有 mke2fs、mkdosfs 等类型。例如格式化“/dev/hda5”为 ext4 格式，除了用 mkfs 指定 ext4 文件类型外，还可以直接使用下面的命令。

```
mkfs.ext4 /dev/hda5
```

格式化交换分区的命令略有不同，不是 mkfs，而是 mkswap。例如将“/dev/hda8”格式化为 swap 分区，则可以使用如下命令。

```
mkswap /dev/hda8
```

注意

分区类型和格式化的类型需要匹配，否则可能导致分区无法正常使用。

7.2.6 检查和修复磁盘分区

对于没有正常卸载的磁盘，如遇突然断电的情况，可能损坏文件系统目录结构或其中文件损坏。因此，遇到这种情况需要检查和修复磁盘分区。检查和修复磁盘分区的命令为 fsck，其常用的命令格式如下。

```
fsck options device
```

参数 device 为设备名称，如“/dev/hda1”“/dev/sdb1”等。参数 options 为选项，其常用选项见表 7-2。

注意：修复磁盘错误时，必须先卸载该分区，否则将可能破坏该分区。在分区已挂载的情况下，可以用–n 选项进行检测。

表 7-2 fsck 常用选项

选　项	说　明
-t type	指定分区的类型。指定后 fsck 不自动检测分区类型，可提高检测速度
-p	不提示用户直接修复
-y	自动回答 yes
-c	检测坏块
-f	强制检测，即使系统标志该分区无问题
-n	只检测，不修复
-v	Verbose 互动模式

和 mkfs 一样，fsck 也有很多别名，例如 fsck.ext4、fsck.reiserfs、fsck.vfat 等。fsck.fstype 形式的别名，还有 e2fsck、reiserfsck 等类型。例如，以下 3 个命令均可检测 Reiserfs 格式的分区“/dev/hda5”。

```
fsck -t reiserfs /dev/hda5
fsck.reiserfs /dev/hda5
reiserfsck /dev/hda5
```

7.3 磁盘配额管理

经验表明，一个多用户操作系统中用户越多，浪费的磁盘空间也越多，同时系统的可靠性也会大幅降低。保证系统有效利用磁盘空间的最好方法就是对用户使用的磁盘空间进行限制，此时就可以使用 Linux 的磁盘配额。

7.3.1 磁盘配额的系统配置

首先，磁盘配额是区域性的，因此可以决定哪块分区进行磁盘配额、哪块分区不用。磁盘的配额可以按用户进行限制，也可以对用户组进行限制。磁盘配额是否开启可以在“/etc/fstab”中配置。

例如，作为一台 Web 虚拟主机服务器，“/home”和“/www”（或者类似的）是供用户存放资源的分区，所以可以对这两个分区进行磁盘配额。假定需要对“/home”分区实现用户级的限制，而对“/www”进行每个组的用户配额。其中，“/etc/fstab”中有如下两行，用户配额使用 usrquota 选项，用户组配额使用 grpquota。

```
...
/dev/sda5 /home ext3 defaults, usrquota 1 2
/dev/sda6 /www ext3 defaults, grpquota 1 2
...
```

注意　如果修改了“/etc/fstab”，需重启计算机使其生效。

为了使系统按照配额进行工作，必须建立磁盘配额文件 aquota.group 和 aquota.user。使用 quotacheck 命令可以完成配额文件的自动创建。quotacheck 命令还具有检查文件系统、建立硬盘使用率列表，以及检查每个文件系统的空间配额等功能。quotacheck 命令参数及说明如表 7-3 所示。

表 7-3　quotacheck 命令主要参数及说明

选　项	说　明
-a	扫描在/etc/mtab 文件中所有挂载的文件系统
-d	启用调试模式
-u	计算每个用户占用的目录和文件数目，并创建 aquota.user 文件
-g	计算每个用户组占用的目录和文件数目，并创建 aquota.group 文件
-c	忽略现有配置文件，重新扫描病机那里新的配额文件
-b	备份旧的配额文件
-v	Verbose 互动模式

说明　文件“/etc/mtab”和“/etc/fstab”内容相似，不过“/etc/fstab”表示系统开机时默认加载的分区，而“/etc/mtab”表示目前系统加载的分区。

执行 quotacheck 命令创建 aquota.group 和 aquota.user 文件。

```
[root@localhost root]# quotacheck -avgu
```

注意　对于某些 Linux 发行版，还需要修改“/etc/rc.d/rc.local”的启动脚本，才能使用磁盘配额，内容如下。

```
##############################
#check quota and turn quota on
if [-x /sbin/quotacheck ];then
   echo "Checking quotas, this may take some time ... "
   /sbin/quotacheck -avug
   echo "Done."
fi
if[ -x /sbin/quotaon ];then
   echo "Enabling disk quota ... "
   /sbin/quotaon -avug
   echo "Done."
fi
##############################
```

7.3.2 对用户和用户组设置磁盘配额

对磁盘配额的限制一般是从占用磁盘大小和所有文件的数量两个方面来进行的。限制主要分为软限制和硬限制两种。

（1）软限制：一个用户在文件系统可拥有的最大磁盘空间和最多文件数量，在某个宽限期内可以暂时超过这个限制。

（2）硬限制：一个用户可拥有的磁盘空间或文件的绝对数量，绝对不允许超过这个限制。

设置磁盘配额的限制可以用 edquota 命令，其常用参数及说明如表 7-4 所示。

表 7-4 edquota 命令主要参数及说明

选　项	说　明
-g	对用户组设置磁盘配额
-u	对用户设置磁盘配额。若未指定 -g，则默认对用户组进行设置
-p	对磁盘配额设置进行复制
-t	对文件系统设置软时间设置

输入edquota命令将启动默认文本编辑器（如vi或其他由 $EDITOR环境变量指定的编辑器）。

假设 user1 是需要定额的系统账户，可以使用如下命令来为用户分配磁盘配额。

```
[root@localhost root]# edquota -u user1
```

编辑器显示如下内容。

```
Quotas for user user1:
/dev/sda5:blocks in use:0,limits(soft = 0,hard = 0)
inodes in use:0,limits(soft = 0,hard = 0)
```

这表示 user1 用户在“/dev/sda5”分区（该分区已经在 usrquota 的控制之下）下共使用 0 个数据块（以 KB 为单位），并且没有设限制（包括软限制 soft 和硬限制 hard）。同时，user1 在这个分区也没有任何文件和目录，并且也没有任何软硬限制。

如果需要对用户进行磁盘容量的限制，则只需修改 blocks 行的 limits 部分即可，注意单位使用的是 KB。

例如，要为 user1 分配 100MB 磁盘的软限制和 400MB 硬限制，可以使用如下的设置。

```
Quotas for user user1:
/dev/sda5:blocks in use:0,limits(soft = 102400,hard = 409600)
inodes in use:0,limits(soft = 0,hard = 0)
```

同样的，限制文件目录的数量可以相应地修改 inodes 行。当然也可以同时对这两项都作出限制，修改内容如下。

```
Quotas for user user1:
/dev/sda5:blocks in use:0,limits(soft = 102400,hard = 409600)
inodes in use:0,limits(soft = 12800,hard = 51200)
```

以上设置表示除了相应的容量的限制外，还对文件/目录的数量做了限制，其中软限制 12800 个文件和硬限制 51200 个文件。在保存新的配置后，该用户的磁盘使用就不能超过硬限制。如果用户试图超过这个限制，该操作将被取消，然后得到一个错误信息。

但是，如果有很多用户，且需要对每个用户都相同的设置，上述的操作方式就相当麻烦。

其实，这时可以复制已有的配额信息。例如如下命令可将 user1 的配额限制复制到 user2、user3、user4 上。

```
[root@localhost root]# edquota -p user1 -u user2 user3 user4
```

对于用户组的配额十分类似，把选项 -u 改成 -g，参数由用户名改为用户组名即可。例如下面命令将对 webgroup 组的用户进行磁盘配额限制。

```
[root@localhost root]# edquota -g webgroup
```

实际上，以上的限制只是对用户设定的硬限制在起作用，因为软限制的宽限期默认是无穷大。如果需要使软限制也起作用的话，还需要对用户的软限制设定宽限期。这可以使用 edquota 命令的 -t 选项来实现，命令格式如下。

```
[root@localhost root]# edquota -t
```

edquota 将打开默认编辑器显示如下内容。

```
Time units may be:days,hours,minutes,or seconds
Grace period before enforcing soft limits for users:
/dev/sda5:block grace period:0 days,file grace period:0 days
```

时间限制还可以使用天、小时、分、秒为单位来设定宽限期。例如，在下面这个例子中，磁盘空间限制的宽限期为两天，而文件数量限制的宽限期只有 6 小时。

```
Time units may be:days,hours,minutes,or seconds
Grace period before enforcing soft limits for users:
/dev/sda5:block grace period:2 days,file grace period:6 hours
```

7.3.3 查看用户（组）磁盘使用情况

要查明某一个用户使用了多少磁盘空间，可以使用如下的 quota 命令。

```
quota [-u] username
```

例如，查看 user3 的磁盘空间占用情况的命令及输出的结果如下。

```
[root@localhost root]# quota -u user3
Disk quotas for user lanf(uid 503):
Filesystem blocks quota limit grace file quota limit grace
/dev/sda5 3 102400 409800 '1 12800 51200
```

其中，-u 选项表示显示用户的磁盘使用情况，若省略参数 username，则显示默认当前用户的磁盘使用状况。

若要查看用户组的磁盘使用状况，则可使用 -g 选项。例如查看 webgroup 用户组的磁盘使用状况，则可使用如下命令。

```
[root@localhost root]# quota -g webgroup
```

7.3.4 启动和终止磁盘配额

在设置好磁盘配额后，用户可以使用 quotaon 和 quotaoff 命令启动和终止磁盘空间配额的限制。

例如，关闭/home 磁盘空间配额的命令及输出如下。

```
[root@localhost root]# quotaoff /home
/dev/sda5 [/home]: group quotas turned off
```

```
/dev/sda5 [/home]: user quotas turned off
```

类似的，启动/home 磁盘空间配额的命令及输出如下。

```
[root@localhost root]# quotaon /home
/dev/sda5 [/home]: group quotas turned on
/dev/sda5 [/home]: user quotas turned on
```

当然也可不指定操作的分区，而使用 -aguv 参数设定自动搜索，命令及输出如下。

```
[root@localhost root]# quotaon -aguv
/dev/sda5 [/home]: group quotas turned on
/dev/sda5 [/home]: user quotas turned on
/dev/sda6 [/www]: group quotas turned on
/dev/sda6 [/www]: user quotas turned on
[root@localhost root]# quotaoff /home
/dev/sda5 [/home]: group quotas turned off
/dev/sda5 [/home]: user quotas turned off
/dev/sda6 [/www]: group quotas turned off
/dev/sda6 [/www]: user quotas turned off
```

小　结

磁盘管理是 Linux 系统管理中非常重要的组成部分。本章对 Linux 文件系统的概念、常用的磁盘管理命令，以及磁盘配额的设置等进行了介绍。

习　题

1. 请列举 5 种 Linux 支持的文件系统。
2. 在 Red Hat Enterprise Linux　7.3 下，第 2 块 IDE 硬盘的第 1 个扩展分区对应的设备名称是什么？
3. Linux 下挂载分区和 Windows 下有何不同？
4. 下面能查看磁盘空间使用率的有________。

   A. mount　　B. umount　　C. df　　D. fdisk -l
5. 可以将分区格式化为 vfat 的命令有________。

   A. mkfs. vfat　　B. mkvfatfs　　C. mkfs -t vfat　　D. mkfs.ext2
6. 简述对磁盘进行配额管理的意义和方法。

上机练习

实验一：磁盘基本管理

实验目的

掌握 Linux 下磁盘的基本管理方法。

实验内容

使用不同方法挂载/卸载磁盘并查看相关信息，具体步骤如下。

（1）挂载一个光驱或 U 盘。

（2）挂载 Windows 分区（如果硬盘上有 Windows 的话）。

（3）用 mount，df 等命令查看分区信息。

（4）卸载非 Linux 系统分区。

实验二：磁盘配额管理

实验目的

了解 Linux 磁盘配额管理的意义和基本方法。

实验内容

参考前文中相应方法进行配置。

第 8 章 Linux 编程

通常，Linux 的发行版中包含很多文本编辑器及软件开发工具，其中很多是基于 C 和 C++、PHP、Perl 等开发的。本章首先介绍 Red Hat Enterprise Linux 7.3 下一些常见的文本编辑器及编译工具的使用，然后介绍 Linux 内核的编译和定制。

8.1 文本编辑器

Linux 下有很多编辑器，比如，KDE 下的 kwrite，GNOME 下的 gedit，X Window 下的 vim、Emacs 以及命令行下的 vi、pico、nano 等。这其中历史最悠久、使用最广泛的就是 vi 及其增强版 vim。本节将以 vi 为主，介绍 Linux 下常见的文本编辑器。

8.1.1 认识 vi

vi 是 Linux 系统的第一个全屏幕交互式编辑器。从诞生至今，它一直得到广大用户的青睐，历经数十年仍然是 Linux 用户主要使用的文本编辑工具，足见其强大的功能。

vi 是“Visual Interface”的简称，可以执行输出、删除、查找、替换、块操作等众多文本操作，而且用户可以根据自己的需要对其进行定制。这是其他编辑程序所没有的。vi 不是一个排版程序，不像 MS Word 或 WPS 那样可以对字体、格式、段落等其他属性进行编排。vi 只是一个文本编辑程序。

vi 相当简洁，没有菜单，只有命令且相当丰富，其常用命令将在后文中进行详细介绍。vi 有 3 种基本工作模式：命令行模式、文本输入模式和末行模式。下面一一说明。

1. 命令行模式

任何时候，不管用户处于何种模式，只要单击【Esc】键，即可使 vi 进入命令行模式。用户在 shell 环境下输入并启动 vi 命令，进入编辑器时，也是处于该模式下。

在该模式下，用户可以输入各种合法的 vi 命令，用于管理自己的文档。此时，从键盘上输入的任何字符都被当做编辑命令来解释，若输入的字符是合法的 vi 命令，则 vi 在接受用户命令之后完成相应的动作。但要注意的是，所输入的命令并不在屏幕上显示出来。若输入的字符不是 vi 的合法命令，vi 会响铃提示用户。

2. 文本输入模式

在命令模式下输入插入命令 i、附加命令 a、打开命令 o、修改命令 c、取代命令 r 或替换命令 s 都可以进入文本输入模式。在该模式下，用户输入的任何字符都被 vi 当作文件内容保存起来，并将其显示在屏幕上。在文本输入过程中，若想回到命令模式下，按【Esc】键即可。

3. 末行模式

末行模式也称 ex 转义模式。vi 和 ex 编辑器的功能是相同的，二者主要区别是用户界面。在 vi 中，命令通常是单个键，例如 i、a、o 等；而在 ex 中，命令是以按回车键结束的正文行。vi 有一个专门的“转义”命令，可访问很多面向行的 ex 命令。在命令模式下，用户输入“:”即可进入末行模式下，此时 vi 会在显示窗口的最后一行（通常也是屏幕的最后一行）显示一个“:”作为末行模式的提示符，等待用户输入命令。多数文件管理命令都是在此模式下执行的（如把编辑缓冲区的内容写到文件中等）。末行命令执行完后，vi 自动回到命令模式。若在末行模式下输入命令过程中改变了主意，可按退格键将输入的命令全部删除之后，再按一下退格键，即可使 vi 回到命令模式下。

vi 编辑器的 3 种工作模式之间的转换关系如下。

（1）如果要从命令模式转换到编辑模式，可以输入命令 a 或者 i。

（2）如果须要从文本模式返回，则按【Esc】键即可。

（3）在命令模式下输入“:”即可切换到末行模式，然后输入命令。

8.1.2 启动 vi 编辑器

使用 vi 进行编辑工作的第一步是进入该编辑界面。Linux 提供的进入 vi 编辑器界面的命令如表 8-1 所示。

表 8-1 进入 vi 命令

命　令	说　明
vi filename	打开或新建文件，并将光标置于第一行首
vi +n filename	打开文件，并将光标置于第 n 行首
vi + filename	打开文件，并将光标置于最后一行首
vi +/pattern filename	打开文件，并将光标置于第一个与 pattern 匹配的串处
vi -r filename	在上次正用 vi 编辑时发生系统崩溃，恢复 filename
vi filename1...filenamen	打开多个文件，依次进行编辑

注意

如果 vi 命令中与 filename 所对应的磁盘文件不存在，那么系统将生成一个名为 filename 的新文件供编辑。

下面给出使用上述命令的几个例子。

```
//打开 test.c 文件，进行编辑，该文件本来不存在
[root@localhost root]# vi test.c
//输入如下几行
#include <stdio.h>
#include <string.h>
int main()
{
   printf("this is a test\n");
   return 0;
}
```

```
//打开上述创建的test.c源文件，并且将光标置于第5行首，也就是printf所在行首
#vi +5 test.c
//再次打开上述test.c文件，将光标置于第一个与int匹配的串处，也就是第3行
#vi +/int test.c
//同时打开系统中的test.c，job.i文件进行编辑
#vi test.c job.i
```

8.1.3　显示 vi 中的行号

vi 中的许多命令都要用到行号及行数等数值。若编辑的文件较大时，人工确定行号会非常不方便。为此，vi 提供了给文本加行号的功能。这些行号显示在屏幕的左边，而相应行的内容则显示在行号之后。在末行方式下输入命令即可显示行号。

```
:se nu
```

注意　这里加的行号只是显示给用户看的，它们并不是文件内容的一部分。

在一个较大的文件中，用户可能需要了解：光标当前行是哪一行，在文件中处于什么位置。可在 vi 命令模式下用组合键，让显示窗口的最后一行显示出相应信息。该命令可以在任何时候使用。该命令的示例如下所示。

```
//使用vi命令打开文件test.c
[root@localhost root]# vi test.c

//在末行方式下输入命令:set number，结果如下
1 #include <stdio.h>
2 #include <string.h>
3 int main()
4 {
5         printf("this is a test\n");
6         return 0;
7 }
```

在末行方式下，可以输入“se nu”（set number 的缩写）来获得光标当前行的行号与该行内容。

8.1.4　光标移动操作（Cursor）

全屏幕文本编辑器中，光标的移动操作无疑是使用频率最高的操作了。用户只有熟练地掌握使用移动光标的这些命令，才能迅速地到达准确的位置进行编辑。vi 中的光标移动既可以在命令模式下，也可以在文本输入模式下，但操作的方法存在区别。

在文本输入模式下，可直接使用键盘上的四个方向键移动光标。

在命令模式下，有很多移动光标的方法。不但可以使用 4 个方向键来移动光标，还可以用【h】【j】【k】【l】这 4 个键代替 4 个方向键来移动光标。这样可以避免由于不同机器上的不同键盘定义所带来的矛盾，而且使用熟练后可以只用依靠键盘就能完成所有操作，从而提高工作效率。以上这几种方式在实现功能上是等价的。

vi 除了可以用向下键将光标下移外，还可以用数字键和【+】键将光标下移一行或 *n* 行（不包括本行在内），但此时光标下移之后将位于该行的第一个字符处。示例及说明如下。

（1）3j：光标下移 3 行，且光标所在列的位置不变。

（2）3+或 3：光标下移 3 行，且光标位于该行的行首。

执行一次向上键光标向上移动一个位置（即一行），但光标所在的列不变。同样在这些命令前面加上数字 *n*，则光标上移 *n* 行。

若希望光标上移之后，光标位于该行的行首，则可以使用命令“-”。另外，还有如下的光标操作命令。

（1）L（移至行首）：L 命令是将光标移到当前行的开头，即将光标移至当前行的第一个非空白处（非制表符或非空格符）。

（2）$（移至行尾）：该命令将光标移到当前行的行尾，停在最后一个字符上。若在 $ 命令之前加上一个数字 *n*，则光标下移 *n* – 1 行并到达行尾。

（3）[行号]G（移至指定行）：该命令将光标移至指定行号所指定的行的行首。这种移动称为绝对定位移动。

8.1.5　屏幕命令（Screen）

屏幕命令是以屏幕为单位移动光标的，常用于文件的滚屏和分页。需要注意的是，屏幕命令不是光标移动命令，不能作为文本限定符用于删除命令中。在命令模式下和文本输入模式下均可以使用屏幕滚动命令。

1．滚屏命令

关于滚屏命令有两个。

（1）【Ctrl】+【U】组合键：将屏幕向前（文件头方向）翻滚半屏。

（2）【Ctrl】+【D】组合键：将屏幕向后（文件尾方向）翻滚半屏。

可以在这两个命令之前加上一个数字 *n*，则屏幕向前或向后翻滚 *n* 行。这个值会被系统记住，以后再用【Ctrl】+【U】组合键和【Ctrl】+【D】组合键滚屏时，将仍然翻滚相应的行数。

2．分页命令

关于分页命令也有两个。

（1）【Ctrl】+【F】组合键：将屏幕向文件尾方向翻滚一整屏（即一页）。

（2）【Ctrl】+【B】组合键：将屏幕向文件首方向翻滚一整屏（即一页）。

同样也可以在这两个命令之前加上一个数字 *n*，则屏幕向前或向后移动 *n* 页。

3．状态命令

vi 状态行上的状态信息，包括正在编辑的文件名、是否修改过、当前行号、文件的行数以及光标之前的行占整个文件的百分比。使用【Ctrl】+【G】组合键。

4．屏幕调零命令

vi 提供了 3 个有关屏幕调零的命令。它们的格式分别如下所示。

```
[行号] z [行数] <回车>
[行号] z [行数] .
[行号] z [行数] _
```

若省略了行号和行数，这 3 个命令分别为将光标所在的当前行作为屏幕的首行、中间行和最末行重新显示；若给出行号，那么该行号所对应的行就作为当前行显示在屏幕的首行、中间行和最末行；若给出行数，则它规定了在屏幕上显示的行数。下面是一些使用屏幕调零的例子。

（1）8z16<回车>：将文件中的第 8 行作为屏幕显示的首行，并一共显示 16 行。

（2）15z.：将文件中的第 15 行作为屏幕显示的中间行，显示行数为整屏。

（3）15z 5_：将文件中的第 15 行作为屏幕显示的最末行，显示行数为 5 行。

8.1.6　文本插入命令（Insert）

在命令模式下用户输入的任何字符都被 vi 当作命令加以解释执行。如果用户要将输入的字符当作是文本内容，则首先应将 vi 的工作模式从命令模式切换到文本输入模式。vi 提供了两个插入命令：i 和 I。

1. i 命令

插入文本从光标所在位置前开始，并且插入过程中可以使用删除键删除错误的输入。此时，vi 处于插入状态，屏幕最下行显示“--INSERT--”（插入）字样，示例如下。

```
//有一正在编辑的文件，如下所示
This is a test!Go on!
//光标位于第一个"!"上，需在其前面插入：This is added by me!
//使用 i 命令，并输入相应文本后，屏幕显示如下：
This is a test This is added by me!!Go on!
```

由此例可以看到，光标本来是在第一个“!”处，但是由于是从光标所在位置前开始插入，所以这个“!”就被挤到了新插入的文本之后。

2. I 命令

该命令是将光标移到当前行的行首，然后在其前插入文本。

8.1.7　附加命令（append）

vi 提供了两个附加插入命令：a 和 A。

1. a 命令

该命令用于在光标当前所在位置之后追加新文本。新输入的文本放在光标之后，在光标后的原文本将相应地向后移动。光标可在一行的任何位置，使用该命令的示例如下。

```
//使用 a 命令，并输入相应文本，屏幕显示如下（原始文本内容为：This is a test!）
This is a test!Go on!Come on!
```

本例中光标后的文本“Come on!”被新输入的文本挤到了后面。

2. A 命令

该命令与 a 命令不同的是，A 命令将把光标挪到所在行的行尾，从那里开始插入新文本。当输入 A 命令后，光标自动移到该行的行尾。

> **注意**　目前，A 命令是把文本插入到行尾的唯一方法。

8.1.8　打开命令（open）

不论是插入（insert）命令，还是附加（append）命令，所插入的内容都是从当前行中的某个位置开始的。若希望在某行之前或某行之后插入一些新行，则应使用 open 命令。vi 提供了两个打开命令：o 和 O。

1. o 命令

该命令将在光标所在行的下面新开一行，并将光标置于该行的行首，等待输入文本。要注意，当使用删除字符时只能删除从插入模式开始的位置以后的字符，对于以前的字符不起作用。而且还可以在文本输入方式下输入一些控制字符，例如，【Ctrl】+【1】组合键即是插入分页符，显示为^L。

2. O 命令

和 o 命令相反，O 命令是在光标所在行的上面插入一行，并将光标置于该行的行首，等待输入文本。

8.1.9 文本修改命令——删除（Delete）

在命令模式下可以使用 vi 提供的各种有关命令对文本进行修改，包括对文本内容的删除、复制、取代和替换等。本小节将介绍删除命令。在命令模式下，vi 提供了许多删除命令。这些命令大多是以 d 开头的，常用的命令如下。

1. 删除单个字符

（1）x：删除光标处的字符。若在 x 之前加上一个数字 *n*，则删除从光标所在位置开始向右的 *n* 个字符。

（2）X：删除光标前面的那个字符。若在 X 之前加上一个数字 *n*，则删除从光标前面那个字符开始向左的 *n* 个字符。

显然这两个命令是删除少量字符的快捷方法。

2. 删除多个字符

（1）dd：删除光标所在的整行。在 dd 前可加上一个数字 *n*，表示删除当前行及其后 *n*-1 行的内容。

（2）D 或 d$：两命令功能一样，都是删除从光标所在处开始到行尾的内容。

（3）d0：删除从光标前一个字符开始到行首的内容。

（4）dw：删除一个单词。若光标处在某个词的中间，则从光标所在位置开始删至词尾。同 dd 命令一样，可在 dw 之前加一个数字 *n*，表示删除 *n* 个指定的单词。

如果进行了误删除操作，vi 还提供了恢复误操作的命令，并且可以将恢复的内容放在文本的任何地方。恢复命令用 "np，其中 *n* 为寄存器号。这是因为 vi 内部有 9 个用于维护删除操作的寄存器，分别用数字 1、2、…9 表示，它们分别保存以往用 dd 命令删除的内容。这些寄存器组成一个队列。

例如，最近一次使用 dd 命令删除的内容被放到寄存器 1 中；当下次再使用 dd 命令删除文本内容时，vi 将把寄存器 1 的内容转存到寄存器 2 中，而寄存器 1 中又将是最近一次 dd 命令删除的内容。以此类推，vi 可以保存有最近 9 次用 dd 命令删除的内容，而前面的用 dd 命令删除的内容则被抛弃。

下面是一个使用上述命令的例子。

```
//假设当前编辑文件为 xu.c
/* this is a example */
#include
int main()
{
int i,j ;
printf(" please input a number : / n " );
```

```
scanf (" % d " , &i );
j = i + 100 ;
printf ( " /n j = % d /n " , j );
return 0;
}
```

对其进行如下操作。

（1）将光标移至文件第一行，使用 dd 命令，此时文件第一行的内容被删除，且被删除的内容保存在寄存器 1 中。

（2）输入“5j”，使光标下移至第一个 printf 语句行。

（3）使用 dd 命令将该行删除。此时寄存器 1 中将保存刚刚被删除的内容。

```
printf (" please input a number :\ n " );
```

而寄存器 1 原有的以下内容则被保存到寄存器 2 中。

```
/* this is a example */
```

在末行模式下，也可以对文件内容进行删除，但其只能删除整行，即一次可将某个指定范围内（起始行号，终止行号）的所有行全部删除。

> **注意**　用此种方法进行删除时，vi 并不把所删内容放入寄存器中。因而当发生误删除操作时，不能用 "np 命令恢复，只能用 u 命令进行有限的恢复。

8.1.10　文本修改命令——取消（Undo）

取消上一命令（Undo），也称复原命令，是非常有用的命令，其可以取消前一次的误操作或不合适的操作对文件造成的影响，使之恢复到这种误操作或不合适操作被执行之前的状态。

取消上一命令有两种形式，即在命令模式下键入字符“u”和“U”。它们的功能都是取消刚才输入的命令，恢复到原来的情况。小写 u 和大写 U 在具体细节上有所不同，二者的区别在于：大写 U 命令的功能是恢复到误操作命令前的情况，即如果插入命令后使用 U 命令，就删除刚刚插入的内容；如果删除命令后使用 U 命令，就相当于在光标处又插入刚刚删除的内容。这里把所有修改文本的命令都视为插入命令。也就是说，U 命令只能取消前一步操作，如果用 U 命令撤销了前一步操作，当再按 U 键时，并不是取消再前一步的操作，而是取消了刚才 U 命令执行的操作。而小写 u 命令的功能是把当前行恢复成被编辑前的状态，而不管此行被编辑了多少次。

下面给出取消命令的例子，假设原来屏幕显示内容如下。

```
#include <stdio.h>
void main ()
{
}
```

在命令模式下使用命令 o，插入一新行，输入需要插入的内容后再按便回到命令模式，屏幕显示内容如下所示。

```
#include <stdio.h>
void main ()
{
printf ("this is a test\n");
}
```

若想取消这一插入操作，则使用命令 U 后，屏幕恢复到原来显示的情况。

> 注意　对于取消命令仍可以再使用取消命令。这时文件状态将恢复到第一次执行取消命令之前的状态，如同没做任何操作一般。例如，在上例中，再使用一次命令 U，屏幕将显示的内容仍为插入后的内容。

8.1.11　文本修改命令——重复（Redo）

重复命令也是一个常用的命令。在文本编辑中经常会碰到需要机械地重复一些操作，这时就要用到重复命令。它可以让用户方便地再执行一次前面刚完成的某个复杂的命令。重复命令只能在命令模式下工作，在该模式下输入“.”即可。执行一个重复命令时，其结果是依赖于光标当前位置的。

下面给出重复命令的例子，假设原来屏幕显示内容如下。

```
#include <stdio.h>
void main ()
{
}
```

使用命令 o，插入如下一行文字。

```
printf ("this is a test\n");
```

按【Esc】键返回到命令模式下，则屏幕显示内容如下所示。

```
#include <stdio.h>
void main ()
{
printf ("this is a test\n");
}
```

此时输入“.”，屏幕显示内容为如下所示。

```
#include <stdio.h>
void main ()
{
printf ("this is a test\n");
printf ("this is a test\n");
}
```

8.1.12　退出 vi（exit）

当编辑完文件，准备退出 vi 返回到 shell 时，可以使用以下几种方法。

（1）在命令模式中，连按两次大写字母 Z，若当前编辑的文件曾被修改过，则 vi 保存该文件后退出，返回到 shell；若当前编辑的文件没被修改过，则 vi 直接退出，返回到 shell。

（2）在末行模式下，输入命令“:w”。vi 保存当前编辑文件，但并不退出，而是继续等待用户输入命令。在使用 w 命令时，可以再给编辑文件起一个新的文件名。

例如可输入“:w newfile”将其保存为 newfile 文件。此时 vi 将把当前文件的内容保存到指定的 newfile 中，而原有文件保持不变。若 newfile 是一个已存在的文件，则 vi 在显示窗口的状态行给出如下提示信息。

```
File exists (use ! to override)
```

此时，若用户真的希望用文件的当前内容替换 newfile 中原有内容，可使用命令“:w!newfile”，否则可选择另外的文件名来保存当前文件。

在末行模式下，输入“:q”，系统退出 vi 返回到 shell。若在用此命令退出 vi 时，编辑文件没有被保存，则 vi 在显示窗口的最末行显示如下信息，提示用户该文件被修改后没有保存。

```
No write since last change (use ! to overrides)
```

此时 vi 并不退出，继续等待用户命令。若用户就是不想保存被修改后的文件而要强行退出 vi 时，可使用命令“:q!”，vi 放弃所作修改而直接退到 shell 下。

在末行模式下，输入命令“:wq”。vi 将先保存文件，然后退出 vi 返回到 shell。

在末行模式下，输入命令“:x”。该命令的功能同命令模式下的 ZZ 命令功能相同。

8.1.13 设置 vi

和其他 Linux 程序一样，vi 也可以通过配置文件来进行默认设置。全局的配置文件位于“/etc/vim/vimrc”。而用户个人也可以拥有自己独立的配置文件，配置文件位于“~/.vimrc”。如果没有该文件，也可以直接用如下命令创建并编辑。

```
$ vi ~/.vimrc
```

以下是一个样本文件，附上了常见选项的说明（引号后的内容为注释）。

```
" ==========================================================
" Vim 配置文件
" Author: Jiang Kuan
" ~/.vimrc
" ==========================================================
" 显示行号
set nu
" 语法高亮 (或 syn on)
syntax on
" 显示光标位置
set ruler
" undo 最大次数
set undolevels=200
" 快速查找单词
set incsearch
" 忽略大小写
set ignorecase
" 高亮搜索结果
set hlsearch
" 设置背景为 dark
 set background=dark
" 出错时不发出警告声
set noerrorbells
" 智能缩进
set smartindent
" 自动缩进
set autoindent
```

```
" tab 宽度
set tabstop=4
" 自动备份（若不启用自动备份则可设置，set nobackup）
set backup
" 备份文件后缀
set backupext=.bak
" 备份文件保存目录
set backupdir=./
```

值得注意的是，这里第一项内容就是显示行号（set nu）。实际上，这里的所有命令都可以直接在 vi 中执行。但直接执行只能保证当次有效，如果需要默认启用，则需要写入“.vimrc”。

此外，vi 中还可以设置语法高亮，这一点对于编写程序十分有必要。语法高亮的命令如下所示。

```
" 语法高亮 (或 syn on)
syntax on
```

更多设置可以前往 vim 官方网站（http://vim.sourceforge.net/）进行了解。中文手册可以在 http://vcd.gro.clinux.org/上找到。

8.1.14 其他文本编辑器

除了 vi 外，Linux 还有很多其他文本编辑器。桌面环境下的编辑器（如 KDE 的 kwrite、GNOME 的 gedit）在功能和使用上，与 Windows 下的文本编辑软件（如 Notepad++、EditPlus 等）基本相同。图 8-1 所示为 GNOME 下的 gedit。

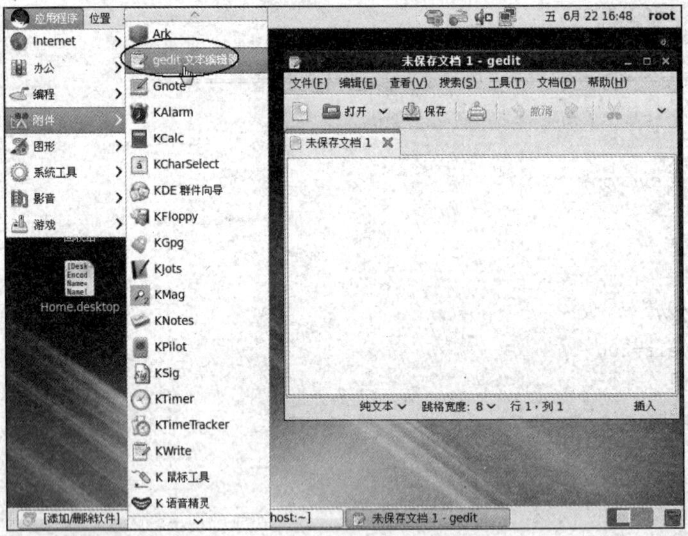

图 8-1 GNOME 下的 gedit

此外，Linux 下还有不少命令行模式的文本编辑器，如 nano、pico 等。这些编辑器和 vi 不同，通常都有帮助性质的提示，因此使用的难度比较低，例如图 8-2 所示的 nano。

注意到编辑器界面下方有一些常见命令，如“^O WriteOut”，其中，^O 为命令的快捷键，即【Ctrl】+【O】。而后面为命令的说明，即写入文件。查找、保存等操作还会有其他提示，操作十分简单。

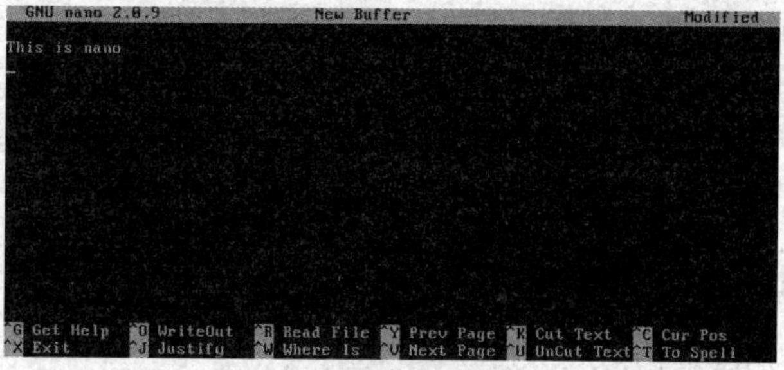

图 8-2　命令行下的 nano

注意　Red Hat Enterprise Linux 7.3 中默认不提供 pico 等命令行下的编辑器，而只提供 vi。实际上，目前 vi 几乎是所有 Linux 发行版的默认编辑器。因为 vi 除了编写程序外，也是修复系统编辑系统配置文件时唯一可用的编辑器。对于管理 Linux 而言，学习 vi 也是必不可少的。

8.2　Linux 编程——gcc 编译

Linux 作为一款流行的开源操作系统，其下的编程工具也相当丰富。前一节介绍了常用的编辑器，可以编写源代码。本节将介绍如何通过 gcc 将源代码编译成可执行的程序。

8.2.1　介绍 gcc

gcc（GNU Compiler Collection）是 GNU 推出的功能强大、性能优越的多平台编译器，即以前的 GNU C 编译器（GNU C Compiler）。gcc 是可以在多种平台上编译出可执行程序的编译器集合，集成 C、C++、Objective C、Fortran、Java、Fortran 和 Pascal 等多种语言编译器。

说明　gcc 可以运行于各种 Linux 发行版、BSD，以及 Solaris 等多种操作系统，并能够编译 x86、x86-64、IA64、Sparc、AIX 等不同硬件平台上。此外，gcc 还能实现不同平台上的交叉编译，如在 Linux 平台下编译 Windows 下可用的软件。

因为 gcc 可以对多种编程语言的源码进行编译，所以为了不至于混淆，gcc 通过文件后缀进行区分。以下为部分后缀的说明。

（1）以“.c”为后缀的文件，C 语言源代码文件。

（2）以“.a”为后缀的文件，是由目标文件构成的档案库文件。

（3）以“.C”“.cpp”“.cc”或“.cxx”为后缀的文件，是 C++源代码文件。

（4）以“.h”为后缀的文件，是程序所包含的头文件。

（5）以“.i”为后缀的文件，是已经预处理过的 C 源代码文件。

（6）以“.ii”为后缀的文件，是已经预处理过的 C++源代码文件。

（7）以“.m”为后缀的文件，是 Objective-C 源代码文件。

（8）以“.o”为后缀的文件，是编译后的目标文件。

（9）以“.s”为后缀的文件，是汇编语言源代码文件。

（10）以“.S”为后缀的文件，是经过预编译的汇编语言源代码文件。

gcc 对于 C 或 C++的编译工作大致可分为如下 4 个步骤。

（1）预处理，生成“.i”的文件（预处理器 cpp）。

（2）将预处理后的文件不转换成汇编语言，生成文件“.s”（编译器 egcs）。

（3）有汇编变为目标代码（机器代码）生成“.o”的文件（汇编器 as）;

（4）连接目标代码，生成可执行程序（链接器 ld）。

8.2.2 gcc 的基本用法和常用选项

gcc 命令的基本用法如下所示。

```
gcc [options] [filenames]
```

以经典的“Hello World”程序为例，讲解一下 gcc 的用法。

首先用如下命令创建一个 hello.c 的文件。

```
vi hello.c
```

在 vi 中输入如下内容，并保存。

```
#include <stdio.h>

main ()
{
   printf("Hello World\n");
}
```

然后 helloworld.c 并运行，命令及输出如下。

```
[root@localhost root]# gcc hello.c
[root@localhost root]# ./a.out
Hello World
[root@localhost root]#
```

说明

如果未进行指定输出文件名，gcc 编译出来的程序后缀是一个名为 a.out 的可执行文件。

以上即 gcc 编译器最基本的使用方法。下面具体介绍 gcc 编译器中常用的选项及含义。

（1）编译选项：gcc 有超过 100 个的编译选项可用。具体的可以使用命令 man gcc 查看。

（2）优化选项：用 gcc 编译 C/C++代码时，其会试着用最少的时间完成编译，并且编译后的代码易于调试。易于调试意味着编译后的代码与源代码有同样的执行顺序，编译后的代码没有经过优化。有很多的选项可以告诉 gcc 在耗费更多编译时间和牺牲易调试性的基础上产生更小更快的可执行文件。这些选项中最典型的就是 -O 和 -O2。-O 选项告诉 gcc 对源代码进行基本优化；-O2 选项告诉 gcc 产生尽可能小的和尽可能快的代码。还有一些很特殊的选项可以通过 man gcc 查看。

（3）调试和剖析选项：gcc 支持数种调试剖析选项。

在这些选项中最常用的是 -g 和 -pg。-g 选项告诉 gcc 产生能被 GNU 调试器（如 gdb，它是 GNU 开源组织发布的一个强大的 UNIX 下的程序调试工具，下面会对该调试工具作详细介绍）使用的调试信息，以便调试用户的程序。-pg 选项告诉 gcc 在用户的程序中加入额外的代码，执行时产生 gprof 用的剖析信息以显示程序的耗时情况。

如果需要获得有关选项的完整列表和说明，可以查阅 gcc 的联机手册或 CD-ROM 上的信息文件。下面给出一些实际使用中常用的编译选项。

（1）-x language filename：设定文件所使用的语言，使后缀名无效。也就是根据约定，C 语言的后缀名称是“.c”的，而 C++的后缀名是“.C”“.cxx”“.cc”或者“.cpp”，可以使用的参数有：c、objective-c、c-header、c++、cpp-output、assembler 和 assembler-with-cpp。例如，指定 hello.cd 文件所使用的编程语言为 C 语言的代码如下。

```
//指定文件所使用的语言为C，虽然其后缀名为“.cd”
gcc -x c hello.cd
```

（2）-x none filename：关掉上一个选项，也就是让 gcc 根据文件名后缀，自动识别文件类型。例如，如下代码中，同时编译文件 hello.cd 和 test.c，将 hello.cd 指定为 C 语言文件，test.c 通过后缀自动识别。

```
//将根据test.c的后缀名来识别文件类型，而指定hello.cd的文件类型为C文件
gcc -x c hello.cd -x none test.c
```

（3）-c：只激活预处理、编译和汇编，也就是只把程序编译成 obj 文件（目标文件），而不链接成可执行文件。示例如下。

```
//生成.o的obj文件：hello.o
gcc -c hello.c
```

（4）-S：只激活预处理和编译，指把文件编译成为汇编代码。示例如下。

```
//生成.s的汇编代码，可以使用文本编辑器进行查看
gcc -S hello.c
```

（5）-E：只激活预处理而不生成文件，要把它重定向到一个输出文件里面。以下示例将把预处理后的结果输出到 hello.pre 文件。

```
//把预处理后的结果输出到hello.pre文件
gcc -E hello.c > hello.pre
```

（6）-o：指定目标名称，如不指定则为 a.out。示例如下。

```
//指定hello编译出的文件名为hello
gcc -o hello hello.c
```

（7）-pipe：使用管道代替编译中临时文件，如目标文件（以“.o”为后缀的文件）等。示例如下。

```
gcc -pipe -o hello hello.c
```

（8）-ansi：关闭 gnu c 中与 ansi c 不兼容的特性，激活 ansi c 的专有特性（包括禁止一些 asm、inline、typeof 关键字，以及 UNIX、vax 等预处理宏）。

（9）-fno-asm：此选项实现 ansi 选项的功能的一部分，禁止将 asm、inline 和 typeof 用作关键字。

（10）-fcond-mismatch：允许条件表达式的第二和第三参数类型不匹配，表达式的值将为 void 类型。

（11）-funsigned-char、-fno-signed-char、-fsigned-char 和-fno-unsigned-char：这 4 个参数是对 char 类型进行设置，决定将 char 类型设置成 unsigned char（前两个参数）或者 signed char（后两个参数）。

（12）-include file：包含某个代码，简单地说，就是当某一个文件需要另一个文件的时候，就可以用该选项进行设定，功能就相当于在代码中使用#include<filename>。示例如下。

```
//编译hello.c文件时包含根目录下的pic.h头文件
gcc hello.c -include /root/pic.h
```

（13）-imacros file：将 file 文件的宏，扩展到 gcc 的输入文件，宏定义本身并不出现在输入文件中。

（14）-Dmacro：相当于 C 语言中的 #define macro 宏定义。

（15）-Dmacro=defn：相当于 C 语言中的 #define macro=defn。

（16）-Umacro：相当于 C 语言中的 #undef macro。

（17）-undef：取消对任何非标准宏的定义。

（18）-Idir：在使用#include"file"的时候，gcc 会先在当前目录查找所指定的头文件。如果没有找到，将会到默认的头文件目录找。如果使用 -I 制定了目录，编译器将会先在所指定的目录查找，然后再按常规的顺序去找。对于 #include<file>，gcc 会到 -I 制定的目录查找，查找不到，然后将到系统默认的头文件目录查找。

（19）-I：就是取消前一个参数的功能，所以一般在 -Idir 之后使用。

（20）-idirafter dir：在 -I 的目录里面查找失败，将到这个目录里面继续查找。

（21）-nostdinc：使编译器不在系统默认的头文件目录里面找头文件，一般和 -I 联合使用，明确限定头文件的位置。

（22）-C：在预处理的时候，不删除注释信息，一般和 -E 联合使用，有时候分析程序，使用这个选项非常方便。

（23）-M：生成文件关联的信息。包含目标文件所依赖的所有源代码。

（24）-MD：和 -M 相同，但是输出将导入到“.d”的文件里面。

（25）-l library：指定编译的时候使用的库。例如使用 ncurses 库编译程序，可用如下命令。

```
//使用ncurses库编译程序
gcc -l curses hello.c
```

（26）-Ldir：指定编译的时候搜索库的路径。比如自己定义的库，可以用其制定目录。否则，编译器将只在标准库的目录找。这个 dir 就是目录的名称。

（27）-O0、-O1、-O2、-O3：编译器的优化选项的 4 个级别，-O0 表示没有优化，-O1 为默认值，-O3 优化级别最高。

（28）-g：指定编译器在编译的时候产生调试信息。

（29）-gstabs：此选项以 stabs 格式声称调试信息，但是不包括 gdb 调试信息。

（30）-gstabs+：此选项以 stabs 格式声称调试信息，并且包含仅供 gdb 使用的额外调试信息。

（31）-ggdb：此选项将尽可能的生成 gdb 的可以使用的调试信息。

（32）-static：此选项将禁止使用动态库，所以，编译出来的东西，一般都很大，也不需要动态连接库，就可以运行。

（33）-share：此选项将尽量使用动态库，所以生成文件比较小，但是要系统提供有动态库。

（34）-traditional：试图让编译器支持传统的 C 语言特性。

（35）-w：禁止警告消息。

（36）-Wall：显示附加的警告消息。

8.3 Linux 编程——gdb 调试

除了编译程序外，Linux 还包含名为 gdb 的 GNU 调试程序。本节将介绍如何通过 gdb 调试程序。

8.3.1 gdb 简介

gdb 是一个功能相当强大的调试器，能在程序运行时观察程序的内部结构和内存堆栈的情况。总体说来，gdb 具有如下几个主要的功能。

（1）监视程序中变量的值。

（2）设置程序断点。

（3）逐行执行代码。

注意 为了使 gdb 正常工作，用户必须使程序在编译时包含调试信息。调试信息包含程序里的每个变量的类型和在可执行文件里的地址映射及源代码的行号。gdb 利用这些信息使源代码和机器码相关联。如同上一节所介绍的编译选项，可以在编译时用 -g 选项打开调试选项。

8.3.2 gdb 的基本用法

gdb 支持很多的命令，用户可以使用其实现不同的功能。这些命令从简单的文件装入到检查所调用的堆栈内容的复杂命令。表 8-2 列出了使用 gdb 调试时会用到的一些常用命令，关于 gdb 的详细使用用户可以参考 gdb 的指南页。

表 8-2 基本 gdb 命令

命　令	说　明
file	装入想要调试的可执行文件
kill	终止正在调试的程序
list	列出产生执行文件的源代码的一部分
next	执行一行源代码但不进入函数内部
step	执行一行源代码而且进入函数内部
run	执行当前被调试的程序
quit	终止 gdb
watch	监视一个变量的值而不管它何时被改变
break	在代码里设置断点，这将使程序执行到这里时被挂起
make	不退出 gdb 的情况下，就可以重新产生可执行文件
shell	能不离开 gdb 就执行 UNIX shell 命令

另外，gdb 支持很多与 UNIX shell 程序一样的命令编辑特征。用户可以如同在 bash 或 tcsh 环境里那样按【Tab】键让 gdb 补齐一个唯一的命令。如果不唯一的话，gdb 会列出所有匹配的命令供选择。用户也能用光标键上下翻动历史命令，而不必每次都进行手动输入。

8.3.3 gdb 的实例

本小节将通过一个 gdb 调试程序的实例介绍如何调试程序。以下为待调试的程序源代码，文件名为 test.c，其功能是向用户显示一个简单的问候，然后再以字母反序将该问候显示出来。

```
#include <stdio.h>

main ()
{
    char my_string[] = "hello there";
    my_print (my_string);
    my_print2 (my_string);
}

void my_print (char *string)
{
    printf ("The string is %s\n", string);
}

void my_print2 (char *string)
{
    char *string2;
    int size, i;
    size = strlen (string);
    string2 = (char *) malloc (size + 1);
    for (i = 0; i < size; i++)
        string2[size - i] = string[i];
    string2[size+1] = '\0';
    printf ("The string printed backward is %s\n", string2);
}
```

用下面的命令对该源文件进行编译。

```
gcc -g -o test test.c
```

这个程序执行时显示如下结果。

```
The string is hello there
The string printed backward is
```

不难看出，输出的第一行是正确的，但第二行打印出的东西并不是所期望的那样。预期输出应该如下。但由于某些原因，my_print2 函数没有正常工作。

```
The string printed backward is ereht olleh
```

下面使用如下命令查看出问题的地方。

开启 gdb 后，用 file 命令载入 test 程序。

```
#gdb test
(gdb) file test
```

注意　在编译 test.c 程序时需要把调试选项打开。

载入后用 run 命令运行 test 程序，如下所示。

```
(gdb) run
Starting program: /root/test
The string is hello there
The string printed backward is
Program exited with code 041
```

gdb 中的输出和直接运行的结果一样，反序后打印没有内容。为了找出 bug 所在，可以在 my_print2 函数的 for 语句后设一个断点。具体的做法是在 gdb 提示符下使用 list 命令，列出源代码。

```
(gdb) list
#include <stdio.h>
main ()
{
   char my_string[] = "hello there";
   my_print (my_string);
   my_print2 (my_string);
}
```

执行多次 list 命令可以列出完整的源代码。

```
my_print (char *string)
{
   printf ("The string is %s\n", string);
}
my_print2 (char *string)
{
   char *string2;
   int size, i;

   size = strlen (string);
   string2 = (char *) malloc (size + 1);
   for (i = 0; i < size; i++)
      string2[size - i] = string[i];
   string2[size+1] = '\0';
   printf ("The string printed backward is %s\n", string2);
}
```

注意

在 gdb 提示符下按【Enter】键将重复上一个命令。

根据列出的源程序，可以看到要设断点的地方在第 24 行。在 gdb 命令行提示符下键入如下命令设置断点。

```
(gdb) break 24
```

gdb 将做出如下的响应。

```
Breakpoint 1 at 0x139: file test.c, line 24
(gdb)
```

现在再使用 run 命令，输出如下结果。

```
(gdb) run
Starting program: /root/test
The string is hello there
```

```
Breakpoint 1, my_print2 (string = 0xbfffdc4 "hello there") at test.c :24
24 string2[size-i]=string[i]
```

通过设置对 string2【size-i】变量的值观察点，来检查错误产生的原因。输入命令及输出如下。

```
(gdb) watch string2[size - i]
Watchpoint 2: string2[size - i]
```

端点设置好后，可以用 next 命令来分步的执行 for 循环。

```
(gdb) next
```

经过第一次循环后，gdb 显示 string2【ize-i】的值是“h”，gdb 给出如下提示。

```
Watchpoint 2, string2[size - i]
Old value = 0 '\000'
New value = 104 'h'
my_print2(string = 0xbfffdc4 "hello there") at test.c:23
23 for (i=0; i
```

该值是正确的，后来的数次循环的结果都是正确的。当 i=10 时，表达式 string2【size-i】的值等于“e”，size-i 的值等于 1，最后一个字符已经复制到新字符串里了。

如果再把循环执行下去，将会看到已经没有值分配给 string2[0]了，而其是新串的第一个字符。因为 malloc 函数在分配内存时把该字符串初始化为空（null）字符。所以 string2 的第一个字符是空字符，这也是为什么在打印 string2 时没有任何输出的原因。

通过以上的步步跟踪和调试，已经找出了问题所在，下一步是修正这个错误。修正这个错误是很容易的，只要把代码里写入 string2 的第一个字符的的偏移量改为 size-1 而不是 size。这是因为 string2 的大小为 12，但起始偏移量是 0，串内的字符从偏移量 0 到偏移量 10，偏移量 11 为空字符保留，从而引起了字符错位，导致无法获得正确的输出结果。

以下是上述情况解决办法的代码。

```
#include <stdio.h>（给代码添加 30%的代码）
main ()
{
   char my_string[] = "hello there";
   my_print (my_string);
   my_print2 (my_string);
}

my_print (char *string)
{
   printf ("The string is %s\n", string);
}

my_print2 (char *string)
{
   char *string2;
   int size, size2, i;
   size = strlen (string);
   size2 = size -1;
   string2 = (char *) malloc (size + 1);
   for (i = 0; i < size; i++)
      string2[size2 - i] = string[i];
   string2[size] = '\0';
```

```
    printf ("The string printed backward is %s\n", string2);
}
```

8.4 Linux 编程——使用 make

在 Linux 环境中，make 是一个非常重要的编译命令。不管是自己进行项目开发还是安装应用软件，用户都会经常用到 make 或 make install 命令。利用 make 工具，可以将大型的开发项目分解成为多个更易于管理的模块。对于一个包括几百个源文件的应用程序，使用 make 和 makefile 工具就可以简洁明快地理顺各个源文件之间纷繁复杂的相互关系。对于繁多的源文件，如果每次都要使用 gcc 命令进行编译的话，那么对程序员来说将是一件非常困难的事情。而 make 工具则可自动完成编译工作，并且可以只对程序员在上次编译后修改过的部分进行编译。因此，有效地利用 make 和 makefile 工具可以大大提高项目开发的效率，也可以大大地减少程序中出现的错误。本节将详细介绍 make 及其描述文件 makefile。

8.4.1 makefile 文件

make 工具最主要最基本的功能是通过 makefile 文件来描述源程序之间的相互关系并自动维护编译工作。而 makefile 文件需要按照某种语法进行编写，文件中需要说明如何编译各个源文件并连接生成可执行文件，并要求定义源文件之间的依赖关系。makefile 文件是许多编译器（包括 Windows NT 下的编译器）维护编译信息的常用方法，只是在集成开发环境中，用户通过友好的界面修改 makefile 文件而已。

在 Linux 系统中，习惯使用 Makefile 作为 makefile 的文件名。如果要使用其他文件作为 makefile，则可利用类似下面的 make 命令选项指定 makefile 文件。

```
#make -f Makefile.debug
```

例如，一个名为 prog 的程序由 3 个 C 源文件 filea.c、fileb.c 和 filec.c 及库文件 LS 编译生成。这 3 个文件还分别包含自己的头文件 a.h、b.h 和 c.h。通常情况下，C 编译器将会输出 3 个目标文件 filea.o、fileb.o 和 filec.o。假设 filea.c 和 fileb.c 都要声明用到一个名为 defs 的文件，但 filec.c 不用。即在 filea.c 和 fileb.c 里都有这样的声明。

```
#include "defs"
```

那么下面的文档就描述了这些文件之间的相互联系，即一个简单的 Makefile 文件。

```
prog : filea.o fileb.o filec.o

cc filea.o fileb.o filec.o -LS -o prog
filea.o : filea.c a.h defs
cc -c filea.c
fileb.o : fileb.c b.h defs
cc -c fileb.c
filec.o : filec.c c.h
cc -c filec.c
```

从上面的例子注意到，第一行指定 prog 由 3 个目标文件 filea.o、fileb.o 和 filec.o 链接生成。第 3 行描述如何从 prog 所依赖的文件建立可执行文件。接下来的 4、6、8 行分别指定 3 个目标文件，以及它们所依赖的“.c”和“.h”文件及 defs 文件。而 5、7、9 行则指定如何从目标所依赖的文件建立目标。

当 filea.c 或 a.h 文件在编译之后又被修改，则 make 工具可自动重新编译 filea.o。如果在前后两次编译之间，filea.C 和 a.h 均没有被修改，而且 test.o 还存在的话，就没有必要重新编译。这种依赖关系在多源文件的程序编译中尤其重要。通过这种依赖关系的定义，make 工具可避免许多不必要的编译工作。

当然，利用 Shell 脚本也可以达到自动编译的效果，但是，Shell 脚本将全部编译任何源文件，包括那些不必要重新编译的源文件，而 make 工具则可根据目标上一次编译的时间和目标所依赖的源文件的更新时间而自动判断应当编译哪个源文件。makefile 文件作为一种描述文档一般需要包含以下内容。

（1）宏定义。

（2）源文件之间的相互依赖关系。

（3）可执行的命令。

makefile 中允许使用简单的宏指代源文件及其相关编译信息，在 Linux 中也称宏为变量。在引用宏时只需在变量前加 $ 符号。但应该注意的是，如果变量名的长度超过一个字符，在引用时就必须加圆括号（）。比如下面都是有效的宏引用。

```
$(CFLAGS)
$2
$Z
$(Z)
```

其中，最后两个引用是完全一致的。

注意　一些宏的预定义变量，在 UNIX 系统中，$*、$@、$? 和 $<4 个特殊宏的值在执行命令的过程中会发生相应的变化，而在 GNU make 中则定义了更多的预定义变量。

宏定义的使用可以使用户脱离那些冗长乏味的编译选项，为编写 makefile 文件带来很大的方便。下面给出一个宏使用的实际例子。

```
# Define a macro for the object files                //为目标文件定义宏
OBJECTS= filea.o fileb.o filec.o
# Define a macro for the library file                //为库文件定义宏
LIBES= -LS
# use macros rewrite makefile                        //使用已定义的宏
prog: $(OBJECTS)
cc $(OBJECTS) $(LIBES) -o prog
```

此时如果执行不带参数的 make 命令，将连接 3 个目标文件和库文件 LS。

```
make "LIBES= -LL -LS"
```

如果在 make 命令后带有新的宏定义，则命令行后面的宏定义将覆盖 makefile 文件中的宏定义。若 LL 也是库文件，此时 make 命令将连接 3 个目标文件及两个库文件 LS 和 LL。

注意　在 Linux 系统中没有对常量 NULL 作出明确的定义，因此要定义 NULL 字符串时应使用下述宏定义：STRINGNAME=。

在 make 命令后不仅可以出现在宏定义中，还可以跟其他命令行参数。这些参数指定需要编译的目标文件。make 命令的标准形式如下。

```
make target1 [target2 …]:[:][dependent1 …][;commands][#…]
[(tab) commands][#…]
```

其中，方括号中间的部分表示可选项。Targets 和 dependents 当中可以包含字符、数字、句点和“/”符号。除了引用，commands 中不能含有“#”，也不允许换行。

在通常的情况下，命令行参数中只含有一个“:”，此时 command 序列通常和 makefile 文件中某些定义文件间依赖关系的描述行有关。如果与目标相关连的那些描述行指定了相关的 command 序列，那么就执行这些相关的 command 命令，即使在分号和“Tab”后面的 aommand 字段甚至有可能是 NULL。如果那些与目标相关连的行没有指定 command，那么将调用系统默认的目标文件生成规则。

如果命令行参数中含有两个冒号“::”，则此时的 command 序列和 makefile 中所有描述文件依赖关系的行有关。此时将执行那些与目标相关联描述行所指向的相关命令。同时还将执行 build-in 规则。

如果在执行 command 命令时返回了一个非“0”的出错信号，例如，makefile 文件中出现了错误的目标文件名或者以连字符打头的命令字符串，make 操作一般会就此终止，但如果 make 后带有 -I 参数，则 make 将忽略此类出错信号。make 命令的参数介绍见下一小节。

8.4.2 make 命令

make 命本身可带有 4 种参数，分别为标志、宏定义、描述文件名和目标文件名，其标准形式如下。

```
make [flags] [macro definitions] [targets]
```

Linux 系统下标志位 flags 选项及其含义如下所示。

（1）-f file：指定 file 文件为描述文件，如果 file 参数为“-”符，那么描述文件指向标准输入。如果没有 –f 参数，则系统将默认当前目录下名为 makefile 或者名为 Makefile 的文件为描述文件。在 Linux 中 GNU make 工具在当前工作目录中按照 GNUmakefile、makefile、Makefile 的顺序搜索 makefile 文件。

（2）-i：忽略命令执行返回的出错信息。

（3）-s：沉默模式，在执行之前不输出相应的命令行信息。

（4）-r：禁止使用 build-in 规则。

（5）-n：非执行模式，输出所有执行命令，但并不执行。

（6）-t：更新目标文件。

（7）-q：make 操作将根据目标文件是否已经更新返回“0”或非“0”的状态信息。

（8）-p：输出所有宏定义和目标文件描述。

（9）-d：Debug 模式，输出有关文件和检测时间的详细信息。

（10）-c dir：在读取 makefile 之前改变到指定的目录 dir。

（11）-I dir：当包含其他 makefile 文件时，利用该选项指定搜索目录。

（12）-h：help 文挡，显示所有的 make 选项。

（13）-w：在处理 makefile 之前和之后，都显示工作目录。

命令行参数中的宏定义与前面介绍的宏原理相似，这里不再赘述。通过命令行参数中的 targets，可指定 make 要编译的目标，并且允许同时定义编译多个目标，操作时按照从左向右的顺序依次编译 targets 选项中指定的目标文件。如果命令行中没有指定目标，则系统默认 targets 指向描述文件中第一个目标文件。

通常，makefile 中还定义 clean 目标，可用来清除编译过程中的中间文件。示例如下。

```
clean:
rm -f *.o
```

运行 make clean 时，将执行 rm -f *.o 命令，最终删除所有编译过程中产生的所有中间文件。

在 make 工具中包含有一些内置的或隐含的规则。这些规则定义如何从不同的依赖文件建立特定类型的目标。Linux 系统通常支持一种基于文件扩展名即文件名后缀的隐含规则。这种后缀规则定义如何将一个具有特定文件名后缀的文件（例如“.c”文件），转换成为具有另一种文件名后缀的文件（例如“.o”文件）。

```
.c:.o
$(CC) $(CFLAGS) $(CPPFLAGS) -c -o $@ $<
```

在早期的 UNIX 系统系统中还支持 Yacc-C 源语法和 Lex 源语法。在编译过程中，系统会首先在 makefile 文件中寻找与目标文件相关的“.C”文件，如果还有与之相依赖的“.y”和“.l”文件，则首先将其转换为“.c”文件后再编译生成相应的“.o”文件；如果没有与目标相关的“.c”文件而只有相关的“.y”文件，则系统将直接编译“.y”文件。

而 GNU make 除了支持后缀规则外还支持另一种类型的隐含规则——模式规则。这种规则更加通用，因为可以利用模式规则定义更加复杂的依赖性规则。模式规则看起来非常类似于正则规则，但在目标名称的前面多一个“%”号，同时可用来定义目标和依赖文件之间的关系。例如下面的模式规则定义了如何将任意一个 file.c 文件转换为 file.o 文件。

```
%.c:%.o
$(CC) $(CFLAGS) $(CPPFLAGS) -c -o $@ $<
```

8.5 Linux 编程——IDE 集成开发环境

Linux 下也有 IDE 集成开发环境，例如 kdeveloper 等。这些 IDE 工具可以自动生成 makefile，并且能够集编写、调试、发布程序于一体，对命令行下的编程方式是一种有力的补充。当然，对于熟练的 Linux 程序员而言，vi+gcc+gdb 仍然是编写程序的首选。

8.6 通过源代码安装程序

Linux 作为一款开源操作系统，其中很多程序都直接提供源代码，可供人修改。直接通过源代码安装程序也是必须掌握的，有必要时还可以对已有程序进行修复。同时也可以根据这些成型的源代码学习编程技巧，掌握 makefile 等配置文件的使用方法。

8.6.1 直接编译并安装程序

首先需要下载所需软件的源代码并解压缩。这里以 nano 为例，其官方网站为 http://www.nano-editor.org，软件下载地址为 http://www.nano-editor.org/dist/v2.2/nano-2.2.6.tar.gz。下面是下载和解

压的操作命令。

```
[root@localhost ~]# wget http://www.nano-editor.org/dist/v2.3/nano-2.3.1.tar.gz
--2016-06-22 16:59:11--  http://www.nano-editor.org/dist/v2.3/nano-2.3.1.tar.gz
正在解析主机 www.nano-editor.org... 207.192.74.17
正在连接 www.nano-editor.org|207.192.74.17|:80... 已连接。
已发出 HTTP 请求，正在等待回应... 200 OK
长度：1572388 (1.5M) [application/x-tar]
正在保存至："nano-2.3.1.tar.gz"

100%[======================================>] 1,572,388  198K/s  in 8s

2016-06-22 17:00:42 (198 KB/s) - 已保存 "nano-2.3.1.tar.gz" [1572388/1572388])

[root@localhost root]# tar -xzf nano-2.3.1.tar.gz
[root@localhost root]# cd nano-2.3.1
```

进入解压之后的源代码目录后就可以对编译方式进行配置了。一般源代码发布时，都会随源码发布一个 configure 的脚本。该脚本可以对系统环境进行检测，生成有针对性的 makefile，以便下一步编译。

configure 的脚本最常用的选项是前缀——prefix，用于指定安装的路径。通常用户使用的软件路径为“/usr/bin”或者“/usr/local/bin”，所以可以指定前缀为“/usr”或“/usr/local”。这样一来软件安装时将被放到“/usr/bin”或者“/usr/local/bin”中。如果指定前缀为“/”，则软件通常被安装在“/bin”下。

配置后的输出结果如下所示。

```
[root@localhost nano-2.3.1]# ./configure -prefix=/usr
checking build system type... i686-pc-linux-gnu
checking host system type... i686-pc-linux-gnu
checking target system type... i686-pc-linux-gnu
checking for a BSD-compatible install... /usr/bin/install -c
checking whether build environment is sane... yes
checking for gawk... gawk
checking whether make sets $(MAKE)... yes
checking for gcc... gcc
checking for C compiler default output file name... a.out
checking whether the C compiler works... yes

//以下省略若干内容...

Using ncurses as the curses library
checking for use_default_colors in -lncurses... yes
configure: creating ./config.status
config.status: creating Makefile
config.status: creating doc/Makefile
config.status: creating doc/nanorc.sample
config.status: creating doc/man/Makefile
config.status: creating doc/man/fr/Makefile
config.status: creating doc/syntax/Makefile
config.status: creating doc/texinfo/Makefile
config.status: creating m4/Makefile
config.status: creating po/Makefile.in
```

```
config.status: creating src/Makefile
config.status: creating nano.spec
config.status: creating config.h
config.status: executing depfiles commands
config.status: executing default-1 commands
config.status: creating po/POTFILES
config.status: creating po/Makefile
```

configure 脚本会对系统环境进行检测，如果没有问题即可安装。如果出问题可能是缺少开发用的某些软件或者版本不合适，以及可能是缺少相应的开发库（devel 库）。如果遇到这类问题，可以具体问题具体分析，此处只介绍配置无异常的情况。

编译和测试的指令分别为 make 和 make test，二者可以一起执行 make&&make test。本例中 nano 没有为测试编写 make test 入口，因此只使用 make 进行编译，示例如下所示。

```
[root@localhost nano-2.3.1]# make
make  all-recursive
make[1]: Entering directory '/root/nano-2.3.1'
Making all in doc
make[2]: Entering directory '/root/nano-2.3.1/doc'
Making all in man
make[3]: Entering directory '/root/nano-2.3.1/doc/man'
make  all-recursive
make[4]: Entering directory '/root/nano-2.3.1/doc/man'
Making all in fr
make[5]: Entering directory '/root/nano-2.3.1/doc/man/fr'
make  all-am
make[6]: Entering directory '/root/nano-2.3.1/doc/man/fr'

//以下省略若干内容...
mv -f .deps/winio.Tpo .deps/winio.Po
gcc  -g -O2   -o nano browser.o chars.o color.o cut.o files.o global.o help.o move.o nano.o
prompt.o rcfile.o search.o text.o utils.o winio.o  -lncursesw
make[2]: Leaving directory '/root/nano-2.3.1/src'
make[2]: Entering directory '/root/nano-2.3.1'
make[2]: Leaving directory '/root/nano-2.3.1'
make[1]: Leaving directory '/root/nano-2.3.1'
```

如果编译顺利结束（无错误或致命错误），并且测试通过（如果有测试）则可以安装。安装的命令为 make install。执行该命令后即可安装软件。

注意　这种通过源代码直接安装软件的方式成功率很高，但缺点是卸载等管理操作很不方便。在没有 RPM 包的情况下，这也是最常用的安装软件的方法。

8.6.2 编译 RPM 包——spec 文件

通常，供 Linux 使用的源代码包还提供一个“{软件名称}.spec”的文件，即 spec 文件。如果提供 spec 文件，则该源代码还可以直接编译成 RPM 包。spec 文件中包含了软件包的诸多信息，如软件包的名字、版本、类别、说明摘要、创建时要执行什么指令、安装时要执行什么操作，以及软件包所要包含的文件列表等。相关说明如下。

1. 文件头

一般的 spec 文件头包含以下几个域。

（1）Summary：用一句话概括该软件包尽量多的信息。

（2）Name：软件包的名字，最终 RPM 软件包是用该名字与版本号，释出号及体系号来命名软件包的。

（3）Version：软件版本号。仅当软件包比以前有较大改变时才增加版本号。

（4）Release：软件包发布号。一般我们对该软件包做了一些小补丁的时候就应该把释出号加 1。

（5）Vendor：软件开发者的名字。

（6）License：软件包所采用的版权规则，此部分在部分系统中为 Copyright。具体有：GPL（自由软件），BSD，MIT，Public Domain（公共域），Distributable（贡献），commercial（商业），Share（共享）等。

（7）Group：软件包所属类别。

（8）Source：源程序软件包的名字，如 stardict-2.0.tar.gz。

（9）Requires：包依赖。

（10）BuildRoot：编译的路径。

（11）BuildRequires：编译时的包依赖。

2. 说明%description

软件包详细说明，可写在多个行上。

3. 预处理%prep

预处理通常用来执行一些解开源程序包的命令，为下一步的编译安装作准备。“%prep”和下面的“%build”“%install”段一样，除了可以执行 RPM 所定义的宏命令（以“%”开头）以外，还可以执行 shell 命令，功能上类似于“./configure”。

4. 编译%build

定义编译软件包所要执行的命令，类似于 make 命令。

5. 安装%install

定义在安装软件包时将执行命令，类似于 make install 命令。有些 spec 文件还有“%post-install”段，用于定义在软件安装完成后的所需执行的配置工作。

6. 文件%files

定义软件包所包含的文件分为 3 类，分别为说明文档（doc）、配置文件（config）及执行程序（exe），同时，还可定义文件存取权限，拥有者及组别。

7. 更新日志%changelog

每次软件的更新内容可以记录在此到这里，保存到发布的软件包中，以便查询之用。

nano 的 spec 文件示例如下。

```
[root@localhost nano-2.3.1]# cat nano.spec
%define name  nano
%define version   2.3.1
%define release   1
Summary        : Pico editor clone with enhancements
Name           : %{name}
Version        : %{version}
Release        : %{release}
License        : GPL
Group          : Applications/Editors
URL            : http://www.nano-editor.org/
```

```
Source        : http://www.nano-editor.org/dist/v2.0/%{name}-%{version}.tar.gz
BuildRoot     : %{_tmppath}/%{name}-%{version}-root
BuildRequires : autoconf, automake, gettext-devel, ncurses-devel

%description
GNU nano is a small and friendly text editor.  It aims to emulate the
Pico text editor while also offering a few enhancements.

%prep
%setup -q

%build
%configure --enable-all
make
%install
rm -rf %{buildroot}
make DESTDIR="%{buildroot}" install

%files
%defattr(-,root,root)
%doc AUTHORS BUGS COPYING ChangeLog INSTALL NEWS README THANKS TODO doc/faq.html
doc/nanorc.sample
%{_bindir}/*
%{_mandir}/man*/*
%{_mandir}/fr/man*/*
%{_infodir}/nano.info*
%{_datadir}/locale/*/LC_MESSAGES/nano.mo
%{_datadir}/nano/*
```

8.6.3 编译 RPM 包——rpmbuild 命令

以下介绍利用 spec 文件和源代码编译为 RPM 包的方法。RPM 打包需要用到 rpmbuild 命令，rpmbuild 的常用命令格式如下。

```
rpmbuild -bSTAGE-tSTAGE [ rpmbuild-options ] FILE ...
```

如果要用某个 spec 文件构建，使用 -b 参数。如果需要根据一个可能是压缩过的 tar 归档文件中的 spec 文件构建，就使用 -t 参数。第一个参数之后的字符 STAGE 指定了要完成的构建和打包的阶段，其说明如下。

（1）-ba：构建二进制和源代码打包（在执行“%prep”“%build”和“%install”之后）。

（2）-bb：构建二进制打包（在执行“%prep”“%build”和“%install”之后）。

（3）-bp：执行 spec 文件的“%prep”阶段。通常，这会解包源代码并应用补丁。

（4）-bc：执行 spec 文件的“%build”阶段（在执行了“%prep”阶段之后）。这通常等价于执行了一次 make 命令。

（5）-bi：执行 spec 文件的“%install”阶段（在执行了“%prep”和“%build”阶段之后）。这通常等价于执行了一次 make install 命令。

（6）-bl：执行一次列表检查。spec 文件的“%files”段落中的宏被扩展，检测是否每个文件都存在。

（7）-bs：只构建源代码打包。

还有一些优化或者其他功能的选项，这里不再介绍。还是以 nano 编辑器为例，采用 spec 文件的方式进行编译。将源代码包放在当前工作目录“/root”，nano.spec 文件放在“/root/nano-2.3.1”目录。使用 rpmbuild–bb 生成二进制包，命令及输出如下。

```
[root@localhost root]# rpmbuild -bb ./nano-2.3.1/nano.spec
error: Failed build dependencies:
      gettext-devel is needed by nano-2.3.1-1
```

这里显示包依赖错误，缺少 gettext-devel 开发包，见 nano 的 spec 文件头部分的 BuildRequires。

```
BuildRequires : autoconf, automake, gettext-devel, ncurses-devel
```

因为直接通过源代码编译安装是成功的，所以实际上这里并不缺少 gettext-devel 开发包。直接去掉 spec 文件中的这一部分，将该行改为如下内容（如果提示有其他依赖错误，也可在下面的内容中找到并删除）。

```
BuildRequires : autoconf, automake, ncurses-devel
```

另外，还需要在“%file”段加入下面这一行，否则会出“Error building RPM:Installed（but unpackaged）file（s）found”的错误。

```
%{_infodir}/ *
```

重新执行 rpmbuild，编译打包顺利进行。生成的 RPM 包位于“/usr/src/redhat/RPMS/i386/nano-2.3.1-1.i386.rpm”，还有一个带有调试信息的 RPM 包。编译成 RPM 包之后，就能按照前面介绍的 RPM 包管理方法安装软件了。rpmbuild 输出如下所示。

```
[root@localhost ~]# rpmbuild -bb ./nano-2.3.1/nano.spec
Executing(%prep): /bin/sh -e /var/tmp/rpm-tmp.or9b2c
+ umask 022
+ cd /root/rpmbuild/BUILD
+ cd /root/rpmbuild/BUILD
+ rm -rf nano-2.3.1
+ /usr/bin/gzip -dc /root/rpmbuild/SOURCES/nano-2.3.1.tar.gz
+ /bin/tar -xf -
+ STATUS=0
+ '[' 0 -ne 0 ']'
+ cd nano-2.3.1
+ /bin/chmod -Rf a+rX,u+w,g-w,o-w .
+ exit 0
Executing(%build): /bin/sh -e /var/tmp/rpm-tmp.NGLqcu
+ umask 022
+ cd /root/rpmbuild/BUILD
+ cd nano-2.3.1

//以下省略若干内容...

Requires(rpmlib): rpmlib(CompressedFileNames) <= 3.0.4-1 rpmlib(PayloadFilesHavePrefix)
<= 4.0-1
Requires:  libc.so.6  libc.so.6(GLIBC_2.0)  libc.so.6(GLIBC_2.1)  libc.so.6(GLIBC_2.2)
libc.so.6(GLIBC_2.3) libc.so.6(GLIBC_2.3.4) libncursesw.so.5 libtinfo.so.5 rtld(GNU_HASH)
Checking  for  unpackaged  file(s):  /usr/lib/rpm/check-files  /root/rpmbuild/BUILDROOT/
nano-2.3.1-1.i386
Wrote: /root/rpmbuild/RPMS/i386/nano-2.3.1-1.i386.rpm
Executing(%clean): /bin/sh -e /var/tmp/rpm-tmp.uOVLEf
+ umask 022
+ cd /root/rpmbuild/BUILD
```

```
+ cd nano-2.3.1
+ /bin/rm -rf /root/rpmbuild/BUILDROOT/nano-2.3.1-1.i386
+ exit 0
```

由上面的提示可知道，编译生成的 nano-2.3.1-1.i386.rpm 保存在“/root/rpmbuild/RPMS/i386/”目录中，进入该目录可看到生成的文件。

注意　这里默认的 spec 文件出现一些问题，主要是不同发行版的包命名和其他配置有区别，导致 spec 文件的兼容性不好。当然手动修改 spec 文件也是值得的，因为通过 RPM 包安装的软件，无论是在卸载还是在更新上都有很大优势。

小　结

本章介绍了 Linux 下的最常用的文本编辑器 vi，并且对 gcc、gdb 等编译调试工具的使用方法进行了讲解。本章在最后还对 Linux 下通过源代码安装软件，以及将源代码编译打包成为 RPM 包的方法进行实例讲解。

习　题

1. vi 有 3 种基本工作模式：________、________和________。
2. 从命令模式转换到编辑模式的方法是什么？
3. 如果未进行指定输出文件名，gcc 编译出来的程序后缀是一个名为________的可执行文件。
4. 下面 Linux 程序中哪一个是调试器？

   A. vi　　B. gcc　　C. gdb　　D. make
5. 为什么要使用 make 和 Makefile？
6. 简述通过编译源代码安装程序的方法。

上机练习

实验：简单的 Linux 编程

实验目的

了解 Linux 下编程的基本方法。

实验内容

用 vi、gcc、gdb 进行编程、调试和编译。

（1）用 vi 编写一个简单程序，如列举 100 以内所有质数，尽可能多地使用 vi 中各种命令。

（2）用 gdb、gcc 调试并编译该程序。

（3）编写基本的 Makefile。

第 9 章 进程管理

Linux 是一个多用户、多任务的操作系统。在这样的系统中，各种计算机资源（如文件、内存、CPU 等）的分配和管理都以进程为单位。为了协调多个进程对这些共享资源的访问，操作系统要跟踪所有进程的活动，以及它们对系统资源的使用情况，从而实施对进程和资源的动态管理。

9.1 Linux 进程概述

9.1.1 进程的含义

程序是存储在磁盘上包含可执行机器指令和数据的静态实体，而进程是在操作系统中执行的特定任务的动态实体。一个程序允许有多个进程，而每个运行中的程序至少由一个进程组成。以 FTP 服务器为例，有多个用户使用 FTP 服务，则系统会开启多个服务进程以满足用户的需求。

作为一个多用户多任务操作系统，Linux 每个进程与其他进程都是彼此独立的，都有自己独立的权限与职责。用户的应用程序不会干扰到其他用户的程序或者操作系统本身。进程间有并列关系，还有父进程和子进程的关系。这种进程间的父子关系实际上是管理和被管理的关系。当父进程终止时，子进程也随之而终止。但子进程终止，父进程并不一定终止。比如，WWW 服务器 httpd 运行时，其子进程服务完毕，父进程并不会因为子进程的终止而终止。

Linux 操作系统包括如下 3 种不同类型的进程，每种进程都有其自己的特点和属性。

（1）交互进程：由 Shell 启动的进程，可在前台运行，也可以在后台运行。

（2）批处理进程：这种进程和终端没有联系，是一个进程序列。

（3）守护进程：Linux 系统启动时的进程，并在后台运行。

9.1.2 进程的状态

通常在操作系统中，进程至少要有 3 种基本状态，分别为：运行态、就绪态和封锁态（或阻塞态）。

（1）运行状态：指当前进程已分配到 CPU，它的程序正在处理器上执行时的状态。处于这种状态的进程个数不能大于 CPU 的数目。在一般单 CPU 机制中，任何时刻处于运行状态的进程至多有一个。

（2）就绪状态：指进程已具备运行条件，但因为其他进程正占用 CPU，所以暂时不能运行而等待分配 CPU 的状态。一旦把 CPU 分给它，立即就可运行。在操作系统中，处于就绪状态的进程数目可以是多个。

（3）封锁状态：指进程因等待某种事件发生（例如等待某一输入、输出操作完成，或者等待其他进程发来的信号等）而暂时不能运行的状态。也就是说，处于封锁状态的进程尚不具备运行条件，即使 CPU 空闲，它也无法使用。这种状态有时也称为不可运行状态或挂起状态。系统中处于这种状态的进程也可以是多个的。

进程的状态可依据一定的条件和原因而变化，如图 9-1 所示。一个运行的进程可因某种条件未满足而放弃 CPU，变为封锁状态。以后条件得到满足时，它又变成就绪态。仅当 CPU 被释放时才从就绪态进程中挑选一个合适的进程去运行，被选中的进程从就绪态变为运行态。挑选进程、分配 CPU 这个工作是由进程调度程序完成的。另外，在 Linux 系统中进程（Process）和任务（Task）是同一个意思。

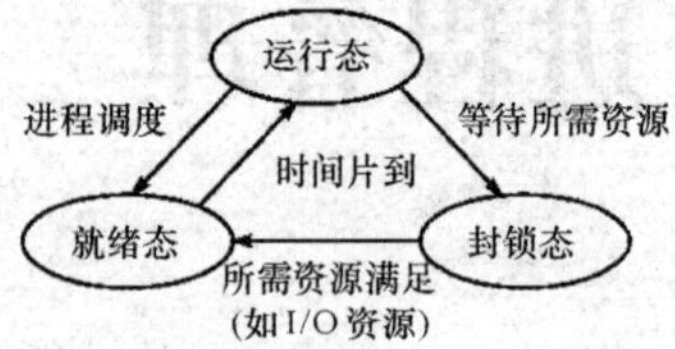

图 9-1　进程状态及其变化示意图

Linux 系统中，进程主要有以下几个状态。

（1）运行态（TASK_RUNNING）：此时进程正在运行（即系统的当前进程）或者准备运行（即就绪态）。

（2）等待态：此时进程在等待一个事件的发生或某种系统资源。Linux 系统分为两种等待进程，分别为可中断的（TASK_INTERRUPTIBLE）和不可中断的（TASK_UNINTERRUPTIBLE）。可中断的等待进程可以被某一信号（Signal）中断；而不可中断的等待进程不受信号的打扰，将一直等待硬件状态的改变。

（3）停止态（TASK_STOPPED）：进程被停止，通常是通过接收一个信号。正在被调试的进程可能处于停止状态。

（4）僵死态（TASK_ZOMBIE）：由于某些原因被终止的进程，但是该进程的控制结构 task_struct 仍然保留着。

9.1.3　进程的工作模式

在 Linux 系统中，进程的执行模式划分为用户模式和内核模式。如果当前运行的是用户程序、应用程序或者内核之外的系统程序，那么对应进程就在用户模式下运行；如果在用户程序执行过程中出现系统调用或者发生中断事件，就要运行操作系统（即核心）程序，进程模式就变成内核模式。在内核模式下，运行的进程可以执行机器的特权指令。此时，该进程的运行不受用户的干预，即使是 root 用户，也不能干预内核模式下进程的运行。

按照进程的功能和运行的程序分类，进程可划分为两大类：一类是系统进程，只运行在内核模式，执行操作系统代码，完成一些管理性的工作，例如内存分配和进程切换；另一类是用户进程，通常在用户模式中执行，并通过系统调用或在出现中断、异常时进入内核模式，如图 9-2 所示。

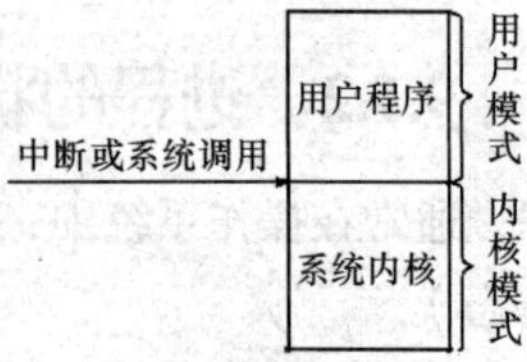

图 9-2　Linux 进程工作模式示意图

通常为了系统安全，用户进程只在用户模式下运行。

9.2　守护进程

守护进程是 Linux 系统 3 种进程之一，也是相当重要的一种。守护进程可以完成很多重要工作，包括系统管理及网络服务等。本节就将对这些守护进程进行介绍。

9.2.1　守护进程简介

守护进程（Daemon，也称为精灵进程）是指在后台运行而又没有终端或登录 shell 与之结合在一起的进程。守护进程经常在程序启动时开始运行，在系统结束时停止。这些进程没有控制终端，所以称为在后台运行。Linux 系统有许多标准的守护进程，其中一些周期性地运行来完成特定的任务（例如 crond），而其余的则连续地运行，等待处理系统中发生的某些特定的事件（例如 xinetd 和 lpd）。

启动守护进程有如下几种方法。

（1）在引导系统时启动：此种情况下的守护进程通常在系统启动 script 的执行期间被启动。这些 script 一般存放在"/etc/rc.d"中。

（2）人工手动从 Shell 提示符启动：任何具有相应的执行权限的用户都可以使用这种方法启动守护进程。

（3）使用 crond 守护进程启动：这个守护进程查询存放在"/var/spool/cron/crontabs"目录中的一组文件。这些文件规定了需要周期性执行的任务。

（4）执行 at 命令启动：在规定的日期和执行一个程序。

守护进程一般是由系统在开机时通过脚本自动激活启动或超级管理用户 root 来启动。守护进程总是活跃的，一般是后台运行。由于守护进程是一直运行着的，所以它所处的状态是等待处理任务的请求。

在 Red Hat Enterprise Linux 7.3 中，可以通过定义守护进程的启动脚本的运行级别，文件一般位于"/etc/init.d"目录下。以 WWW 服务器 Apache 为例，其文件名是 httpd，而"/etc/init.d/httpd"就是 httpd 服务器的守护程序。使用以下命令把它的运行级别设置为 3 和 5，当系统启动时，它会跟着启动。

```
[root@localhost root]# chkconfig  --level 35  httpd on
```

9.2.2　重要守护进程介绍

表 9-1 所示为 Linux 系统中一些比较重要的守护进程及其所具有的功能，用户可以使用这些进程方便地配置系统以及网络服务。

表 9-1　Linux 重要守护进程列表

守护进程	功能说明
amd	自动安装 NFS（网络文件系统）
apmd	高级电源管理
httpd	Web 服务器
xinetd	支持多种网络服务的核心守候程序

续表

守护进程	功能说明
Arpwatch	记录日志并构建一个在 LAN 接口上看到的以太网地址和 IP 地址对数据库
autofs	自动安装管理进程 automount，与 NFS 相关，依赖于 NIS
bootparamd	引导参数服务器，为 LAN 上的无盘工作站提供引导所需的相关信息
crond	Linux 下的计划任务
dhcpd	启动一个 DHCP（动态 IP 地址分配）服务器
gated	网关路由守候进程，使用动态的 OSPF 路由选择协议
innd	Usenet 新闻服务器
linuxconf	允许使用本地 Web 服务器作为用户接口来配置机器
lpd	打印服务器
named	DNS 服务器
netfs	安装 NFS、Samba 和 NetWare 网络文件系统
network	激活已配置网络接口的脚本程序
nfsd	NFS 服务器
portmap	RPC portmap 管理器，管理基于 RPC 服务的连接
postgresql	一种 SQL 数据库服务器
routed	路由守候进程，使用动态 RIP 路由选择协议
sendmail	邮件服务器 sendmail
smb	Samba 文件共享/打印服务
snmpd	本地简单网络管理守候进程
squid	激活代理服务器 squid
syslog	一个让系统引导时起动 syslog 和 klogd 系统日志守候进程的脚本
xfs	X Window 字型服务器，为本地和远程 X 服务器提供字型集
xntpd	网络时间服务器
identd	认证服务，在提供用户信息方面与 finger 类似

9.3 启动进程

在 Shell 中执行程序或者在桌面环境中打开某程序，从本质上说就是启动进程。启动一个进程有两个主要途径：用户手动执行和系统调度。手动执行比较简单，在此不再过多阐述。本节主要对系统调度的进程执行进行介绍。

9.3.1 定时执行——at 命令

使用 Linux 的过程中，有时会需要在特定时间执行一些任务。比如，需要对系统进行一些费时而且占用资源的维护工作，例如网站数据库备份等时，用户就可以事先进行调度安排，指定任务运行的时间或者场合。届时系统将自动启动该进程，自动完成这些工作。此时就要使用 at 命令。

at 命令可以只指定时间，也可以时间和日期一起指定。下面是 at 命令的基本用法。

```
at [-V] [-q queue] [-f file] [-mldv] time
at -c job1 [job2 job3 ...]
```

下面对命令中的参数进行说明。

（1）-V：将标准版本号打印到标准错误中。

（2）-q queue：使用指定的队列。队列名称是由单个字母组成，合法的队列名可以由 a ~ z 或者 A ~ Z。a 队列是 at 命令的默认队列。

（3）-f file：使用该选项将使命令从指定的文件 file 读取，而不是从标准输入读取。

（4）-m：作业结束后发送邮件给执行 at 命令的用户。

（5）-l：是下面将要讲述的 atq 命令的一个别名。该命令用于查看安排的作业序列，其将列出用户排在队列中的作业。如果是超级用户，则列出队列中的所有作业。

（6）-d：atrm 命令的一个别名。该命令用于删除指定要执行的命令序列。

（7）-v：显示作业执行的时间。

（8）-c：将命令行上所列的作业送到标准输出。

其中，atq 命令的用途为显示待执行队列中的作业，其命令格式如下。

```
atq [-V] [-q queue]
```

atq 命令的相关参数的具体含义与 at 命令相同，不再赘述。

另外，atrm 命令的功能为根据作业编号删除队列中的作业，其基本命令格式如下。

```
atrm [-V] job1 [job2 job3 ...]
```

atrm 命令的相关参数的具体含义也与 at 命令相同，不再赘述。

注意

对 at 命令指定时间时，系统会产生一个判别问题。比如，用户现在指定凌晨 3：20 执行时间某命令，而发出 at 命令的时间是前一天晚上的 20：00，那么这将会产生两种执行情况。如果计算机在 3：20 以前仍然在工作，那么该命令将在这个时候完成。如果计算机在 3：20 以前关机，那么该命令将在第二天凌晨才得到执行。

at 命令允许使用一套相当复杂的指定时间的方法，实际上是该时间表示方法已经成为 POSIX.2 标准扩展。

at 命令可以接受在当天的 hh：mm（小时：分钟）式的时间指定。如果该时间已经过去，那么就放在第二天执行。当然也可以使用 midnight（深夜）、noon（中午）、teatime（饮茶时间，一般是下午 4 点）等比较模糊的词语来指定时间。用户还可以采用 12 小时计时制，即在时间后面加上 AM（上午）或者 PM（下午）来说明是上午还是下午。

用户也可以指定命令执行的具体日期，指定格式为 month day（月日）或者 mm/dd/yy（月/日/年）或者 dd.mm.yy（日.月.年）。指定的日期必须跟在指定时间的后面。

说明

由于年的表示只提供了两位 yy，对于 2000 年及以后的表示取其后两位即可。例如：2005 年表示为 05。

上面介绍的都是绝对计时法，另外还可以使用相对计时法。这对于安排不久就要执行的命令是很有好处的。指定格式为 now+count time-units，其中，now 就是当前时间；time-units 是时间单位，可以是 minutes（分钟）、hours（小时）、days（天）、weeks（星期）；count 是时间的数量，指明究竟是几天还是几小时。

还有一种计时方法就是直接使用 today（今天）、tomorrow（明天）来指定完成命令的时间。

对于 at 命令来说，需要定时执行的命令是从标准输入或者使用 -f 选项指定的文件中读取并执行的。如果 at 命令是从一个使用 su 命令切换到用户 shell 中执行的，那么当前用户被认为是执行用户，所有的错误和输出结果都会送给这个用户。但是如果有邮件送出的话，收到邮件的将是原来的用户，也就是登录时 shell 的所有者。

在任何情况下，root 用户都可以使用 at 命令。对于其他用户来说，是否可以使用就取决于两个文件："/etc/at.allow" 和 "/etc/at.deny"。如果 "/etc/at.allow" 文件存在的话，那么只有在其中列出的用户才可以使用 at 命令。如果该文件不存在，那么将检查 "/etc/at.deny" 文件是否存在，在这个文件中列出的用户均不能使用该命令。如果两个文件都不存在，那么只有超级用户可以使用该命令。空的 "/etc/at.deny" 文件意味着所有的用户都可以使用该命令，这也是默认状态。

下面通过一些例子来说明该命令的具体用法。

```
//指定在今天下午 6：35 执行某命令。假设现在时间是中午 12：35，2005 年 6 月 11 日
[root@localhost root]# at 6：35pm
[root@localhost root]# at 18：35
[root@localhost root]# at 18：35 today
[root@localhost root]# at now + 6 hours
[root@localhost root]# at now + 360 minutes
[root@localhost root]# at 18：35 11.6.05
[root@localhost root]# at 18：35 6/11/05
[root@localhost root]# at 18：35 Jun 11
```

以上这些命令表达的意义是完全一样的，所以在安排时间的时候完全可以根据个人喜好和具体情况自由选择。一般采用 24 小时计时法可以避免由于用户自己的疏忽而造成计时错误的情况发生。那么上例可以写成如下形式，其结果如下所示。

```
[root@localhost root]# at 18：35 6/11/05
//在三天后下午 4 点执行文件 job 中的作业
[root@localhost root]# at -f job 4pm + 3 days
warning:commands will be executed using（in order）a）$SHELL b）login shell c）
/bin/sh
job 9 at 2005-06-14 16:00

//在 7 月 2 日上午 9 点执行文件 job 中的作业
[root@localhost root]# at -f job 9am Jul 2
warning:commands will be executed using（in order）a）$SHELL b）login shell c）
/bin/sh
job 10 at 2005-07-02 09:00

//列出队列中所有的作业，共有两个作业，作业的编号为 9 和 10
[root@localhost root]# atq
9       2005-06-14 16:00 a root
10      2005-07-02 09:00 a root
//继续上面的操作，删除队列中的 ID 号为 9 的作业
[root@localhost root]# atrm 9
[root@localhost root]# atq                                  //查看队列，只剩下 ID 为 10 的作业
10      2005-07-02 09:00 a root
```

```
//找出系统中所有以.c 为后缀名的文件，寻找结束后将结果保存在“/etc/result”文件中，然后向
//用户 user1 发出邮件通知，告知用户已经完成。指定时间为 2005 年 6 月 12 日下午 3 点
[root@localhost root]# at 3pm 6/12/05
//系统出现 at>提示符，等待用户输入进一步的信息，也就是须要执行的命令序列
at> find / -name "*.c" > /etc/result           //输入的查询命令
at> echo "user1: All code file have been searched out.You can take them over.Bye! "
|mail -s "job done" User1                      //输入邮件通知内容
//输入完每一行指令然后回车，所有指令序列输入完毕后，使用组合键【Ctrl】+【D】结束 at 命令的输入
at> <EOT>
warning: command will be executed using /bin/sh.
job 1 at 2005-6-12 15: 00
```

在实际的应用中，如果命令序列较长或者要经常被执行，一般都采用将该序列写到一个文件中，然后将文件作为 at 命令的输入来处理。这样不容易出错。

```
//将上述的命令序列写入到文件 job 中
[root@localhost root]# at -f / job 3pm 6/12/05
warning: command will be executed using /bin/sh.
job 1 at 2005-6-12 15: 00
```

9.3.2　空闲时执行——batch 命令

batch 命令用低优先级运行作业，其功能几乎和 at 命令的功能完全相同，唯一的区别在于：at 命令是在指定时间内很精确地执行指定命令，而 batch 却是在系统负载较低、资源比较空闲的时候执行命令。batch 的执行主要是由系统来控制的，因而用户的干预权力很小。该命令适合于执行占用资源较多的命令。

batch 命令的语法格式也和 at 命令十分相似，如下所示。

```
batch [-V] [-q queue] [-f file] [-mv] [time]
```

具体的参数解释与 at 命令相似，这里不再赘述，请参看 at 命令。通常，不用为 batch 命令指定时间参数，因为 batch 本身的特点就是由系统决定执行任务的时间，如果用户再指定一个时间，就失去了该命令本来的意义。下面给出使用该命令的例子。

```
//使用 batch 命令执行在根目录下查询文本文件的功能
[root@localhost root]# batch
at> find / -name *.txt
at> <EOT>
job 14 at 2005-06-11 22:59
```

9.3.3　周期性执行——cron 和 crontab 命令

前面介绍的两条命令都会在一定时间内完成一定任务，但它们都只能执行一次。在很多时候需要不断重复一些命令，例如需要周期性的备份数据库。完成周期性的任务需要使用 cron 命令。cron 命令通常是在系统启动时就由一个 shell 脚本自动启动，并进入后台（所以不需要使用“&”符号）。一般的用户没有运行该命令的权限。

cron 命令运行时会搜索“/var/spool/cron”目录，寻找以“/etc/passwd”文件中的用户名命名的 crontab 文件，被找到的这种文件将载入内存。cron 启动以后，将首先检查是否有用户设置了 crontab 文件，如果没有就转入“休眠”状态，释放系统资源。因此，该后台进程占用资源极少。

它每分钟“醒”过来一次，查看当前是否有需要运行的命令。命令执行结束后，任何输出都将作为邮件发送给 crontab 的所有者，或者是“/etc/crontab”文件中 MAILTO 环境变量中指定的用户。

实际上，安排周期性任务的命令是 crontab。该命令用于安装、删除或者列出用于驱动 cron 后台进程的表格，crontab 命令的基本格式如下。

```
crontab [-u user] file
crontab [-u user]{-l|-r|-e}
```

第一种格式用于安装一个新的 crontab 文件，安装来源就是 file 所指的文件。如果使用“-”符号作为文件名，那就意味着使用标准输入作为安装来源。

（1）-u：如果使用该选项，也就是指定了是哪个具体用户的 crontab 文件将被修改。如果不指定该选项，crontab 将默认修改当前用户的 crontab，也就是执行该 crontab 命令的用户的 crontab 文件将被修改。

（2）-l：在标准输出上显示当前的 crontab。

（3）-r：删除当前的 crontab 文件。

（4）-e：使用 VISUAL 或者 EDITOR 环境变量所指的编辑器编辑当前的 crontab 文件。当结束编辑离开时，编辑后的文件将自动安装。

注意 如果使用 su 命令切换到 root 用户后，再使用 crontab 命令很可能会出现混乱的情况。因此，如果使用了 su 命令，最好使用-u 选项来指定究竟是哪个用户的 crontab 文件。

使用 crontab 命令的用户是有限制的：如果“/etc/cron.allow”文件存在，那么只有其中列出的用户才能使用该命令；如果该文件不存在但 cron.deny 文件存在，那么只有未列在该文件中的用户才能使用 crontab 命令；如果两个文件都不存在，那就取决于一些参数的设置，可能是只允许超级用户使用该命令，也可能是所有用户都可以使用该命令。

用户实际上是把要执行的命令序列放到 crontab 文件中以获得执行的。每个用户都可以有自己的 crontab 文件。

在“/var/spool/cron”下的 crontab 文件不可以直接创建或者直接修改。crontab 文件是通过 crontab 命令得到的。该文件中每行都包括 6 个域，其中，前 5 个域是指定命令被执行的时间，最后一个域是要被执行的命令。每个域之间使用空格或者制表符分隔。格式如下（此处用空格符分隔）。

```
minute hour day-of-month month-of-year day-of-week commands
```

第一项是分钟，第二项是小时，第三项是一个月的第几天，第四项是一年的第几个月，第五项是一周的星期几，第六项是要执行的命令。这些项都不能为空，必须填入。如果用户不需要指定其中的几项，那么可以使用统配符“*”代替。“*”可以认为是任何时间，也就是该项被忽略。在表 9-2 中给出了每项的合法范围。

表 9-2　时间参数范围表

时　间	合法范围
Minute	00 ~ 59
Hour	00 ~ 23，其中 00 点就是晚上 12 点
day-of-month	01 ~ 31
month-of-year	01 ~ 12
day-of-week	0 ~ 6，其中周日是 0

通过 crontab 命令，用户就可以往 crontab 文件写入无限多的行以完成无限多的命令。命令域中可以写入所有可以在命令行写入的命令和符号，其他所有时间域都能支持列举，也就是域中可以写入很多的时间值，只要满足这些时间值中的任何一个都执行命令，每两个时间值中间使用逗号分隔。

如下列出了一些使用上述时间参数形成的命令的例子。

```
//每天的下午 4 点、5 点、6 点的 5min、15min、25min、35min、45min、55min 时执行命令 df
5, 15, 25, 35, 45, 55 16, 17, 18 * * * df
//在每周一、三、五的下午 3：00 系统进入维护状态，重新启动系统
00 15 * * 1, 3, 5 shutdown -r +5
//每小时的 10 分，40 分执行用户目录/user1 下的 calculate 这个程序：
10, 40 * * * * /user1/calculate
//每小时的 1 分执行用户目录下的 bin/date 这个指令：
1 * * * * bin/date
```

下面给出建立 crontab 文件的具体步骤。

（1）建立文件。假设有个用户名为 user1，要创建自己的一个 crontab 文件。首先可以使用任何文本编辑器 vi 建立一个新文件，然后向其中写入要运行的命令和要定期执行的时间，最后存盘退出。假设该文件为“~/job”，具体内容如下。

```
[user1@localhost ~]$ vi job                           //编辑文件 job
45 11 22 7 * ls /etc/                                 //7 月 22 日 11 点 45 分执行“ls /etc/”
```

（2）安装文件。crontab 文件建立好后，需要使用 crontab 命令来安装这个文件，使之成为该用户的 crontab 文件，命令如下。

```
[user1@localhost ~]$ crontab job
```

这样一个 crontab 文件就建立好了。可以转到“/var/spool/cron”目录下面查看，发现多了一个 user1 文件，即 crontab 文件。

```
[user1@localhost ~]$ cd /var/spool/cron               //跳转到指定目录
[user1@localhost ~]$ cat user1                        //显示文件 user1 内容
```

该文件内容如下。

```
#DO NOT EDIT THIS FILE - edit the master and reinstall.
#(job installed on Sun Feb 18 19:30:00 2008)
#(Cron version -- $Id: crontab.c, v 2.13 2017/01/17 03:20:37 vixie Exp $)
45 11 22 7 * ls /etc/
```

上述代码的含义为：切勿编辑此文件，如果要改变请编辑源文件，则需重新安装。也就是说，如果要改变其中的命令内容时，还是需要重新编辑原来的文件，然后再使用 crontab 命令安装。job 文件的安装时间为：2008 年 2 月 18 日 19:30:00，星期日。该文件的任务为：在 7 月 22 日的 11 点 45 分执行命令 ls/etc/。

9.4 管理进程

下面将要详细介绍几个进程管理的命令。使用这些命令，用户可以实时、全面、准确地了解系统中运行进程的相关信息，从而对这些进程进行相应的挂起、中止等操作。

9.4.1 查看进程状态——ps 命令

ps 命令是查看进程状态的最常用的命令，可以提供关于进程的许多信息。根据显示的信息可以确定哪个进程正在运行、哪个进程被挂起、进程已运行多长时间、进程正在使用的资源、进程的相对优先级，以及进程的标识号（PID）等信息。ps 命令的常用格式如下。

```
ps  [option]
```

以下是 ps 命令常用的选项及其含义。

（1）-a：显示系统中与 tty 相关的（除会话组长之外）所有进程的信息。

（2）-e：显示所有进程的信息。

（3）-f：显示进程的所有信息。

（4）-l：以长格式显示进程信息。

（5）r：只显示正在运行的进程。

（6）u：显示面向用户的格式（包括用户名、CPU 及内存使用情况等信息）。

（7）x：显示所有非控制终端上的进程信息。

（8）--pid：显示由进程 ID 指定的进程的信息。

（9）--tty：显示指定终端上的进程的信息。

直接用 ps 命令可以列出每个与当前 shell 有关的进程基本信息。

```
[root@localhost root]# ps
PID TTY        TIME CMD
2080 pts/0   00:00:00 bash
2104 pts/0   00:00:00 ps
```

上面显示的结果中，各字段的含义如下。

（1）PID 为进程标识号。

（2）TTY 为该进程建立时所对应的终端，若取值用“？”则表示该进程不占用终端。

（3）TIME 为报告进程累计使用的 CPU 时间。注意，尽管觉得有些命令（如 sh）已经运转了很长时间，但是它们真正使用 CPU 的时间往往很短。所以，该字段的值往往是 00：00。

（4）CMD 为执行进程的命令名。

（5）ps 常用的选项有 -ef 和 -aux 等。

1. –ef 选项

利用选项 -ef 可以显示系统中所有进程的全面信息。

```
[root@localhost root]# ps -ef
UID        PID  PPID  C STIME TTY            TIME CMD
root         1     0  0 19:40 ?          00:00:03 init
root         2     1  0 19:40 ?          00:00:00 [keventd]
root         3     1  0 19:40 ?          00:00:00 [kapmd]
```

```
root        4     1  0 19:40 ?        00:00:00 [ksoftirqd_CPU0]
root        9     1  0 19:40 ?        00:00:00 [bdflush]
root        5     1  0 19:40 ?        00:00:00 [kswapd]
root        6     1  0 19:40 ?        00:00:00 [kscand/DMA]
root        7     1  0 19:40 ?        00:00:00 [kscand/Normal]
root        8     1  0 19:40 ?        00:00:00 [kscand/HighMem]
root       10     1  0 19:40 ?        00:00:00 [kupdated]
root       11     1  0 19:40 ?        00:00:00 [mdrecoveryd]
root       19     1  0 19:40 ?        00:00:00 [kjournald]
root       77     1  0 19:40 ?        00:00:00 [khubd]
root     1488     1  0 19:41 ?        00:00:00 /sbin/dhclient -1 -q -lf
/var/liroot     1547     1  0 19:41 ? 00:00:00 syslogd -m 0
root     1551     1  0 19:41 ?        00:00:00 klogd -x
rpc      1569     1  0 19:41 ?        00:00:00 [portmap]
rpcuser   1588     1  0 19:41 ?       00:00:00 [rpc.statd]
root     1667     1  0 19:41 ?        00:00:00 /usr/sbin/vmware-guestd
--backgrroot     1717     1  0 19:41 ? 00:00:00 /usr/sbin/apmd -p 10 -w 5
-W -P
root     1754     1  0 19:41 ?        00:00:00 /usr/sbin/sshd
root     1768     1  0 19:41 ?        00:00:00 xinetd -stayalive -reuse
-pidfilroot     1787     1  0 19:41 ? 00:00:00 [sendmail]
smmsp    1796     1  0 19:41 ?        00:00:00 [sendmail]
```

上面各项的含义如下。

（1）UID：进程属主的用户 ID 号。

（2）PID：进程 ID 号。

（3）PPID：父进程的 ID 号。

（4）C：进程最近使用 CPU 的估算。

（5）STIME：进程开始时间，以“小时：分：秒”的形式给出。

（6）TTY：该进程建立时所对应的终端，若取值用“?”则表示该进程不占用终端。

（7）TIME 报告进程累计使用的 CPU 时间。注意，尽管觉得有些命令（如 sh）已经运转了很长时间，但是它们真正使用 CPU 的时间往往很短。所以，该字段的值往往是 00：00。

（8）CMD：是 command（命令）的缩写，往往表示进程所对应的命令名。

2. –aux 选项

利用选项-aux 可以显示所有终端上所有用户有关进程的所有信息。

```
[root@localhost root]# ps -aux
USER       PID %CPU %MEM   VSZ  RSS TTY      STAT START   TIME COMMAND
root         1  0.2  0.0  1368   60 ?        S    19:40   0:03 init
root         2  0.0  0.0     0    0 ?        SW   19:40   0:00 [keventd]
root         3  0.0  0.0     0    0 ?        SW   19:40   0:00 [kapmd]
root         4  0.0  0.0     0    0 ?        SWN  19:40   0:00 [ksoftirqd_CPU0]
root         9  0.0  0.0     0    0 ?        SW   19:40   0:00 [bdflush]
root         5  0.0  0.0     0    0 ?        SW   19:40   0:00 [kswapd]
root         6  0.0  0.0     0    0 ?        SW   19:40   0:00 [kscand/DMA]
root         7  0.0  0.0     0    0 ?        SW   19:40   0:00 [kscand/Normal]
root         8  0.0  0.0     0    0 ?        SW   19:40   0:00 [kscand/HighMem]
root        10  0.0  0.0     0    0 ?        SW   19:40   0:00 [kupdated]
root        11  0.0  0.0     0    0 ?        SW   19:40   0:00 [mdrecoveryd]
root        19  0.0  0.0     0    0 ?        SW   19:40   0:00 [kjournald]
root        77  0.0  0.0     0    0 ?        SW   19:40   0:00 [khubd]
root      1488  0.0  0.1  1960  212 ?        S    19:41   0:00 /sbin/dhclient
```

```
-1root     1547  0.0  0.0  1444  132 ?        S   19:41   0:00 syslogd -m 0
root      1551  0.0  0.0  1364    4 ?        S   19:41   0:00 klogd -x
rpc       1569  0.0  0.0  1548   28 ?        S   19:41   0:00 [portmap]
rpcuser   1588  0.0  0.0  1524    0 ?        SW  19:41   0:00 [rpc.statd]
```

相对于前面的显示结果来说，上面列表中包含下列新出现的项目值。

（1）USER：启动进程的用户。

（2）%CPU：运行该进程占用 CPU 的时间与该进程总的运行时间的比例。

（3）%MEM：该进程占用内存和总内存的比例。

（4）VSZ：虚拟内存的大小，以 KB 为单位。

（5）RSS：占用实际内存的大小，以 KB 为单位。

（6）STAT：表示进程的运行状态，包括以下几种状态。

① D：不可中断的睡眠。

② R：就绪（在可运行队列中）。

③ S：睡眠。

④ T：被跟踪或停止。

⑤ Z：终止（僵死）的进程。

⑥ START：进程开始运行的时间。

通过以上信息就能方便地对进程进行进一步操作。

9.4.2 查看进程状态——top 命令

top 命令和 ps 命令的基本作用是相同的，显示系统当前的进程及其状态，但是 top 是一个动态显示过程，可以通过用户按键来不断刷新当前状态。如果在前台执行，该命令将独占前台，直到用户终止该程序为止。top 命令的一般格式如下。

```
top [bciqsS][d <timespan>][n <times>]
```

其中，timespan 为刷新周期，单位为秒；times 为刷新次数。相关命令选项的含义如下。

（1）b：使用批处理模式。

（2）c：列出程序时，显示每个程序的完整指令，包括指令名称、路径和参数等相关信息。

（3）i：执行 top 指令时，忽略闲置或是已成为 Zombie 的程序。

（4）q：持续监控程序执行的状况。

（5）s：使用保密模式，消除互动模式下的潜在危机。

（6）S：使用累计模式。

（7）d<间隔秒数>：设置 top 监控程序执行状况的间隔时间，单位以秒计算。

（8）n<执行次数>：设置监控信息的更新次数。

以下是使用该命令的例子。

```
//使用 top 命令，每 30 秒实时更新一次系统中运行的进程的状态
[root@localhost root]# top d 30
//显示系统中的用户、平均负载、运行进程个数、进程状态、CPU 使用情况、内存使用状况等
20:17:22  up 36 min,  3 users,  load average: 0.15, 0.04, 0.05
60 processes: 55 sleeping, 5 running, 0 zombie, 0 stopped
CPU states:  10.7% user   9.3% system   0.0% nice   0.0% iowait  79.9% idle
Mem:   158352k av,  153888k used,    4464k free,       0k shrd,    7644k buff
                    114672k actv,     276k in_d,    3680k in_c
```

```
Swap: 321260k av,   1700k used,  319560k free                 68572k cached
 PID USER     PRI  NI  SIZE  RSS SHARE STAT %CPU %MEM   TIME CPU COMMAND
 1966 root      15   0 30724  12M  1316 S    10.9  7.7   0:40   0 X
 2078 root      15   0 10836  10M  6896 R     8.1  6.8   0:06   0 gnome-terminal
 2070 root      15   0 12072  11M  7296 S     0.3  7.6   0:07   0 rhn-applet-gui
 2152 root      15   0  1052 1052   852 R     0.3  0.6   0:00   0 top
    1 root      15   0    88   60    40 S     0.0  0.0   0:03   0 init
    2 root      15   0     0    0     0 SW    0.0  0.0   0:00   0 keventd
    3 root      15   0     0    0     0 RW    0.0  0.0   0:00   0 kapmd
    4 root      34  19     0    0     0 SWN   0.0  0.0   0:00   0 ksoftirqd_CPU0
    9 root      25   0     0    0     0 SW    0.0  0.0   0:00   0 bdflush
    5 root      15   0     0    0     0 RW    0.0  0.0   0:00   0 kswapd
    6 root      15   0     0    0     0 SW    0.0  0.0   0:00   0 kscand/DMA
    7 root      15   0     0    0     0 SW    0.0  0.0   0:00   0 kscand/Normal
    8 root      15   0     0    0     0 SW    0.0  0.0   0:00   0 kscand/HighMem
   10 root      15   0     0    0     0 SW    0.0  0.0   0:00   0 kupdated
   11 root      25   0     0    0     0 SW    0.0  0.0   0:00   0 mdrecoveryd
   19 root      15   0     0    0     0 SW    0.0  0.0   0:00   0 kjournald
   77 root      25   0     0    0     0 SW    0.0  0.0   0:00   0 khubd
 1488 root      15   0   628  464   364 S     0.0  0.2   0:00   0 dhclient
 1547 root      15   0   184  132   104 S     0.0  0.0   0:00   0 syslogd
 1551 root      15   0    48    4     0 S     0.0  0.0   0:00   0 klogd
 1569 rpc       15   0   108   28    28 S     0.0  0.0   0:00   0 portmap
 1588 rpcuser   25   0    80    0     0 SW    0.0  0.0   0:00   0 rpc.statd
```

9.4.3 终止进程

通常终止一个前台进程可以使用【Ctrl】+【C】组合键。但是，对于一个后台进程就需用 kill 命令来终止。kill 命令是通过向进程发送指定的信号来结束相应进程。在默认情况下，采用编号为 15 的 TERM 信号。TERM 信号将终止所有不能捕获该信号的进程。对于那些可以捕获该信号的进程就要用编号为 9 的 KILL 信号，强行杀掉该进程。kill 命令的一般格式如下所示。

```
kill[-s 信号|-p]进程号或者 kill-l[信号]。
```

其中，选项各选项的含义如下。

（1）-s：指定要发送的信号，既可以是信号名（如 kill），也可以是对应信号的号码（如 9）。

（2）-p：指定 kill 命令只是显示进程的 pid（进程标识号），并不真正发出结束信号。

（3）-l：显示信号名称列表，这也可以在“/usr/include/linux/signal.h”文件中找到。

使用 kill 命令时应注意如下几点。

（1）kill 命令可以带信号号码选项，也可以不带。如果没有信号号码，kill 命令就会发出终止信号（TERM）。这个信号可以杀掉没有捕获到该信号的进程，也可以用 kill 向进程发送特定的信号。例如，命令行“kill -2 1234”的效果等同于在前台运行 PID 为 1234 的进程的时候，按下【Ctrl】+【C】组合键。但是普通用户只能使用不带 signal 参数的 kill 命令，或者最多使用 -9 信号。

（2）kill 可以带有进程 ID 号作为参数。当用 kill 向这些进程发送信号时，必须是这些进程的属主。如果试图终止一个没有权限终止的进程，或者终止一个不存在的进程，就会得到一个错误信息。

（3）可以向多个进程发信号，或者终止它们。

（4）当 kill 成功地发送信号，Shell 会在屏幕上显示出进程的终止信息。有时这个信息不会马上显示，只有当按下【Enter】键使 Shell 的命令提示符再次出现时才会显示出来。

（5）使用信号强行终止进程常会带来一些副作用，比如数据丢失或终端无法恢复到正常状态。发送信号时必须小心，只有在万不得已时才用 kill 信号（9），因为进程不能首先捕获它。

（6）要撤销所有的后台作业，可以键入“kill 0”。因为有些在后台运行的命令会启动多个进程，跟踪并找到所有要杀掉的进程的 PID 是一件很麻烦的事。这时，使用“kill 0”来终止所有由当前 Shell 启动的进程是个有效的方法。

使用 kill 命令可以终止一个已经阻塞的进程，或者一个陷入死循环的进程，示例如下。

```
// 以下命令是一条后台命令，执行时间较长
[root@localhost root]# find / -name core -print > /dev/null 2>&1 &
```

如果要终止该进程，可以先运行 ps 命令来查看该进程对应的 PID。假设该进程对应的 PID 是 1651，现在可用 kill 命令杀死这个进程。

```
[root@localhost root]# kill 1651
```

再用 ps 命令查看进程状态时，就会发现 find 进程已经不存在。

除了 kill 外，常用的终止进程的命令还有 killall。顾名思义，killall 就是杀死所有进程。killall 的参数为程序名。例如，要终止所有名为 httpd 的进程可以使用如下命令。

```
[root@localhost root]# killall httpd
```

9.4.4 前后台运行和暂停进程

Linux 下程序分为前台运行和后台运行两种，并能暂时停止前台正在进行的进程。这两种运行方式是可以转换的。需要用到的命令有 fg、bg、jobs 等，下面举例介绍。假设现在前台查找文件，耗时很长。

```
[root@localhost root]# find / -name core -print > ~/search_result
```

因为长时间得不到结果，可以先用【Ctrl】+【Z】组合键将其暂停，暂停后会返回类似结果。

```
[1]+  Stopped                 find / -name core -print >~/search_result
```

其中行首方括号中的数字为任务编号（job id）。

然后用 bg 命令加上任务编号将其置于后台执行。方法如下所示。

```
// bg 的参数 1 为上面命令的 job id
[root@localhost root]# bg 1
```

其输出内容如下，显示该命令已在后台执行。

```
[1]+ find / -name core -print >~/search_result &
```

又比如正在用 vi 编辑某文档，但又需要打断进行一项其他操作。这时除了保存 vi 中编辑的内容然后退出外，还可以先暂停 vi，待其他操作完成，再将其重新置于前台运行。

方法还是先用【Ctrl】+【Z】组合键将其暂停，待其他操作完成，如果不记得其任务编号，还可以用 jobs 查看其任务编号，然后再用 fg 命令加上任务编号将其重新置于前台。

```
[root@localhost root]# vi

[1]+  Stopped                 vi          // Ctrl+Z 暂停

// 执行其他命令
[root@localhost root]# echo "This is a test for bg and fg"
```

```
This is a test for bg and fg
// 使用jobs查看任务编号
[root@localhost root]# jobs
[1]+  Stopped              vi
// 将其置于前台重新开始编辑
[root@localhost root]# fg 1
```

总地来说，fg、bg 和 jobs 在前后台之间切换的方法比较简单，通常能给我们带来使用上的便利。

> **说明** 如果需要开始就在后台执行某命令，只需要在其后加上一个&符号。例如后台执行"find ~/> ~/filelist"，只需要执行"find ~/> ~/filelist &"即可。

9.5 进程文件系统 PROC

顾名思义，PROC 文件系统是一个虚拟的文件系统，通过文件系统的接口实现，用于输出系统的运行状态。它以文件系统的形式，为操作系统本身和应用进程之间的通信提供了一个界面，使应用程序能够安全、方便地获得系统当前的运行状况和内核的内部数据信息，并可以修改某些系统的配置信息。

另外，由于 PROC 以文件系统的接口实现，所以用户可以像访问普通文件一样对其进行访问，但它只存在于内存之中，并不存在于真正的物理磁盘当中。因此，当系统重启和电源关闭的时候，该系统中的数据和信息将全部消失。该文件系统中一些重要的文件和目录如表 9-3 所示。

表 9-3 重要的 PROC 文件系统文件和目录

文件或目录	说　明
/proc/1	关于进程 1 的信息目录。每个进程在"/proc"下有一个名为其进程号的目录
/proc/cpuinfo	处理器信息，如类型、制造商、型号和性能
/proc/devices	当前运行的核心配置的设备驱动的列表
/proc/dma	显示当前使用的 DMA 通道
/proc/filesystems	核心配置的文件系统
/proc/interrupts	显示使用的中断
/proc/ioports	当前使用的 I/O 端口
/proc/kcore	系统物理内存映像
/proc/kmsg	核心输出的消息，也被送到 syslog
/proc/ksyms	核心符号表
/proc/loadavg	系统的平均负载
/proc/meminfo	存储器使用信息，包括物理内存和 swap
/proc/modules	当前加载了哪些核心模块
/proc/net	网络协议状态信息
/proc/stat	系统的不同状态
/proc/version	核心版本
/proc/uptime	系统启动的时间长度

进程的基本信息都会存放在“/proc”文件系统中，具体位置是在“/proc”目录下。通过使用如下命令可以查看系统中运行进程的相关信息。下面将通过一个例子来说明，如何使用 PROC 文件系统来获得进程的信息。

（1）查看“/proc”目录下的内容，示例如下。

```
[root@localhost root]# ls /proc
```

输出为系统中运行进程的信息所存放的目录，每个进程对应一个目录。以下为内存中加载的进程目录，进程所在目录可能发生变化。

```
[root@localhost root]# ls /proc
1     1277  1364  1418  1483  6      dma          kmsg       slabinfo
10    1286  1373  1420  1484  620    driver       ksyms      stat
1003  1295  1377  1421  1485  7      execdomains  loadavg    swaps
1022  1303  1386  1427  1486  8      fb           locks      sys
1089  1304  1389  1429  1489  9      filesystems  mdstat     sysvipc
11    1305  1391  1430  1497  930    fs           meminfo    tty
1126  1306  1393  1431  1498  989    ide          misc       uptime
1140  1307  1398  1457  15    993    interrupts   modules    version
1160  1308  1405  1476  1522  apm    iomem        mounts
1169  1309  1409  1479  2     bus    ioports      net
1179  1347  1411  1480  3     cmdline irq         partitions
1188  1358  1413  1481  4     cpuinfo isapnp      pci
1199  1359  1416  1482  5     devices kcore       self
```

（2）以 1497 为例，查看其进程的详细信息。

```
#ls /proc/1497
cmdline  cwd  environ  exe  fd  maps  mem  mounts  root  stat  statm  status
```

在所有这些文件当中，status 这个状态文件是比较重要的，包含了很多关于进程的有用的信息，用户可以从这个文件获得信息。如下列出了该文件的内容。

```
Name:   vi                              //进程名
State:  S (sleeping)                    //进程运行状态
Tgid:   1497                            //进程组 ID
Pid:    1497                            //进程组 ID
PPid:   1431                            //父进程 ID
TracerPid:      0                       //跟踪调试进程 ID
Uid:    0       0       0       0       //进程所对应程序的 UID
Gid:    0       0       0       0       //进程所对应程序的 GID
FDSize: 256                             //进程使用文件句柄大小
Groups: 0 1 2 3 4 6 10                  //组信息
//以下为进程所使用的虚拟内存以及实际内存、信号机制方面的信息
VmSize:     5060 kB
VmLck:         0 kB
VmRSS:       968 kB
VmData:       68 kB
VmStk:        16 kB
VmExe:       412 kB
VmLib:      1384 kB
SigPnd: 0000000000000000
SigBlk: 0000000000000000
```

```
SigIgn: 8000000000003000
SigCgt: 000000006f804eff
CapInh: 0000000000000000
CapPrm: 00000000fffffeff
```

小　结

本章主要介绍了 Linux 中进程管理的相关问题，包括：Linux 进程的概念、守护进程、进程的启动，以及命令行的进程管理方式。本章还对进程文件系统 PROC 进行了简单介绍。

习　题

1. 通常在操作系统中，进程至少要有 3 种基本状态，分别为________、________和________。
2. 在 Linux 系统中，进程的执行模式划分为________和________。
3. 什么是守护进程？
4. 制定周期性执行的计划任务需要使用下面的哪些命令？（　　）
   A. at　　B. cron　　C. cronjob　　D. batch
5. 下面哪组快捷键可以迅速终止前台运行的进程？（　　）
   A.【Ctrl】+【A】　B.【Ctrl】+【C】　C.【Ctrl】+【Q】　D.【Ctrl】+【Z】
6. 简述 ps 命令和 top 命令的区别。
7. 简述 kill 和 killall 的区别。

上机练习

实验：进程管理

实验目的

学会用 at 和 cron 执行计划任务，了解 Linux 下进程管理的基本方法。

实验内容

（1）使用 at 命令定时执行某命令，如定时列举"/var/log"目录文件的详细信息，并将其保存到某文本文件。

（2）使用 cron 和 crontab 周期性执行某任务，例如截断日志等。

（3）使用 ps 和 top 命令查看进程信息。

第 10 章 Shell 编程

Linux Shell 作为 Linux 下一种强大的管理工具，其本身也具备相当强的可编程性。如此就能根据不同的情况，使计算机做出不同的响应，以实现智能化管理的目的。本章将对 Shell 下的编程方法进行全面介绍。

10.1 Shell 编程基础

10.1.1 介绍 Shell 脚本

简单地说，Shell 脚本就是一个包含若干行 Shell 或者 Linux 命令的文件。对于一次编写，多次使用的大量命令，就可以使用文件单独保存下来，以便日后使用。通常 Shell 脚本以“.sh”为后缀。在编写 Shell 时，第一行一定要指明系统需要哪种 Shell 解释用户的 Shell 程序，如“#!bin/sh”，“#!bin/bash”“#!/bin/csh”“#!/bin/tcsh”和“#!/bin/ksh”等。下面的 run.sh 脚本，则指明使用 bash 执行。

```
#!bin/bash
ls -l
```

通常，Shell 脚本会以“#!bin/sh”使用默认的 Shell 程序。执行 Shell 脚本有两种方式：第一种是为 Shell 脚本直接加上可执行权限并执行，第二种是通过 sh 命令执行 Shell 脚本。例如执行当前目录下的 run.sh 脚本，命令如下。

```
// 为 Shell 脚本直接加上可执行权限并执行
[root@localhost root]# chmod 755 run.sh
[root@localhost root]# ./run.sh

// 通过 sh 命令执行 Shell 脚本
[root@localhost root]# sh ./run.sh
```

10.1.2 输入/输出重定向

Linux 使用标准输入 stdin 和标准输出 stdout，来表示每个命令的输入和输出，还使用一个标准错误输出 stderr 来输出错误信息。这 3 个标准输入输出系统默认与控制终端设备联系在一起。因此，在标准情况下，每个命令通常从它的控制终端中获取输入，将输出打印到控制终端的屏幕上。

但是也可以重新定义程序的输入 stdin 和输出 stdout，将它们重新定向。最基本的用法是将它们重新定义到一个文件上去，从一个文件获取输入 / 输出到另外的文件中等。

1. 输入重定向

使用小于号“<”可以实现输入重定向。前文中经常使用的显示文件的 cat 命令就是将标准输入重定向到文件实现的。

```
// 将“/etc/fstab”作为输入，重定向到 cat 命令
[root@localhost root]# cat /etc/fstab
LABEL=/               /              ext3    defaults        1 1
LABEL=/boot           /boot          ext3    defaults        1 2
none                  /dev/pts       devpts  gid=5,mode=620  0 0
none                  /proc          proc    defaults        0 0
none                  /dev/shm       tmpfs   defaults        0 0
/dev/hda3             swap           swap    defaults        0 0
/dev/cdrom            /mnt/cdrom     udf,iso9660 noauto,owner,kudzu,ro 0 0
/dev/fd0              /mnt/floppy    auto    noauto,owner,kudzu 0 0
```

2. 输出重定向

输出重定向有两种方式，一种是直接输出，使用一个大于号“>”实现；另一种是以附加的方式输出，使用两个大于号“>>”实现。前者会覆盖原始的输出内容，而后者会添加到文件最后。以下通过实例说明两种方式的区别。

```
// ls 命令重定向到“/root/dir.txt”并显示
[root@localhost root]# ls  > dir.txt
[root@localhost root]# cat < dir.txt
anaconda-ks.cfg
install.log
install.log.syslog

// ls -l 命令以附加方式重定向到“/root/dir.txt”并显示
// 可以发现开始的内容被保存了下来
[root@localhost root]# ls  -l >> dir.txt
[root@localhost root]# cat < dir.txt
anaconda-ks.cfg
install.log
install.log.syslog
总用量 24
-rw-r--r--    1 root     root        1245  2月 11 05:53 anaconda-ks.cfg
-rw-r--r--    1 root     root       14522  2月 11 05:47 install.log
-rw-r--r--    1 root     root        2906  2月 11 05:46 install.log.syslog

// ls -l 命令以覆盖方式重定向到“/root/dir.txt”并显示
// 则旧的内容被覆盖
[root@localhost root]# ls  -l > dir.txt
[root@localhost root]# cat < dir.txt
总用量 24
```

```
-rw-r--r--   1 root    root       1245  2月 11 05:53 anaconda-ks.cfg
-rw-r--r--   1 root    root      14522  2月 11 05:47 install.log
-rw-r--r--   1 root    root       2906  2月 11 05:46 install.log.syslog
```

10.1.3 管道

管道和输入/输出重定向十分类似。管道的作用是在一个命令的标准输出和另一个命令的标准输入之间建立一个通道。例如下面命令就是将 ps -aux 的标准输出传递给 grep 作为输入。

```
[root@localhost root]# ps -aux | grep httpd
root      1532  0.0  4.2 19512 8184 ?       S    04:09   0:00 /usr/sbin/httpd
apache    1535  0.0  4.3 19584 8340 ?       S    04:09   0:00 [httpd]
apache    1536  0.0  4.4 19644 8432 ?       S    04:09   0:00 [httpd]
apache    1537  0.0  4.3 19584 8340 ?       S    04:09   0:00 [httpd]
apache    1538  0.0  4.4 19644 8432 ?       S    04:09   0:00 [httpd]
apache    1539  0.0  4.3 19596 8352 ?       S    04:09   0:00 [httpd]
apache    1540  0.0  4.4 19644 8432 ?       S    04:09   0:00 [httpd]
apache    1541  0.0  4.4 19664 8452 ?       S    04:09   0:00 [httpd]
apache    1542  0.0  4.4 19664 8452 ?       S    04:09   0:00 [httpd]
root      1565  0.0  0.3  4812  636 pts/0   S    04:35   0:00 grep httpd
```

10.1.4 Shell 里的特殊字符

和其他编程语言一样，Shell 里也有特殊字符，常见的有美元符号（$）、反斜线（\）和引号。美元符号“$”表示变量替换，即用其后指定的变量的值来代替变量。反斜线“\”为转义字符，用于告诉 Shell 不要对其后面的那个字符进行特殊处理，只是当作普通字符。而 Shell 下的引号情况比较复杂，分为 3 种：双引号（"）、单引号（'）和倒引号（`）。它们的作用不尽相同，以下一一说明。

1. 双引号（"）

由双引号括起来的字符，除美元符号（$）、倒引号（`）和反斜线（\）仍保留其特殊功能外，其余字符均作为普通字符对待。

2. 单引号（'）

由单引号括起来的字符都作为普通字符出现。

3. 倒引号（`）

由倒引号括起来的字符串被 Shell 解释为命令行，在执行时，Shell 会先执行该命令行，并以它的标准输出结果取代整个倒引号部分。

可通过以下 3 个示例来理解 3 种引号的用法。

示例 1 的代码及输出如下。

```
[root@localhost root]# echo "My current direcotry is `pwd` and logname is $LOGNAME"
My current direcotry is /root and logname is root
```

示例 2 的代码及输出如下。

```
[root@localhost root]# echo "My current direcotry is `pwd` and logname is \$LOGNAME"
My current direcotry is /root and logname is $LOGNAME
```

示例 3 的代码及输出如下。

```
[root@localhost root]# echo 'My current direcotry is `pwd` and logname is $LOGNAME'
My current direcotry is `pwd` and logname is $LOGNAME
```

示例 1 中整句以双引号括起，倒引号内的 pwd 被执行，$LOGNAME 变量被正确解释。示例 2

中$LOGNAME 被转义。示例 3 中整句以单引号括起，倒引号被识别为普通字符，pwd 命令未执行。

10.1.5　Shell 脚本的注释

Shell 脚本和其他编程语言一样，也拥有注释。注释方法为在注释行前加“#”号，例如以下脚本。

```
#!/bin/sh
# Filename: comment.sh
# Description: this script explains how to make a comment

echo "This script explains how to make a comment "
```

当然首行的“#!/bin/sh”属于特例，因为这一行同时指明了运行该脚本的 Shell。

10.2　Shell 变量

在 Shell 中有 3 种变量，分别为系统变量、环境变量和用户变量，其中，系统变量在对参数判断和命令返回值判断时会使用，环境变量主要是在程序运行的时候需要设置，用户变量在编程过程中使用最多。

10.2.1　系统变量

Shell 常用的系统变量并不多，但在做一些参数检测的时候十分有效。Shell 常用的系统变量如表 10-1 所示。

表 10-1　常用的系统变量

变 量 名	含　义
$#	命令行参数的个数
$n	$1 表示第一个参数，$2 表示第二个参数，依次类推
$0	当前程序的名称
$?	前一个命令或函数的返回码
$*	以“参数 1 参数 2…”形式保存所有参数
$@	以“参数 1""参数 2…”形式保存所有参数
$$	本程序的（进程 ID 号）PID
$!	上一个命令的 PID

例如下面是名为 sysvar.sh 的脚本内容。

```
#!/bin/sh
# This script explains how the system variable works

echo "The name of this program is $0"
echo "You've input $# parameters. They are $*"
echo "And the first one them is $1"
echo "The PID of this program is $$"
echo "..."
echo "You've excuted correctly, and the return code is $?"
```

其输出如下。

```
[root@localhost root]# sh ./sysvar.sh hello world
The name of this program is ./sysvar.sh
You've input 2 parameters. They are hello world
And the first one them is hello
The PID of this program is 1504
...
You've excuted correctly, and the return code is 0
```

10.2.2 环境变量

当 Shell 程序启动时，会自动设置一组变量。这组变量就是环境变量。Shell 中的所有命令都可以使用这些变量参数，例如前一节提到的 LOGNAME 变量。环境变量可以在“~/.bash_profile”或“~/.bashrc”中设置，例如，前文中曾经介绍过的通过改变环境变量 PS1 来自定义命令行提示符的显示方法。表 10-2 列举了常用的环境变量。

表 10-2 常用的环境变量

变 量 名	含 义
PATH	命令搜索路径，以冒号为分隔符。注意与 DOS 下不同的是，当前目录不在系统路径里
HOME	用户 home 目录的路径名，是 cd 命令的默认参数
COLUMNS	定义了命令编辑模式下可使用命令行的长度
EDITOR	默认的行编辑器
VISUAL	默认的可视编辑器
FCEDIT	命令 fc 使用的编辑器
HISTFILE	命令历史文件
HISTSIZE	命令历史文件中最多可包含的命令条数
HISTFILESIZE	命令历史文件中包含的最大行数
IFS	定义 Shell 使用的分隔符
LOGNAME	用户登录名
MAIL	指向一个需要 Shell 监视其修改时间的文件。当该文件修改后，Shell 将发消息 You hava mail 给用户
MAILCHECK	Shell 检查 MAIL 文件的周期，单位是秒
MAILPATH	功能与 MAIL 类似，但可以用一组文件，以冒号分隔，每个文件后可跟一个问号和一条发向用户的消息
SHELL	Shell 的路径名
TERM	终端类型
TMOUT	Shell 自动退出的时间，单位为秒，若设为 0 则禁止 Shell 自动退出
PROMPT_COMMAND	指定在主命令提示符前应执行的命令
PS1	主命令提示符
PS2	二级命令提示符，命令执行过程中要求输入数据时用
PS3	select 的命令提示符
PS4	调试命令提示符
MANPATH	寻找手册页的路径，以冒号分隔
LD_LIBRARY_PATH	寻找库的路径，以冒号分隔

当然也可以定义新的环境变量，使用 export 命令即可。

```
[root@localhost root]# export NEW_ENV_VAR="This is a new environment variable"
[root@localhost root]# echo "$NEW_ENV_VAR"
This is a new environment variable
```

10.2.3 用户变量

用户变量是最常用到的变量，使用也十分简单。用户定义的变量名必须由字母数字及下划线组成，并且变量名的第一个字符不能为数字。

```
// 以下都是不合法的变量
abc#123            // 变量名中不能含除字母、数字及下划线以外的字符
123aBc             // 变量名第一个字符不能为数字
// 以下都是合法的变量
abc123
_abc
_123
Abc_13
```

此外，Linux Shell 下的变量名是大小写敏感的，例如 abc、Abc、ABC 是不同的变量。

10.2.4 变量的赋值与使用

与 C 语言中的变量不同，Shell 下的变量无需声明即可使用，赋值同时即声明了变量。对于用户变量，用户可按如下方式赋值。

```
varible_name=value
```

例如，为 season 赋值为 Winter 可以使用如下命令。

```
season=Winter
```

注意

赋值时，变量和等号之间不要有空格，等号和值之间也不要有空格，否则 Shell 不会认为变量被定义。

同时，Shell 也允许在变量间进行相互赋值。引用变量时，需在变量名前面加“$”符号。例如，将 current_season 赋值为 season。

```
current_season=$season
```

使用变量时，需要在变量名前加“$”符号，例如 echo $season。当然使用时也会遇到一些比较特殊的情况，就是变量名包含在其他字符串中，这时就需要用{}将变量名括起来。

```
[root@localhost root]# a=good
[root@localhost root]# echo "${a}morning"
goodmoring
```

注意

为了避免变量名混淆，建议总是使用{}将变量名括起来。

若要重置某一变量，则可使用 unset 命令清空某一变量的赋值，示例如下所示。

```
[root@localhost root]# a=good
```

```
[root@localhost root]# echo "${a}morning"
goodmorning
[root@localhost root]# unset a
[root@localhost root]# echo "${a}morning"
morning
```

另外，如果在赋值后不希望改变变量，使其类似于常数，则可以使用 readonly 命令将其设为只读。例如声明 a 为只读，可以通过如下方法。

```
// 先赋值，再设置只读
[root@localhost root]# a=good
[root@localhost root]# readonly a
// 或者直接在赋值时设置只读
[root@localhost root]# readonly good
```

此时若要用 unset 重置变量 a 或者对 a 重新赋值，则会产生错误。

```
[root@localhost root]# unset a
-bash: a: readonly variable
[root@localhost root]# a=Good
-bash: a: readonly variable
```

另外，Shell 的变量默认是全局作用的，如果需要在一定范围内生效，则需要加上 local 限制。例如命令“local a”就将设置 a 为局部变量。

当然也可以对数组进行赋值，对于已有的数组，也可以对其中一个元素赋值，方法如下。

```
// 直接从 index 为 0 顺序赋值
ARRAY=(value1 value2 ... valueN)
// 同时指定 index 和 value
ARRAY=(index1=value1 index2=value2 ... indexN=valueN)
// 为单一元素赋值
ARRAY[index]=value
```

注意

数组的 index 从 0 开始。

使用数组的方法为 ${ARRAY[index]}，示例如下。

```
#!/bin/bash
# 定义 arr 数组
arr=(a b c)
# 对其中一个元素赋值
arr[3]=d
echo ${arr[0]}
echo ${arr[3]}
```

10.2.5 数字和数组的声明

默认的赋值是对字符串赋值，例如执行如下脚本就会发现这个脚本并没有使 5 和 6 相加输出“11”，而是输出“5+6”。

```
#!/bin/bash
a=5
b=6
```

```
c=$a+$b
echo $c
```

如果要对数字或数组进行声明，则要用 declare 命令。例如，上例改成如下形式即可正常进行加减。

```
#!/bin/bash
declare -i a=5
declare -i b=6
declare -i c=$a+$b
echo $c
```

当然也可以把两个变量放入一行，如下所示。

```
#!/bin/bash
declare -i a=5 b=6
declare -i c=$a+$b
echo $c
```

declare 支持的声明类型如下。使用“- 类型”开启，“+ 类型”关闭。

（1）i：定义整数 integer。

（2）a：定义数组 array。

（3）f：定义函数 function。

（4）r：定义为只读 readonly。

（5）x：定义为通过环境输出变量。

例如，声明数组变量的方法如下。

```
#!/bin/bash
declare -a arr=(a b c)
```

10.3 Shell 运算符

Shell 也有自己的运算符，其运算符和 C 语言基本类似。Shell 的运算符及结合方式如表 10-3 所示，优先级从上到下递减。

表 10-3 运算符表

运 算 符	解 释	结 合 方 式
() []	括号（函数等），数组	由左向右
! ~ ++ -- + -	否定，按位否定，增量，减量，正负号	由右向左
* / %	乘，除，取模	由左向右
+ -	加，减	由左向右
<< >>	左移，右移	由左向右
< <= >= >	小于，小于等于，大于等于，大于	由左向右
== !=	等于，不等于	由左向右
&	按位与	由左向右
^	按位异或	由左向右
|	按位或	由左向右

续表

运 算 符	解 释	结合方式
&&	逻辑与	由左向右
||	逻辑或	由左向右
?:	条件	由右向左
= += -= *= /= &= ^= |= <<= >>=	各种赋值	由右向左
,	逗号（顺序）	由左向右

10.4 Shell 的流程控制

和其他编程语言相似，Shell 编程也可以使用分支结构、循环结构的流程控制语句。

10.4.1 分支结构——test 命令

如果要对程序流程进行分支处理，首先需要对条件进行判断。这时就需要使用 test 命令。test 命令被用来判断表达式并且产生返回值。test 命令不会产生标准输出，因此必须通过其返回值来判断 test 的结果。如果表达式为真，返回值会为 0（TRUE）。如果表达式为假，返回值为 1（FALSE）。test 命令可对整数、字符串，以及文件进行判断，其使用方法如下。

```
test expression
```

或者

```
[ expression ]
```

注意：直接使用【expression】即可进行判断，这也是 test 命令的一种表现形式。中括号和 expression 之间必须留有空格。

1. 整数

用于比较整数的关系运算符有：-lt（小于）、-le（小于或者等于）、-gt（大于）、-ge（大于或者等于）、-eq（等于）、-ne（不等于），示例如下所示。

```
// 判断 3 是否小于 4
[root@localhost root]# test 3 -lt 4
//返回上次判断的结果
[root@localhost root]# echo $?
0
//判断 3 是否大于 4
[root@localhost root]# [ 3 -gt 4 ]
//返回上次判断的结果
[root@localhost root]# echo $?
1
```

2. 字符串

用于字符串时，test 可用的关系运算符有：=（等于）和 !=（不等于）。示例如下所示。

```
// 判断 abc 是否等于 abc
[root@localhost root]# x= "abc"
```

```
[root@localhost root]# test $x = "abc"
//返回上次判断的结果
[root@localhost root]# echo $?
0
```

3. 文件

用于文件时，test 可用的关系运算符如下所示。

（1）-f file：如果文件存在并且是一个普通文件（不是目录或者设备文件），会返回真。

（2）-s file：如果文件存在并且其字节数大于 0，会返回真。

（3）-r file：如果文件存在并且是可读的时候为真。

（4）-w file：如果文件存在并且是可写的时候为真。

（5）-x file：如果文件存在并且是可执行的时候为真。

（6）-d directory：目录存在并且是个目录的时候为真。

例如，测试是否存在“/opt”目录可用如下命令。

```
// 判断是否存在“/opt”目录
[root@localhost root]# test -d "/opt"
```

4. 其他参数

除了上面介绍的参数外，test 命令的可用参数还有如下这些。

（1）-a：逻辑与（AND）。

（2）-o：逻辑或（OR）。

（3）!：逻辑非（NOT）。

（4）\(　\)：分组括号（GROUPING）。

示例如下所示。

```
// 判断$NUM 是不是在 10 和 20 之间
[root@localhost root]#  [ "$NUM" -gt 10 -a "$NUM" -lt 20 ]
// 判断$ANS 是不是 Y（不区分大小写）
[root@localhost root]# [ "$ANS" = y -o "$ANS" = Y ]
// 判断/etc/init.d 是不是非目录
[root@localhost root]# test ! -d "/etc/init.d"
// 判断 a、b、c 是不是均为 0
[root@localhost root]# test \( $a=0 \) -a \( $b=0 \) -a \( $c=0 \)
```

注意　必须使用“\(　\)”而不是“(　)”，且“\(　\)”和被括起来的表达式间必须有空格。

10.4.2　分支结构——if 语句

if 语句是用来表示判断的最常用的一条语句，其语法结构分为 3 种，如下所示。

1. if 结构

if 结构的格式如下。

```
if [expression]
then [EXPRESSIONS]
fi
```

这是 if 语句最基本的格式，示例代码如下。

```
#!/bin/bash
if [ $# -eq 0 ]
then echo "You didn't enter any parameter"
fi
```

注意 if/then/fi 都是独立的语句，若放在同一行需用分号分隔，如“if [expression];then [EXPRESSIONS];fi ”。

2. if/else 结构

if/else 结构的格式如下。

```
if [expression]
then [EXPRESSIONS]
else [EXPRESSIONS]
fi
```

示例代码如下所示。

```
#!/bin/bash
if [ $# -eq 0 ]
then echo "You didn't enter any parameter"
else echo "You entered $# parameter(s)"
fi
```

3. if/elif/.../else 结构

if/elif/.../else 结构的格式如下。

```
if [expression]
then [EXPRESSIONS]
elif then [EXPRESSIONS]
elif then [EXPRESSIONS]
...
else then [EXPRESSIONS]
fi
```

示例代码如下所示。

```
#!/bin/bash
if [ $# -eq 0 ] ; then
   echo "You didn't enter any parameter"
elif [$# -eq 1 ] ; then
   echo "You entered only one parameter"
else
   echo "You entered $# parameters"
fi
```

10.4.3 分支结构——case 语句

除了 if 语句外，case 语句也是一个重要的分支语句，其含义和 C 语言中的 switch 语句相似。case 语句的格式如下。

```
case word in
   condition1) [EXPRESSIONS]
   ;;
   condition2) [EXPRESSIONS]
   ;;
   ...
```

```
    *) [EXPRESSIONS]
    ;;
esac
```

conditionN 为分支条件，每个分支条件后必须以两个分号“;;”结尾。如果都无法匹配，可用“*”代替，相当于 default。前一小节中的 if/elif/.../else 结构多重分支语句示例也可改写成如下形式。

```
#!/bin/bash
case "$#" in
    0) echo "You didn't enter any parameter"
    ;;
    1) echo "You entered only one parameter"
    ;;
    *) echo "You entered $# parameters"
    ;;
esac
```

当分支条件较多时，case 语句将比 if 的多重分支显得简洁清晰。

10.4.4　循环结构——for 语句

for 语句是常用的循环语句，其格式如下所示。

```
for NAME [in LIST ];
do [EXPRESSIONS];
done
```

for 语句的示例代码如下。

```
#!/bin/bash
for fruit in "apple" "pear" "orange";
do
    echo $fruit;
done
```

通常可以通过命令来生成 for 里的列表，例如下面代码将备份当前目录下的 txt 文件。

```
#!/bin/bash
# 列举 txt 文件
for file in `ls *.txt`;
do
# 备份文件，以.bak 为后缀
cp ${file} ${file}.bak;
done
```

若要生成整数序列，则可以使用 seq 命令，例如生成 1～9 的序列，可用“seq 1 9”命令。下面代码将打印小九九乘法表。

```
#!/bin/bash
for a in `seq 1 9`
do
    for b in `seq 1 9`
        do echo $a x $b = $(expr $a \* $b)
    done
done
```

> **注意** 这里通过 expr 命令对表达式求值。$(expr $a * $b)即计算变量 a、b 的乘积。

10.4.5 循环结构——while 语句和 until 语句

除了 for 语句以外，还有两个语句可以执行循环，即 while 语句和 until 语句，其语法格式如下所示。

```
// while 循环
while CONTROL-COMMAND;
   do [EXPRESSIONS];
done
// until 循环
until TEST-COMMAND;
   do [EXPRESSIONS];
done
```

while 循环和 until 循环的区别在于，while 是当判断条件为真时才执行循环，而 until 循环在判断条件为假时才停止循环。以下两个示例都是计算 1 ~ 100 间整数的和。

使用 while 语句，示例如下所示。

```
#!/bin/bash
i=1
sum=0
while [ $i -le 100 ]; do
   sum=$[$sum+$i]
   i=$[$i+1]
done
echo $sum
```

使用 until 语句，示例如下所示。

```
#!/bin/bash
i=1
sum=0
until [ $i -gt 100 ]; do
   sum=$[$sum+$i]
   i=$[$i+1]
done
echo $sum
```

> **注意** 这里通过“[]”直接求值命令对表达式求值。

10.4.6 break、continue 和 exit 语句

break 语句的作用是在正常结束之前退出当前循环。例如，下面求和的这个例子中，为了避免 while 的循环条件永远为真而导致程序永远执行，就在循环体内部用了一个 if 语句跳出循环。

```
#!/bin/bash
i=1
sum=0
while true; do
```

```
    if [ $i -gt 100 ]; then
        break;
    fi

    sum=$[$sum+$i]
    i=$[$i+1]
done
echo $sum
```

Continue 语句的作用是不执行本次循环，而直接跳到下一次循环，例如下面这个计算 100 以内奇数和的例子。

```
#!/bin/bash
i=1
sum=0
until [ $i -gt 100 ]; do
    if [ $[$i%2] -eq 0 ]; then
        i=$[$i+1]
        continue
    fi
    sum=$[$sum+$i]
    i=$[$i+1]
done
echo $sum
```

exit 语句用于终止脚本程序并返回值。该值可用“$?”在下一命令中获取。通常情况下，正常执行的程序将返回 0（TRUE），而未正常结束的程序则返回 1 ~ 255 间的错误代码。

```
#!/bin/bash
for age in 58 14 -25 26
do
    if [ $age -lt 0 ]; then
        echo "$age is not a valid age. Exit..."
        exit 100
    else
        echo "$age is a valid age"
    fi
done
```

执行该脚本会发现到–25 处程序就停止并跳出运行。此时执行“echo $?”命令就会显示“100”。

10.5　Shell 函数

Shell 里也可以使用函数。Shell 函数的名字必须是唯一的，且符合变量命名规则。所有用来组织函数的命令就像普通命令一样执行。当以一个简单的命令名来调用函数的时候，和该函数相关的命令就被执行。

10.5.1　声明 Shell 函数

函数必须声明，然后才能在 Shell 里执行。自定义函数可以采用如下所示两种方法声明。

```
//方法一
function FUNCTION_NAME {
```

```
    [EXPRESSIONS]
}
//方法二
FUNCTION_NAME () {
    [EXPRESSIONS]
}
```

注意

如果采用第二种方法，则括号是不能省略的。

例如，如下代码可定义一个简单的函数。

```
function hello {
    echo "Hello World"
}
```

Shell 函数的参数不通过 C 语言中形式参数的方法指定，而是通过系统变量指定。例如“$n”，“$*”等，详细说明见表 10-1。例如，下面的 sayhello 函数就会获取“$@”变量。

```
sayhello() {
    for name in $@; do
        echo "Hello ${name}!"
    done
}
```

Shell 函数还可以带上返回值，方法为 return [返回值]。return 也可以不带返回值，将直接跳出函数体。

10.5.2 调用 Shell 函数

Shell 函数的调用也和 C 语言中调用函数的方法有所区别，其参数是直接跟在函数名后，而无需通过括号括起来，如下所示。

```
FUNCTION_NAME PARAM1 PARAM2 ...
```

例如调用前文中的 sayhello 命令，方法如下所示。

```
#!/bin/bash
sayhello() {
    for name in $@; do
        echo "Hello ${name}!"
    done
}
sayhello Derek Jeff Carol
```

执行该脚本则会输出如下内容。

```
Hello Derek!
Hello Jeff!
Hello Carol!
```

10.5.3 递归调用

Shell 也支持函数的递归调用。下面这个例子是一个阶乘的函数 factorial，其自身会调用自身。

```
#!/bin/bash
factorial()
```

```
{
    local i=$1
    if [ $i -eq 0 ]
    then
       echo 1
    else
       local j=`expr $i - 1`
       local k=`factorial $j`
       echo `expr $i \* $k`
    fi
}
if [ -z $1 ]
then
   echo "Need one parameter."
   exit 1
fi
rtn=`factorial $1`
echo $rtn
```

注意　为防止递归函数中变量相互干扰，函数里将变量 i 声明为局部变量，语句为"local i=$1"。

假设下面这个脚本名为 factorial.sh，那么执行如下命令将可以计算 *n* 的阶乘。

```
sh factorial.sh n
```

10.6　编写交互脚本

前面介绍的都是非交互脚本，而实际上 Linux 中有许多脚本，需要来自用户的输入，或者在运行的时候向用户输出信息。交互脚本有如下优势。

（1）可以建立更加灵活的脚本。

（2）用户可自定义脚本使得其在运行时产生不同的行为。

（3）脚本可以在运行过程中报告状态。

10.6.1　提示用户

提示用户最常用的命令是 echo，其基本用法前面已经使用过很多次了。这里仅列出其常用的一些选项。

（1）-e：解释反斜杠转义字符。

（2）-n：禁止换行。

echo 中常用的转义字符序列见表 10-4。

表 10-4　echo 转义字符序列

序　列	含　义
\a	响铃
\b	退格
\c	强制换行

续表

序　列	含　义
\e	退出
\f	清除屏幕
\n	换行
\r	回车
\t	水平制表符
\v	垂直制表符
\\	反斜杠
\ONNN	值为八进制值 NNN（0 到 3 个八进制数字）的 8 比特字符
\NNN	值为八进制值 NNN（1 到 3 个八进制数字）的 8 比特字符
\xHH	值为十六进制值（1 或者 2 个十六进制数字）的 8 比特字符

使用转义字符的示例如下所示。

```
// 解释转义字符
[root@localhost root]# echo -e "Hello\nWorld"
Hello
World
// 不解释转义字符
[root@localhost root]# echo "Hello\nWorld"
Hello\nWorld
```

10.6.2 接受用户输入

接受用户输入的命令为 read 命令。read 命令的语法如下所示。

```
read [options] NAME1 NAME2 ... NAMEN
```

相关选项如表 10-5 所示。

表 10-5　read 选项列表

选　项	含　义
-a ANAME	将输入读入 ANAME 的数组
-d DELIM	用于截断输入的字符，默认是换行符“\n”
-n NCHARS	读入 *n* 个字符
-p PROMPT	显示一个提示
-r	取消转义，例如启用时“\n”将可能不会被解释为换行符
-s	安静模式，输入的字符将不会显示
-t TIMEOUT	超时，超过指定时间，read 自动停止

如下命令将读入一个字符串，并显示出来。

```
// 将用户的输入读入 str
[root@localhost root]# read -p "Please input some words: " str
Please input some words: happy birthday
// 显示 str
```

```
[root@localhost root]# echo $str
happy birthday
```

将前文中的 factorial.sh 改为互动模式，其内容如下。

```
#!/bin/bash
factorial()
{
   local i=$1
   if [ $i -eq 0 ]
   then
      echo 1
   else
      local j=`expr $i - 1`
      local k=`factorial $j`
      echo `expr $i \* $k`
   fi
}
while true
do
   read -p "Please input an integer (input 'q' to exit): " num

   if [ $num = "q" ]; then
      break
   fi
   rtn=`factorial $num`
   echo "The factorial of $num is $rtn"
done
```

执行 sh factorial.sh 即可与之交互。

```
[root@localhost root]# sh factorial.sh
Please input an integer (input 'q' to exit): 3
The factorial of 3 is 6
Please input an integer (input 'q' to exit): 6
The factorial of 6 is 720
Please input an integer (input 'q' to exit): 9
The factorial of 9 is 362880
Please input an integer (input 'q' to exit): q
[root@localhost root]#
```

小　结

本章对 Linux Shell 的脚本编程中一些重要知识进行了介绍，包括：Shell 的管道和输入/输出重定向、Shell 变量，以及 Shell 程序的控制结构与交互等几个方面。当然，学习 Shell 编程的主要目的还是为了管理 Linux。只有将 Shell 编程和 Linux 系统管理结合起来，才能真正掌握 Shell 编程的精髓。

习 题

1. 简述输入/输出重定向和管道的含义。

2. 简述 Shell 里双引号（"）、单引号（'）和倒引号（`）之间的区别。

3. 下面哪些是合法的变量名？（　　）

A. Kitty　　B. bOOk　　C. Hello World　　D. Olympic_game

E. 2cat　　F. %goods　　G. if　　H. _game

4. 下面哪种是正确的赋值方法？（　　）

A. a=abc　　B. a　=abc　　C. a=　　abc　　D. a="abc"

5. 试比较 Shell 程序和 C 程序语法上的异同。

6. 编写一个 Shell 脚本，计算 100 以内不是 5 整数倍的数字的和。

7. 编写一个 Shell 脚本，自动将用户主目录下所有小于 5 KB 的文件打包成 tar.gz（提示：需要配合使用 ls 和 grep 命令）。

第 11 章 Linux 服务器配置

Linux 作为一种流行的开源服务器平台，在业界得到了普遍认可。目前，以 Red Hat、Novell 为首的 Linux 厂商在服务器市场上占据了主要地位。本章将介绍 Linux 下的 Apache 网页服务器、FTP 服务器、SendMail 邮件服务器的配置和使用方法。

11.1 WWW 服务器

随着万维网（WWW）的发展，现在 Web 已不仅仅是一种信息传播的手段，其为世界各地为数众多的用户提供了应用数据库和多媒体功能。Linux 下的 Apache 是现在最流行的 Web 服务器。Linux、Apache、MySQL、PHP 构成了目前最流行的网页服务平台。本节将介绍 Apache 服务器的相关知识。

11.1.1 安装 Apache

Red Hat Enterprise Linux 7.3 的安装中，如果选择了【最小安装】/【文件及打印服务器】/【虚拟化主机】，那么系统默认没有安装 Apache 服务器。这时需要手工安装，步骤如下。

（1）在 Apache 的首页（http://httpd.apache.org/）下载最新的 Apache 网页服务器程序。目前，最新版本为 2.4.25。

（2）先将其存放到“/tmp”目录下，即从“/tmp”目录下安装，步骤如下。

```
[root@localhost ~]# cd /tmp
[root@localhost ~]# wget http://www.apache.org/dist/httpd/httpd-2.4.25.tar.gz
[root@localhost tmp]# tar -xvzf httpd-2.4.25.tar.gz
[root@localhost tmp]# cd httpd-2.4.25
[root@localhost httpd-2.4.2]# ./configure        //执行组态配置文件
[root@localhost httpd-2.4.2]# make               //编译服务器的相关文件
[root@localhost httpd-2.4.2]# make install       //安装Apache
```

自行编译 Apache 服务器和已编译好的二进制文件版本，最大差异在于“模块”的数量。编译源代码版本的 Apache 服务器，默认并不会产生任何模块。如果需要用到这些模块，那么在设定 Apache 编译状态时，加上通过参数添加相应模块。参数说明可执行“./configure --help”指令查询。如果执行过程正确无误，在“/usr/local/apache/libexec”目录中，生成 Apache 服务器内建的动态载入模块。

注意　rpm 和 tar.gz 文件格式的安装路径并不相同，rpm 版本会把可执行文件 httpd 执行文件放置在“/usr/sbin”目录中，而 tar.gz 版本则默认会将整套 Apache 服务器安装在“/usr/local/”目录下。

本章内容将以 Red Hat Enterprise Linux 7.3 自带的 Apache 为主介绍其使用。

11.1.2　启动、停止与重启 Apache

启动 Apache 可以分为手动启动和开机自动启动两种。

1. 手动启动 Apache

手动启动 Apache 可以直接使用如下命令。

```
[root@localhost ~]#/etc/rc.d/init.d/service httpd start
```

Rhel 7.x 系统中，引入了新的命令，systemctl start httpd，上面的旧命令仍然兼容，除了 start（启动）外，可用的参数还有 restart（重启动）、status（状态）和 stop（停止）。启动时需要检查是否已经启动了 Apache。检查 Apache 是否启动可以先用 ps 命令得到所有进程，然后用 grep 命令找出是否有 httpd 进程。具体方法如下。

```
[root@localhost ~]# ps aux| grep httpd
root  1450  0.0  0.5  4812  636  pts/0  S  0:00  0:00 grep httpd
```

如果有类似信息，代表 Apache 已经启动。启动以后，检测一下 Apache 服务器是否已经成功运行，可在打开浏览器后在地址栏输入本机地址（通常为 127.0.0.1 或 localhost）进行访问。如果成功，即可看到如图 11-1 所示的页面。

2. 自动启动 Apache

自动启动可以使用 Red Hat Enterprise Linux 7.3 中图形化工具 ntsysv，也可以使用比较通用的命令行 chkconfig。

使用 ntsysv 的方法很简单，在命令行中输入“ntsysv”，在图 11-2 的界面中选中【httpd.service】项，单击【OK】按钮即可。

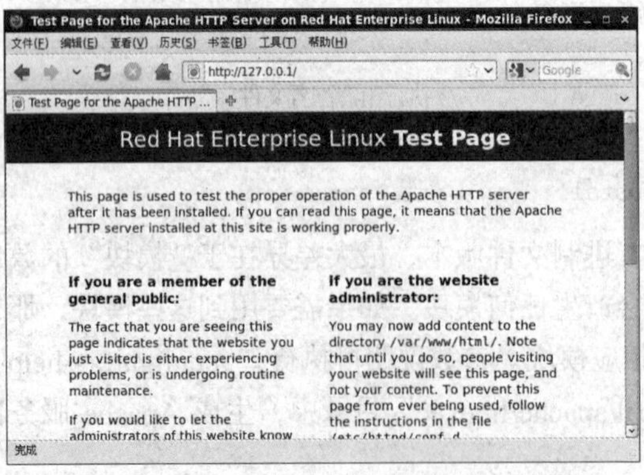

图 11-1　Apache 启动测试页面

图 11-2　ntsysv 界面

chkconfig 可修改 Apache 服务器的执行等级，让 Apache 随机启动，其常用格式如下。

```
chkconfig -level n httpd on
```

其中，*n* 为 init 级别，通常为 3 或 5（关于运行级别的说明见第 3 章）。

如果需要在正常启动系统时启动 Apache 服务器，则需要使用如下命令。

```
[root@localhost ~]# chkconfig --level 35 httpd on
```

3. 停止与重启 Apache

停止与重启 Apache 和手动启动 Apache 使用同一命令，只是参数不同。如果需要停止 WWW 服务则需要使用 stop 参数，类似的重启 Apache 需要使用 restart 参数。

```
// 停止 Apache 服务器
[root@localhost ~]#/etc/rc.d/init.d/service httpd stop
// 重新启动 Apache 服务器
[root@localhost ~]#/etc/rc.d/init.d/service httpd restart
```

11.1.3 配置 Apache

Apache 服务器的设置文件位于“/etc/conf/”目录下，传统的是使用 3 个配置文件 httpd.conf、access.conf 和 srm.conf 来配置 Apache 服务器的行为。但是在 1.3.20 版之后，Apache 将原来的 http.conf、srm.conf 与 access.conf 中的所有配置参数都放在一个配置文件 httpd.conf 中。只是为了与以前版本兼容，才使用 3 个配置文件。而提供的 access.conf 和 srm.conf 文件中并没有具体的设置。

httpd.conf 提供了最基本的服务器设置，如守护程序 httpd 运行的技术描述。它还包含了以前 srm.conf 和 access.conf 文件的配置参数，记录了服务器各种文件的 MIME 类型，以及如何支持这些文件；还有用于配置服务器的访问权限，以控制不同用户和计算机的访问限制等。

在 httpd.conf 文件中有一系列标记命令。这些命令指示 Apache Web 服务器应该如何配置它本身和模块。当然这其中大多有其默认值，通常不需要改动。除了空行和字符“#”开头的行，文件中的每一行都可以看做是一个命令。该文件由以下 3 个主要的部分组成。

（1）全局环境配置部分。

（2）主服务器配置部分。

（3）虚拟主机配置部分。

httpd.conf 首先定义了一些 httpd 守护进程运行时需要的参数，以确定其运行方式和运行环境。除了 httpd.conf 外，Apache 还允许使用“.htaccess”为单独目录配置不同的设置。由于 Apache 的配置相当复杂，请自行参考相关文档和资料进行配置，此处不再详细介绍。

11.1.4 其他 WWW 服务器

除了 Apache 外，Linux 还涌现出了很多新的功能强大、资源占用低的优秀服务器，例如 Lighttpd、Nginx（读作 Engine X）等。

Lighttpd 是由德国人 Jan Kneschke 领导开发的，是基于 BSD 许可的开源 Web 服务器软件。它具有内存开销低、CPU 占用率低、效能好、模块丰富等优点。Lighttpd 是众多 OpenSource 轻量级的 web server 中较为优秀的一个，支持 FastCG、CGI、Auth、输出压缩（output compress）、URL 重写、Alias 等重要功能。因此，对于那些负载非常高的 Web 服务器，选用 Lighttpd 会是接近完美的解决方案。

Nginx 是一个高性能的 HTTP 和反向代理服务器，也是一个 IMAP/POP3/SMTP 代理服务器。Nginx 由俄罗斯人 Igor Sysoev 开发，基于类 BSD 协议的形式进行发布。Nginx 因为它的稳定性、丰富的功能集、示例配置文件和低系统资源的消耗而闻名。

11.2　FTP 服务器

在众多的网络应用中，FTP（File Transfer Porotocol）有着非常重要的地位。20 世纪末，各种各样的资源大多数都是放在 FTP 服务器中的。可以说，FTP 与 Web 服务几乎占据了整个 Internet 应用的 80% 以上。目前虽然随着 P2P 技术的发展，FTP 应用已经逐步减少，但是在校园、科研单位等网络中，FTP 仍然是一种相当重要的服务。

FTP 服务可以根据服务对象的不同分为两类：一类是系统 FTP 服务器，只允许系统上的合法用户使用；另一类是匿名 FTP 服务器（Anonymous FTP Server），允许任何人登录到 FTP 服务器上去获取文件。Linux 下的 FTP 软件很多，最常见的有 vsftpd、wu-ftpd、proftpd 等。虽然在 Red Hat Linux 8 以前的版本（包括 Red Hat Linux 8）中默认安装的 FTP 软件为 wu-ftpd，但是从 Red Hat Linux 9 开始，到 Red Hat Enterprise Linux 7.3 中都更换为 vsftpd。

本节将介绍 vsftpd 基本的安装和使用方法。

11.2.1　安装 vsftpd

安装 vsftpd 的方法和 Apache 类似，通过源代码包进行安装，vsftpd 的首页位于 http://vsftpd.beasts.org/，可在其官方网站下载源码进行编译。

注意

vsftpd 即 Very Secure FTP，正如其名，vsftpd 非常安全。这也是目前大量使用 Linux 作为服务器的 FTP 站点都采用了 vsftpd。

11.2.2　vsftpd 的启动、停止与重启

vsftpd 可以以单独（Standalone）方式运行，如同 httpd、named 这类服务器的运行方式，这是 Red Hat Enterprise Linux 7.3 中默认的方式。此外，vsftpd 还可以采用 xinetd 方式运行，这是以前的 Red Hat Linux 7.x 和 8 中的默认方式。具体的运行方式由选项 listen 决定。

当 listen 参数值为“yes”时（Red Hat Enterprise Linux 7.3 中的默认值），vsftpd 单独运行。我们可以使用脚本“/etc/rc.d/init.d/vsftpd”来启动、关闭以及重启 vsftpd，命令如下所示。

```
/etc/rc.d/init.d/service vsftpd start|stop|restart
```

在 Red Hat Enterprise Linux 7.3 中，如果用户希望使用 Xinetd 启动 vsftpd 的运行方式，那么首先要将 vsftpd.conf 配置文件中的 listen 参数值改为 no。其次，生成一个“/etc/xinetd.d/vsftpd”文件，命令如下所示。

```
service vsftpd
{
    disable = no
    socket_type = stream
    wait = no
```

```
    user = root
    server = /usr/sbin/vsftpd
    port = 21
    log_on_success += PID HOST DURATION
    log_on_failure += HOST
}
```

通过修改 disable 值为“no”或“yes”，并重新启动 xinetd，从而启动或停止 vsftpd。由于 vsftpd 的单独模式已经拥有足够的能力，所以后面讨论到的 vsftpd 应用，都是以单独模式来运行的，而非 Xinetd 方式。

注意

还可以直接执行 vsftpd 来启动 FTP 服务，关闭时使用 kill 命令。

```
[root@localhost ~]# /usr/local/sbin/vsftpd &
```

11.2.3 vsftpd 基本配置

vsftpd 的配置文件“/etc/vsftpd/vsftpd.conf ”是个文本文件。以“#”字符开始的行是注释行。每个选项设置为一行，格式为“option=value”，注意“=”号两边不能留空白符。除了这个主配置文件外，还可以给特定用户设定个人配置文件。vsftpd 包中所带的 vsftpd.conf 文件配置比较简单。用户可以根据实际情况对其进行一些设置，以使得 vsftpd 更加可用。

1. 监听地址与控制端口

监听地址的设置如下。

```
listen_address=ip address
```

此参数在 vsftpd 使用单独（standalone）模式下有效。此参数定义了在主机的哪个 IP 地址上监听 FTP 请求，即在哪个 IP 地址上提供 FTP 服务。对于只有一个 IP 地址的主机，不需要使用此参数。对于多址主机，若不设置此参数，则监听所有 IP 地址，默认值为无。

控制端口的设置如下。

```
listen_port=port_value
```

指定 FTP 服务器监听的端口号（控制端口），默认值为 21。此选项在 standalone 模式下生效。

2. FTP 模式与数据端口

FTP 分为 PORT FTP 和 PASV FTP 两类，PORT FTP 是一般形式的 FTP。这两种 FTP 在建立控制连接时操作是一样的，都是由客户端首先和 FTP 服务器的控制端口（默认值为 21）建立控制连接，并通过此连接进行传输操作指令。它们的区别在于使用数据传输端口（ftp-data）的方式。PORT FTP 由 FTP 服务器指定数据传输所使用的端口，默认值为 20。PASV FTP 由 FTP 客户端决定数据传输的端口。PASV FTP 这种做法，主要是考虑到存在防火墙的环境下，由客户端与服务器进行沟通，决定两者之间的数据传输端口更为方便一些。

数据端口的相关设置如下。

（1）如果用户要在数据连接时取消 PORT 模式时，设下列选项为“NO”，默认值为“YES”。

```
port_enable=YES/NO
```

（2）下列设置控制以 PORT 模式进行数据传输时是否使用 20 端口（ftp-data），“YES”表示使用，“NO”表示不使用。默认值为“NO”，但 RHL 自带的 vsftpd.conf 文件中此参数设为“YES”。

```
connetc_from_port_20=YES/NO
```

（3）设定 FTP 数据传输端口（ftp-data）值，默认值为 20。此参数用于 PORT FTP 模式。

```
ftp_data_port=port number
```

（4）port-promiscuous 的默认值为 NO。为 YES 时，取消 PORT 安全检查。该检查确保外出的数据只能连接到客户端上。

```
port_promiscuous=YES/NO
```

（5）pasv-enable 若为 YES，允许数据传输时使用 PASV 模式。若为 NO，不允许使用 PASV 模式。默认值为 YES。

```
pasv_enable=YES/NO
```

（6）下列命令行设定在 PASV 模式下，建立数据传输时可以使用 port 范围的下界和上界，其中，0 为默认值，表示任意。把端口范围设在比较高的一段范围内，比如 50000-60000，将有助于安全性的提高。

```
pasv_min_port=port number
pasv_max_port=port number
```

（7）pasv_promiscuous 选项激活时，将关闭 PASV 模式的安全检查。该检查确保数据连接和控制连接是来自同一个 IP 地址。此选项唯一合理的用法是存在于由安全隧道方案构成的组织中。默认值为 NO。

```
pasv_promiscuous=YES/NO
```

（8）pasv-address 选项为一个数字 IP 地址，作为 PASV 命令的响应。默认值为 none，即地址是从呼入的连接套接字（incoming connectd socket）中获取。

```
pasv_address=
```

3. ASCII 模式

默认情况下，vsftpd 是禁止使用 ASCII 传输模式的。即使 FTP 客户端使用 asc 命令指明要使用 ASCII 模式，但是，vsftpd 表面上接受了 asc 命令，而在实际传输文件时，还是使用二进制方式。下面选项控制 vsftpd 是否使用 ASCII 传输模式。

（1）控制是否允许使用 ASCII 模式上传文件，YES 允许，NO 不允许，默认为 NO。

```
ascii_upload_enable=YES/NO
```

（2）控制是否允许使用 ASCII 模式下载文件，YES 允许，NO 不允许，默认为 NO。

```
ascii_download_enable=YES/NO
```

4. 超时选项

超时选项的设置如下。

（1）空闲用户会话的超时时间，若是超出这时间没有数据的传送或是指令的输入，则会强迫断线。单位为秒，默认值为 300。

```
idle_session_timeout=
```

（2）空闲的数据连接的超时时间。默认值为 300 秒。

```
data_connection_timeout=
```

（3）接受建立联机的超时设定，单位为秒。默认值为 60。

```
accept_timeout=numerical value
```

（4）响应 PORT 方式的数据联机的超时设定，单位为秒。默认值为 60。以下两个选项针对客户端的，将使客户端空闲 1 分钟后自动中断连接，并在中断 1 分钟后自动激活连接。

```
connect_timeout=numerical value
```

5. 负载控制

负载控制的设置如下。

（1）下列参数在 vsftpd 使用单独（standalone）模式下有效。此参数定义了 FTP 服务器最大的并发连接数，当超过此连接数时，服务器拒绝客户端连接。默认值为 0，表示不限最大连接数。

```
max_clients=numerical value
```

（2）下列参数在 vsftpd 使用单独（standalone）模式下有效。此参数定义每个 IP 地址最大的并发连接数目。超过这个数目将会拒绝连接。此选项的设置将影响到像网际快车这类的多进程下载软件。默认值为 0，表示不限制。

```
max_per_ip=numerical value
```

（3）设定匿名用户的最大数据传输速度 value，以 Byte/s 为单位。默认无。

```
anon_max_rate=value
```

（4）设定用户的最大数据传输速度 value，以 Byte/s 为单位。默认无。此选项对所有的用户都生效。此外，也可以在用户个人配置文件中使用此选项，以指定特定用户可获得的最大数据传输速率，步骤如下。

```
local_max_rate=value
```

① 在 vsftpd.conf 中指定用户个人配置文件所在的目录。

```
user_config_dir=/etc/vsftpd/userconf
```

② 生成“/etc/vsftpd/userconf”目录。

③ 用户个人配置文件是在该目录下，与特定用户同名的文件。

```
/etc/vsftpd/userconf/xiaowang
```

④ 在用户的个人配置文件中设置 local_max_rate 参数。

```
local_max_rate=80000
```

以上步骤设定 FTP 用户 xiaowang 的最大数据传输速度为 80KB/s。

vsftpd 对于速度控制的变化范围大概为 80%～120%。例如，限制最高速度为 100KB/s，但实际的速度可能为 80～120KB/s。当然，若是线路带宽不足时，速率自然会低于此限制。

11.2.4 vsftpd 用户配置

vsftpd 的用户分为 3 类：匿名用户、本地用户（local user）以及虚拟用户（guest）。下面依次讲解这 3 类用户的配置。

1. 匿名用户

匿名用户就是用户不需要提供账号和密码就可以对服务器进行访问。匿名用户的相关设置如下。

（1）控制是否允许匿名用户登录，YES 允许，NO 不允许，默认值为 YES。

```
anonymous_enable=YES/NO
```

（2）匿名用户所使用的系统用户名。默认下，此参数在配置文件中不出现，值为 ftp。

```
ftp_username=
```

（3）控制匿名用户登入时是否需要密码，YES 不需要，NO 需要。默认值为 NO。

```
no_anon_password=YES/NO
```

（4）下列参数默认值为 NO。当值为 YES 时，拒绝使用 banned_email_file 参数指定文件中所列出的 E-mail 地址进行登录的匿名用户。也就是说，当匿名用户使用 banned_email_file 文件中所列出的 E-mail 进行登录时，将被拒绝。显然，这对于阻击某些 DOS 攻击有效。当此参数生效时，需追加 banned_email_file 参数。

```
deny_email_enable=YES/NO
```

（5）指定包含被拒绝的 E-mail 地址的文件，默认文件为“/etc/vsftpd.banned_emails”。

```
banned_email_file=/etc/vsftpd.banned_emails
```

（6）设定匿名用户的根目录，即匿名用户登入后，被定位到此目录下。主配置文件中默认无此项，默认值为“/var/ftp/”。

```
anon_root=
```

（7）控制是否只允许匿名用户下载可阅读文档。若为 YES，只允许匿名用户下载可阅读的文件。若为 NO，允许匿名用户浏览整个服务器的文件系统，默认值为 YES。

```
anon_world_readable_only=YES/NO
```

（8）控制是否允许匿名用户上传文件，YES 允许，NO 不允许，默认是不设值，即为 NO。除了这个参数外，匿名用户要能上传文件，还需要两个条件：一是 write_enable 参数为 YES；二是在文件系统上，FTP 匿名用户对某个目录有写权限。

```
anon_upload_enable=YES/NO
```

（9）控制是否允许匿名用户创建新目录，YES 允许，NO 不允许，默认是不设值，即为 NO。当然在文件系统上，FTP 匿名用户必须对新目录的上层目录拥有写权限。

```
anon_mkdir_write_enable=YES/NO
```

（10）控制匿名用户是否拥有除了上传和新建目录之外的其他权限，如删除、更名等。YES 拥有，NO 不拥有，默认值为 NO。

```
anon_other_write_enable=YES/NO
```

（11）下列命令行用于确定是否修改匿名用户所上传文件的所有权。YES，匿名用户所上传的文件的所有权将改为另外一个不同的用户所有，用户由 chown_username 参数指定。此选项默认值为 NO。

```
chown_uploads=YES/NO
```

（12）指定拥有匿名用户上传文件所有权的用户。此参数与 chown_uploads 联用。不推荐使用 root 用户。

```
chown_username=whoever
```

2. 本地用户

在使用 FTP 服务的用户中，除了匿名用户外，还有一类在 FTP 服务器所属主机上拥有账号的用户。vsftpd 中称此类用户为本地用户（local users），等同于其他 FTP 服务器中的 real 用户。本地用户的相关设置如下。

（1）控制 vsftpd 所在的系统的用户是否可以登录 vsftpd。默认值为 YES。

```
local_enable=YES/NO
```

（2）定义所有本地用户的根目录。当本地用户登入时，将被更换到此目录下。默认值为无。

```
local_root=
```

（3）定义用户个人配置文件所在的目录。用户的个人配置文件为该目录下的同名文件。个人配置文件的格式与 vsftpd.conf 格式相同。例如，定义“user_config_dir=/etc/vsftpd/userconf”，并且主机上有用户“xiaowang,lisi”，则可以在“user_config_dir”的目录新增名为 xiaowang、lisi 的两个文件。当用户 lisi 登入时，vsftpd 会读取“user_config_dir”下 lisi 这个文件中的设定值，应用于用户 lisi，默认值为无。

```
user_config_dir=
```

3. 虚拟用户

虚拟用户的设置如下。

（1）若是启动这项功能，所有的非匿名登入者都视为 guest。默认值为关闭。

```
guest_enable=YES/NO
```

（2）定义 vsftpd 的 guest 用户在系统中的用户名，默认值为 ftp。

```
guest_username=
```

11.2.5　vsftpd 访问权限配置

1. 用户登录控制

用户登录控制的相关设置如下。

（1）指出 vsftpd 进行 PAM 认证时所使用的 PAM 配置文件名，默认值是 vsftpd，默认 PAM 配置文件是“/etc/pam.d/vsftpd”。

```
pam_service_name=vsftpd
```

（2）vsftpd 禁止列在下列文件中的用户登录 FTP 服务器。这个机制是在“/etc/pam.d/vsftpd”中默认设置的。

```
/etc/vsftpd.ftpusers
```

（3）下列选项被激活后，vsftpd 将读取 userlist_file 参数所指定的文件中的用户列表。当列表中的用户登录 FTP 服务器时，该用户在提示输入密码之前就被禁止了。也就是说，该用户名输入后，vsftpd 查到该用户名在列表中，vsftpd 就直接禁止掉该用户，不会再进行询问密码等后续步聚。默认值为 NO。

```
userlist_enable=YES/NO
```

（4）指出 userlist_enable 选项生效后，被读取的包含用户列表的文件。默认值是

“/etc/vsftpd.user_list”。

```
userlist_file=/etc/vsftpd.user_list
```

（5）决定禁止还是只允许由 userlist_file 指定文件中的用户登录 FTP 服务器。下列选项在 userlist_enable 选项启动后才生效。YES 为默认值，禁止文件中的用户登录，同时也不向这些用户发出输入口令的提示。NO，只允许在文件中的用户登录 FTP 服务器。

```
userlist_deny=YES/NO
```

（6）在 vsftpd 中使用 TCP_Wrappers 远程访问控制机制，默认值为 YES。

```
tcp_wrappers=YES/NO
```

2. 目录访问控制

目录访问控制的相关设置如下。

（1）锁定某些用户在自家目录中。即当这些用户登录后，不可以转到系统的其他目录，只能在自家目录(及其子目录)下。具体的用户在 chroot_list_file 参数所指定的文件中列出。默认值为 NO。

```
chroot_list_enable=YES/NO
```

（2）指出被锁定在自家目录中的用户的列表文件。文件格式为一行一用户。通常该文件是“/etc/vsftpd/chroot_list”。此选项默认不设置。

```
chroot_list_file=/etc/vsftpd/chroot_list
```

（3）将本地用户锁定在自家目录中。当此项被激活时，chroot_list_enable 和 chroot_local_users 参数的作用将发生变化，chroot_list_file 所指定文件中的用户将不被锁定在自家目录。本参数被激活后，可能带来安全上的冲突，特别是当用户拥有上传、Shell 访问等权限时。因此，只有在确实了解的情况下，才可以打开此参数。默认值为 NO。

```
chroot_local_users=YES/NO
```

（4）当下列选项激活时，与 chroot_local_user 选项配合，chroot()容器的位置可以在每个用户的基础上指定。每个用户的容器来源于“/etc/passwd”中每个用户的自家目录字段。默认值为 NO。

```
passwd_chroot_enable
```

3. 文件操作控制

文件操作控制的相关设置如下。

（1）确定是否隐藏文件的所有者和组信息。YES 意义是当用户使用“ls –al”之类的指令时，在目录列表中所有文件的拥有者和组信息都显示为 ftp。默认值为 NO。

```
hide_ids=YES/NO
```

（2）下列命令行中，YES 代表允许使用“ls –R”指令。这个选项有一个小的安全风险，因为在一个大型 FTP 站点的根目录下使用“ls -R”会消耗大量系统资源，默认值为 NO。

```
ls_recurse_enable=YES/NO
```

（3）控制是否允许使用任何可以修改文件系统的 FTP 的指令，比如 STOR、DELE、RNFR、RNTO、MKD、RMD、APPE 及 SITE。默认值为 NO，不过自带的简单配置文件中打开了该选项。

```
write_enable=YES/NO
```

（4）下列选项指向一个空目录，并且 ftp 用户对此目录无写权限。当 vsftpd 不需要访问文件系统时，这个目录将被作为一个安全的容器，用户将被限制在此目录中。默认目录为 /usr/share/empty。

```
secure_chroot_dir=
```

4. 新增文件权限

新增文件权限的相关设置如下。

（1）匿名用户新增文件的 umask 数值，默认值为 077。

```
anon_umask=
```

（2）上传档案的权限，与 chmod 所使用的数值相同。如果希望上传的文件可以执行，设下列选项值为 0777。默认值为 0666。

```
file_open_mode=
```

（3）本地用户新增档案时的 umask 数值。默认值为 077。不过，其他大多数的 FTP 服务器都是使用 022。如果用户有需要的话，可以修改为 022。在自带的配置文件中此项就设为了 022。

```
local_umask=
```

5. 日志设置

日志的相关设置如下。

（1）下列命令行控制是否启用一个日志文件，用于详细记录上传和下载。该日志文件由 xferlog_file 选项指定。默认值为 NO，但简单配置文件中激活此选项。

```
xferlog_enable=YES/NO
```

（2）下列选项用于设定记录传输日志的文件名。默认值为“/var/log/vsftpd.log”。

```
xferlog_file=
```

（3）控制日志文件是否使用 xferlog 的标准格式，如同 wu-ftpd 一样。使用 xferlog 格式，可以重新使用已经存在的传输统计生成器。然而，默认的日志格式为可读。默认值为 NO，但自带的配置文件中激活了此选项。

```
xferlog_std_format=YES/NO
```

（4）当下列选项激活后，所有的 FTP 请求和响应都被记录到日志中。提供此选项时，xferlog_std_format 不能被激活。这个选项有助于调试，默认值为 NO。

```
log_ftp_protocol=YES/NO
```

11.2.6 vsftpd.conf 常见应用

1. 允许匿名用户上传文件

（1）允许匿名用户上传文件，只需在 vsftpd.conf 文件中修改或增加以下选项。

```
write_enable=YES
anon_world_readable_only=NO
anon_upload_enable=YES
anon_mkdir_write_enable=YES
```

（2）创建供匿名用户上传文件的目录，并设定权限，在命令行中输入下列命令。

```
# mkdir /var/ftp/incoming
# chmod o+w /var/ftp/incoming
```

由于匿名用户（FTP）上传文件，需要对 incoming 目录进行操作，而 incoming 为 root 所有，匿名用户（FTP）对于 incoming 来说是其他用户，所以要加入其他用户（o）的写权限。

2. 配置高安全级别的匿名 FTP 服务器

（1）只允许匿名访问，不允许本地用户访问。命令如下。

```
anonymous_enable=YES
local_enable=NO
```

（2）使用 ftpd_banner 取代 vsftpd 默认的欢迎词，以免泄漏 FTP 服务器相关信息。命令如下。

```
ftpd_banner=Welcome to this FTP Server
```

（3）只让匿名用户浏览可阅读的文件，不可以浏览整个系统。命令如下。

```
anon_world_readable_only=YES
```

（4）隐藏文件的所有者和组信息，匿名用户看到的文件的所有者和组全变为 ftp。命令如下。

```
hide_ids=YES
```

（5）取消写权限的命令如下。

```
write_enable=NO
anon_upload_enable=NO
anon_mkdir_write_enable=NO
anon_other_write_enable=NO
```

（6）使用单独模式，并指定监听的 IP 地址。命令如下。

```
listen_address=ip address
```

（7）对连接进行控制，还有超时时间，需根据具体情况确定。命令如下。

```
connect_from_port_20=YES
pasv_min_port=50000
pasv_max_port=60000
```

（8）控制并发数，限定每个 IP 地址的并发数，根据用户需求设定。命令如下。

```
max_clients=numerical value
max_per_ip=numerical value
```

（9）限定下载速度，具体限制多大，可以由用户自己确定。命令如下。

```
anon_max_rate=80000
```

（10）启用详细的日志记录格式。命令如下。

```
xferlog_enable=YES
```

11.3　Mail 服务器

电子邮件是整个互联网业务重要的组成部分。据统计，3/4 以上的用户上网的主要目的是收发邮件，每天有十数亿封电子邮件在全球传递。电子邮件已成为网络用户不可或缺的需要。本节对 Linux 系统中的邮件服务器（包括 sendmail 服务器及 POP3、IMAP 服务器）的安装、配置及使用作介绍。

11.3.1　邮件系统及 sendmail 简介

Linux 中的电子邮件系统包括 3 个组件：MUA（Mail User Agent，邮件用户代理）、MTA（Mail Transport Agent，邮件传送代理）和 MDA（Mail Delivery Agent，邮件投递代理）。MUA 是邮件系统为用户提供的可以读写邮件的界面；MTA 运行在底层，负责把邮件由一个服务器传到另一个服务器或邮件投递代理；而 MDA 则负责把邮件放到用户的邮箱里。简单地说，用户可以使用 MUA 写信、读信，通过 MTA 传送信件，然后再由 MDA 将信件分发到户，整个流程如图 11-3 所示。

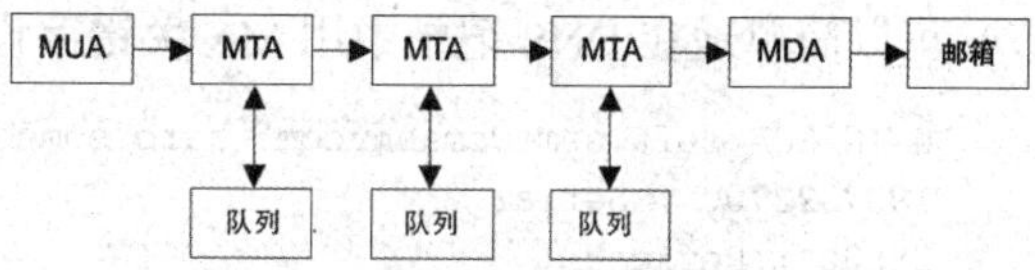

图 11-3　邮件传输流程

最通用的电子邮件 MTA 系统是 sendmail。它最初被集成在加州大学开发的电子邮件系统中。Linux 系统中有几个版本的 sendmail，这些版本中的差别不是很大。由于程序在 Linux 发布光盘中都可以找到，所以对小型的应用来说，使用 sendmail 是很好的选择。sendmail 非常灵活，可以获得很好的性能。它的基本功能除了最基本的信件递送，还有信件转递处理、积存（待送）信件处理、不同传输工具判断及退信处理等。基于 Windows NT 的 Exchange Server 和 NetScape Message Server 也是这种产品的例子。

11.3.2　sendmail 的工作方式

信件传输代理运行在 25 端口接受请求，当接受用户的请求时，它不需要了解用户的真实身份，或者说不需要身份验证。因此，用户不需要提交用户口令就可以发出电子邮件。这意味着任何用户都可以冒充成另外一个用户发出假的电子邮件，这是电子邮件设计的一个基础，无法消除。

当 sendmail 程序得到一封待发送的邮件的时候，它需要根据目标地址确定将信件投递给哪一个服务器，这是通过 DNS 服务实现的。例如，有一封邮件的目标地址是 someone@yahoo.com，那么，sendmail 首先确定这个地址是“用户名（someone）+机器名（如 yahoo.com）”的格式，然后，通过查询 DNS 来确定需要把信件投递给某个服务器。

DNS 数据中，与电子邮件相关的是 MX 记录。这可以在查询 DNS 时设置查询类型为 mx 来得到，在命令行中执行 nslookup 即可。

```
[root@localhost ~]# nslookup
Default Server: gjjline.bta.net.cn
Address: 202.106.0.20
set q=mx
yahoo.com
Server: www.cau.edu.cn
```

```
Address: 202.199.248.2
Non-authoritative answer:
Non-authoritative answer:
yahoo.com       MX preference = 1, mail exchanger = a.mx.mail.yahoo.com
yahoo.com       MX preference = 1, mail exchanger = b.mx.mail.yahoo.com
yahoo.com       MX preference = 1, mail exchanger = c.mx.mail.yahoo.com
yahoo.com       MX preference = 1, mail exchanger = d.mx.mail.yahoo.com
yahoo.com       MX preference = 1, mail exchanger = e.mx.mail.yahoo.com
yahoo.com       MX preference = 1, mail exchanger = f.mx.mail.yahoo.com
yahoo.com       MX preference = 1, mail exchanger = g.mx.mail.yahoo.com
```

在 DNS 中说明 yahoo.com 有 7 个信件交换（MX）服务器，sendmail 试图将邮件发送给其中之一。一般来说，排在前面的 MX 服务器的优先级别比较高，因此服务器将试图连接 a.mx.mail.yahoo.com 的 25 端口，试图将信件报文转发给它。如果成功，用户的 smtp 服务器的任务就完成了，在这以后的任务，将由 a.mx.mail.yahoo.com 来完成。在一般的情况下，MX 交换器会自动把信件内容转交给目标主机，不过，目标主机（比如 yahoo.com）可能并不存在，或者不执行 smtp 服务，而是由其 MX 交换器来执行信件的管理。这时候，最终的信件将保存在 MX 机器上，直到用户来查看它。

可以简单地在 DNS 记录中用 MX 关键字设置信件交换，以下面设置为例。

```
@ IN SOA soft.somedomain.com. hard.somedomain.com. (
1997022700 ; Serial
28800 ; Refresh
14400 ; Retry
3600000 ; Expire
86400 ) ; Minimum
IN NS soft.somedomain.com.
IN MX 10 mail.somedomain.com.
IN MX 20 mail2.somedomain.com.
soft IN A 202.114.22.5
soft IN MX 10 mail2.somedomain.com.
mail IN A 202.114.22.11
www IN A 202.199.248.2
mail2 IN A 202.114.22.77
```

这里面定义了 3 个 MX 记录，MX 记录的规则如下。

```
[机器名/域名] IN MX [优先级] [服务器]
```

优先级是一个整数，数值越小优先级越高。第一个“IN MX 10 mail.somedomain.com.”，因为没有机器名，所以 sendmail 使用来自 named.conf 的默认后缀，即 somedomain.com，其含义是让所有 some@somedomain.com 的信件传送到 mail.somedomain.com。“IN MX 20 mail2.somedomain.com.”的含义也是类似的，只是其优先级数为 20，即只有当 mail.somedomain.com 拒绝接受（服务器忙或者当机）的时候，信件才会投递到 mail2.somedomain.com。“soft IN MX 1 0 mail2.somedomain.com.”定义为凡是 someone@soft.somedomain.com 的信件要发送到 mail2.somedomain.com，以此类推。

MX 记录可以使整个子域内的用户使用同样的邮件主机和传输代理。另外，如果用户主机不能工作时，那么信件可以暂时存储在信件交换主机上，直到用户自已的机器恢复为止。比如，mail.yourdomain.com 是一台 smtp 主机，而 mx2.yourdomain.com 是另外一个 smtp 主机，用户希望在 mail.yourdomain.com 正常的时候直接由其自身收发邮件，而万一 mail 崩溃，mx2 为它暂时存储一段时间的邮件直到 mail 恢复正常工作，这是常见的设置。因此，需要把 mail 以比较高的优先级数设置成自己的信件交换主机，而 mx2 作为一个优先级数较低的信件交换主机。

```
mail IN MX 0 mail
IN MX 10 mx2
```

如果 DNS 查询无法找出某个地址的 MX 记录（通常因为对方没有信件交换主机），那么 sendmail 将试图直接与对方的主机（来自邮件地址）对话并且发送邮件。例如，test@openlab.asnc.edu.cn 在 DNS 中没有对应的 MX 记录，因此 sendmail 在确定 MX 交换器失败后，将从 DNS 取得对方的 IP 地址并直接和对方对话试图发送邮件。

sendmail 发送邮件时，如果经过设定的时间后仍然未能将信件投递到目的主机，那它将返回一个错误信息，间隔一段时间后，重新尝试投递，如果连续多次失败，sendmail 最终将放弃投递并将错误信息投递给 postmaster 用户。在许多机器上，postmaster 用户是 root 用户的一个别名（参考下面关于别名的内容），用户应该将它设置为邮件的实际管理员的用户名。

上面说的基本就是 sendmail 的工作方式，还有一个问题就是所谓“信封地址”。简单地说，当 sendmail 向目标地址发信的时候，它并不是直接用用户的信件内容发送，相反，它依赖于用户给它的命令。例如，用户可能会用 mail 程序向某个地址这样发信。

```
$mail someone@somedomain.com
To:other@otherdomain.com
Subject:test mail
test
```

那么，当 sendmail 发信的时候，它是向 someone@somedomain.com 发信而不是 other@otherdomain.com。相应地，如果用户想向两个人发信，例如在 Outlook 里面写上“投递给 user1@a.com，抄送 user2@b.com”，那么 sendmail 将试图构造两个包装（称为信封），每个包装上只列出一个投递地址，各投递一次。虽然邮件正文的头部仍然包含两个地址，但是 sendmail 不会看它。

11.3.3　启动并测试 sendmail

sendmail 通过源代码安装，和前面介绍的 Apache、vsftpd 一样，方法类似，这里不再赘述。启动、停止或重启 sendmail 服务的方法除了前面介绍的外，还有如下的一个新方法。

```
service sendmail start|stop|restart
```

注意

同样，通过类似命令还能启动 httpd 等服务。

sendmail 服务启动后，可以用 ps 和 grep 命令查看是否启动成功。如果成功，则可以进行如下测试。

```
//使用 root 用户向用户 super 发送问候邮件
[root@localhost ~]# mail super@super.com
Subject: mail from root                          //邮件标题
Hello super,this is the root's mail.             //邮件内容
.                                                //以“.”结束
Cc: root@super.com                               //抄送给 root 用户
//如果启动了邮件接受服务的话（后面将要详细讲述），查看用户 super 接收到的邮件
```

```
[root@localhost ~]# cat /var/spool/mail/super //使用cat命令
                                              //邮件的具体内容
From root@localhost.localdomain  Fri Aug 26 19:57:56 2016
Return-Path: <root@localhost.localdomain>
Received: from localhost.localdomain (localhost.localdomain [127.0.0.1])
      by localhost.localdomain (8.12.8/8.12.8) with ESMTP id j7QBvucU002354;
      Fri, 26 Aug  19:57:56 +0800
Received: (from root@localhost)
      by localhost.localdomain (8.12.8/8.12.8/Submit) id j7QBlR1a002213;
      Fri, 26 Aug 2016 19:47:28 +0800
Date: Fri, 26 Aug 2016 19:47:28 +0800
From: root root@localhost.localdomain         //邮件的发送者root地址
Message-Id: <201608261147.j7QBlR1a002213@localhost.localdomain>
To: super@super.com
Subject: mail from root                       //邮件标题
Cc: root@super.com                            //邮件抄送的对象
Hello super,this is the root's mail.          //邮件内容
```

从上面的过程可以清楚地看到，root 用户向 super 用户发送的邮件，成功地为 super 用户所接受，从而证明了 sendmail 服务器运行正常。同理，按照上面的操作步骤，也可以用同样的方法查看 root 用户接收到的邮件，因为该邮件也同时操送给自己。

11.3.4 sendmail 的配置

sendmail 是一个极为复杂的程序，其行为主要地依赖于"/etc/sendmail.cf "配置文件。一般来说，大部分使用者是用 m4 宏处理来书写 sendmail.cf。虽然 m4 程序几乎和 sendmail.cf 一样复杂，不过，Linux 自带有一个模板文件，位于"/etc/mail/sendmail.mc"。故可以直接通过修改 sendmail.mc 模板来达到定制 sendmail.cf 文件的目的。

先用模板文件 sendmail.mc 生成 sendmail.cf 配置文件，并导出到"/etc/mail/"目录下，再用命令行重启 sendmail。相关命令如下。

```
[root@localhost root]# /etc/rc.d/init.d/sendmail restart
[root@localhost root]# m4 /etc/mail/sendmail.mc > /etc/mail/sendmail.cf
```

一个 sendmail.mc 模板的大致内容如下。

```
divert(-1)dnl
......
include('/usr/share/sendmail-cf/m4/cf.m4')dnl
VERSIONID('setup for Red Hat Linux')dnl
OSTYPE('linux')dnl
......
dnl #
dnl define('SMART_HOST','smtp.your.provider')
dnl #
define('confDEF_USER_ID',''8:12'')dnl
define('confTRUSTED_USER', 'smmsp')dnl
dnl define('confAUTO_REBUILD')dnl
......
```

这里对 sendmail.mc 模板的语法组成进行简单介绍。

（1）dnl：用来注释各项，同时 dnl 命令还用来标识一个命令的结束。

（2）divert(-1)：位于 mc 模板文件的顶部，目的是让 m4 程序输出时更加精简一些。

（3）OSTYPE (`OperationSystemType`)：定义使用的操作系统类型，显然这里应该用 Linux 代替 OperationSystemType，注意要用一个反引号和一个正引号把对应的操作系统类型括起来。

（4）define：定义一些全局设置。对于 Linux 系统，设置了 OSTYPE 之后，可以定义下面的一些全局参数。如果不定义，就使用默认值。这里举两个简单例子，如下所示。

```
// 定义别名文件(alia file)的保存路径，默认是/etc/aliases
define('ALIAS_FILE', '/etc/aliases')
//sendmail 的状态信息文件
define('STATUS_FILE', '/etc/mail/statistics')
```

以上只是 sendmai.mc 的一些简单的语法解释。

邮件服务系统配置完成正常工作后，接下来就是创建具体的账户。

11.3.5 添加邮件账户

建立电子邮件新账号的步骤相对简单，只需在 Linux 里新增一个用户即可。单击【系统工具】|【设置】|【用户】命令，弹出【用户】对话框，单击【+】按钮，在弹出的【添加用户】窗口中输入用户名及密码即可。假设，添加了一个用户 user1（密码为 123456），这样该用户同时就有了一个邮件地址 user1@somedomain.com。

当然也可以使用下面的命令行来实现。

```
[root@localhost ~]# adduser user1 -p 123456
```

如果希望对用户邮件所占空间进行限制，则还可以使用磁盘配额进行控制。

除此之外，还可以为邮箱账户添加别名。例如，为 user1 添加 user1st 的别名，可以打开“/etc/aliases”文件，加入以下一行。

```
user1st:user1
```

为了让 sendmail 重新读取别名信息，还需要运行 newaliases 命令。

```
[root@localhost ~]# anewaliases
/etc/aliases: 35 aliases, longest 10 bytes, 295 bytes total
```

11.3.6 支持 POP 和 IMAP 功能

经过如上配置，就已经可以用 Outlook Express 等客户端发送邮件，或者登录服务器使用 mail、pine 命令收取、管理邮件。但是还不能用 Outlook Express 等客户端从服务器下载邮件，这是因为 sendmail 并不具备 POP3（IMAP）的功能。

POP 和 IMAP 支持还需要安装两个服务。启动 POP 和 IMAP 服务器，首先要确定这些服务存在于“/etc/services”文件。确保以下的服务前面没有加上“#”注释（如果有，必须去除注释）。

```
imap 143/tcp imap2   # Interim Mail Access Proto v2
imap 143/udp imap2
pop2 109/tcp pop-2   postoffice  # POP version 2
pop2 109/udp pop-2
pop3 110/tcp pop-3   # POP version 3
pop3 110/udp pop-3
```

修改完“/etc/services”文件，接下来就要对相应服务配置文件进行定制了。

对于 POP3 服务而言，必须修改“/etc/xinetd.d/ipop3”文件，将其中的“disable=yes”改为“disable=no”，并保存该文件。类似地，对于 IMAP 服务而言，必须修改“/etc/xinetd.d/imap”文件，将其中的“disable = yes”改为“disable =no”，并保存该文件。最后必须重新启动 xinetd 程序来读取新的配置文件，使得设定内容生效。

```
[root@localhost ~]# /etc/rc.d/init.d/xinetd reload
```

经过以上几步，完成了一个简单的 sendmail 服务器的设置工作。当然更复杂的功能还有待进一步的学习和掌握。

11.4 DNS 服务器

DNS（Domain Name System）即域名服务系统，作用为完成域名与 IP 地址的互换。网络上的每一台主机都有一个域名，域名给出有关主机的 IP 地址、Mail 路由信息等。而域名服务器（Name Server）则是指存储有关域名空间信息的程序，具体应用也通过它来完成。

11.4.1 DNS 的组成

用户可以利用 DNS 服务器，用简单的域名来代替复杂难记的 IP 地址。当用户输入 IP 地址后，系统连接到 DNS 服务器，而且 DNS 不仅提供这种变换的服务，还对域名进行层次化的处理。DNS 服务工作的流程被称作名字解析过程。它分为两种：正向搜索和反向搜索。正向搜索是把一个域名解析成一个 IP。这里就用 Internet 上的“www.linux.com”域名做一个案例。用户先在浏览器中输入“www.linux.com”这个域名，然后计算机将自动把这个域名传递给本地 DNS 服务器（也就是指在本机网络连接中对网卡的属性中设置的 DNS 服务框中输入的 IP 地址所对应的服务器，如图 11-4 所示）。DNS 服务器收到信息后，将在自己的区域表中搜索该域名所对应的 IP。

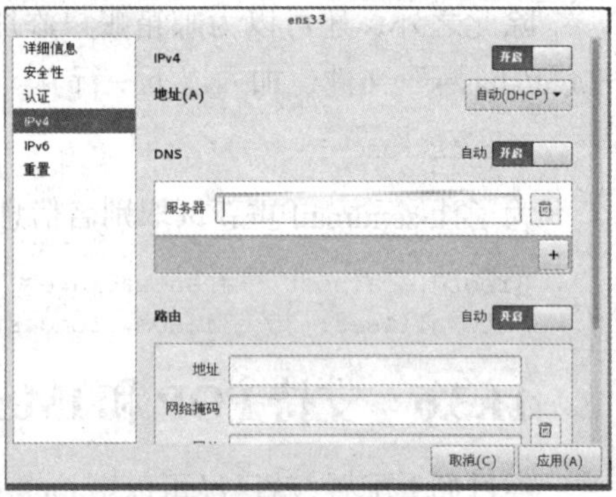

图 11-4　Linux 中设置 DNS

如果当前 DNS 服务器中有数据，则返回。若没有，它会把搜索的信息传递给其他根域 DNS 服务器，请求解析该域名。根域 DNS 服务器则返回一条对 COM 域 DNS 服务器的 IP 地址给本地 DNS 服务器引用。本地 DNS 服务器再根据 IP 地址给 COM 域 DNS 服务器发送一条 www.linux.com 域名解析请求的信息。COM 域 DNS 服务器返回一条对 LinuxDNS 服务器的 IP 地址指引。然后本地 DNS 服务器再根据收到的 IP 地址给 LinuxDNS 服务器，发送一条 www.linux.com 域名解析请求的信息。Linux DNS 服务器根据请求反馈给 WWW 的 IP 地址，本地服务器再把这个 IP 反馈给用户。这时解析完成，用户也就打开了 www.linux.com 的网页。

反向搜索正好相反，是把一个 IP 地址解析成一个域名。由于 DNS 服务是按域名而不是按 IP 地址索引的，反向搜索会搜索所有的信息，很消耗资源。为了避免这种情况，DNS 服务创建了一个叫 in-addr.arpa 的特殊二级域。它使用的是与其他域名空间结构相同的方法，但它不采用域名，而是采用 IP 地址。

DNS 系统依赖一种层次化的域名空间分布式数据库结构。可以分为如下 3 部分。

（1）域名或资源记录（Domain Name and Resource Records）：指定结构化的域名空间和相应的数据。

（2）域名服务器（Name Server）：它是一个服务器端程序，包括域名空间树结构的部分信息。

（3）解析器（Resolves）：它是客户端用户向域名服务器提交解析请求的程序。

11.4.2　Linux 上 DNS 的分类

目前，Linux 系统上使用的 DNS 服务器软件是伯克力互联网域名系统（Berkeley Internet Name Domain，BIND）。从概念上讲，BIND 系统由服务器端（Server）和解释器端（Resolver）两个部分组成。

DNS 服务器有几种，每种服务器在域名服务系统中所起的作用都不一样。基本的 DNS 服务器是主服务器（Master）。每一个网络至少有一个主服务器，用来解析网络上的域名。比较大的网络可能有多个 DNS 服务器。

其余一些服务器是网络中的主机可以使用的替代服务器。这些服务器被称为从服务器（Secondary Server）。DNS 服务器不能解析的 DNS 请求，会被发送到其他网络的服务器，即 Internet 的特定服务器。

用户可以设置网络中的 DNS 服务器完成此功能，这样的服务器被称为转发服务器（Forward Server）。为减轻工作负担，本地 DNS 服务器可以设置为缓冲服务器（Caching Server）。此服务器仅仅收集发送到主 DNS 服务器以前的查询结果，任何重复的请求都可以由缓冲服务器回答。

11.4.3　配置 DNS 服务器

安装和启动 DNS 服务器的方法和前面类似，DNS 服务器的守护进程为 named，按需启动即可。在 Red Hat Enterprise Linux 7.3 中配置 DNS 服务器有两种方法：一种是对相关文件进行设置，另一种是用系统提供的图形化工具进行配置。

域名服务器的相关配置文件主要有 named.boot 或 named.conf 文件。这是 DNS 守护进程 named 在进程启动时查看的第一个文件。这个文件配置域名服务器的参数，包括区数据库文件的存放位置和指向该服务器所使用的数据库信息的源。这类源可以是本地磁盘文件页也可以是远程服务器。named 进程使用此文件来决定数据库文件名及其在本主机和远程主机的位置。

（1）named.host：该文件定义了域名服务器管理的域，包括制定域中主机名到 IP 地址的映射。

（2）named.rev：该文件定义了管理名字的反向域 in-addr.arpa，包含了特定网络中 IP 地址到主机名的映射。

（3）named.local：该文件包含了本地网中 IP 地址到主机名 localhost 的映射。

（4）name.ca：该文件指向根域名服务器。包含了 Internet 的根域名服务器的主机名和 IP 地址映射的初始列表。使用此文件中维护的信息，一个域名服务器可以与根域名服务器联系，来解析名字询问。

11.4.4　域名服务器配置文件 named.conf

named.conf 文件是域名服务器 Bind 的配置文件，它一般在“/etc”目录下。named.conf 文件中的基本指令格式同 C 语言相似，其基本指令格式如下所示。

```
directive{
  parameter1;
  …
  parameterN;
}
```

这里的 directive 是用户想使用的指令，paraneter1…paraneterN 是对应指令的参数。每行只有一个参数，而且每个参数后有一个分号。

1. 全局定义选项 Options

Options 选项用来定义一些影响整个 DNS 服务器的环境。例如，这里的 directory 用来指定文件的路径，一般是将其指定到“/var/named”下。用户还可以指定端口等。默认端口是 53。

在全局定义定义选项 Options 中，最常用的参数是 directory 参数。directory 参数的格式如下所示。

```
directory "patname";
```

这里的 pathname 是区数据库的路径名。例如，将 directory 参数指定区数据库存储在/var/named 中，命令如下所示。

```
directory "/var/named";
```

因此，Options 选项的完整指令如下所示。

```
Options{
  directory "/var/named";
};
```

2. 定义服务器所服务的域指令 zone

zone 指令用来指明名字服务器所服务的域。zone 指令有几个重要的参数。这里只介绍在为一个域配置主、从和线索域名服务器时用到的参数。这些参数是用户在实际应用中最可能用到的。配置主域名服务器 zone 指令的格式如下。

```
zone "domain"in{
  type master;
  file "pathname";
};
```

这里的 domain 是充当主域名服务器所在域的 FQDN，而 pathname 是包括制定 domain 数据库的文件对应的路径名。给定的 pathname 应该是与在 options 指令的 directory 参数中制定的目录相关的路径名。下面 zone 指令指定了该域名服务器应该充当 bengo.com 域的主域名服务器。

```
zone "bengo.com"in{
  type master;
  file "named.bengo.com";
}
```

这里 type 参数为给定的域定义配置了主域名服务器。master 为主域名服务器。

说明 相对于根域的域名称为全域名（FQDN）。在 DNS 中，一个全域名记作一个标记序列，从目标域名开始，以根域名结束。例如，www.cau.edu.cn 是子域 www 的一个全域名。

配置从域名服务器 zone 命令格式如下。

```
zone "domain"in{
```

```
    type slave;
    file "pathname";
    masters {address;};
};
```

这里的 domain 是充当辅助域名服务器所在域的 FQDN，pathname 是包含指定 domain 数据库的文件对应的路径名，而 address 是主域服务器的 IP 地址。给定的 pathname 应该是与在 options 指令的 directory 参数中指定的目录相关的路径名。下面 zone 指令指定了该域名服务器应该充当 bengo.com 域的辅助域名服务器。

```
zone "bengo.com"in{
    type slave;
    file "named.bengo.com";
    masters {192.168.1.3;};
};
```

说明　在此例中假设 bengo.com 域的主域名服务器的 IP 地址为 192.168.1.3。

配置线索域名服务器（缓存服务器）zone 命令格式如下。

```
zone "bengo.com"in{
    type hint;
    file "pathname";
};
```

这里的 domain 是服务器要为其缓存地址的域（通常是根域“.”）的 FQDN，而 pathname 是包含应该被缓存的地址初始列表文件对应的路径名。例如，下面这条 zone 指令为根域启动了缓存。

```
zone "."in{
    type hint;
    file "named.ca";
};
```

下面是一个简单的 named.conf 文件。该文件先用“//”来注释语句。Options 选项设置区域和缓冲区文件的目录为“/var/named”。可以在此目录中找到区域数据库文件 named.local、逆向映射文件和缓冲数据库文件 named.ca。

```
//
//BIND9.7 confiuration
logging{
        category cname {null;};
};
options{
    directory "/car/named";
};
zone "."in{
    type hint;
    file "named.ca";
};
zone "bengo.com"in{
     type master;
     file "named.bengo.com";
};
```

```
zone "1.168.192.in-addr.arpa"{
     type master;
     file "192.168.1";
};
zone "0.0.127.in-addr.arpa"in{
     type master;
     file "named.local";
};
```

（1）第一个 zone 指令为“.”定义指明根名字服务器的线索区域，列出这些服务器的缓冲数据库文件是 name.ca。

（2）第二个 zone 指令为 bengo.com 域定义一个区域，其类型为 master（主域名服务器区域），区域数据库文件是 name.bengo.com。

（3）第三个 zone 指令用于前一个区域的 IP 地址逆向映射，其名字由 bengo.com 域 IP 地址的逆序排列再加上术语 in-addr.arpa 构成。

例如，bengo.com 的地址是 192.168.1，所以逆序是 1.168.192。

```
//
//BIND9.7 confiuration
logging{
       category cname {null;};
};
options{
    directory "/car/named";
};
zone "."in{
    type hint;
    file "named.ca";
};
zone "bengo.com"in{
     type slave;
     file "named.bengo.com";
     master{192.168.1.2;};
};
zone "1.168.192.in-addr.arpa"{
     type slave;
     file "192.168.1";
     master{192.168.1.2;};
};
zone "0.0.127.in-addr.arpa"in{
type master;
    file "named.local";
    master{192.168.1.2;};
};
```

这里将主 DNS 服务器地址设定为 192.168.1.2。

11.4.5 资源记录

一个域的 DNS 数据库是一个文本文件集合，并且由该域的主名字服务器的系统管理员维护。这些文本文件成为区域文件，就是用户在 named.conf 中定义的 file。

它们包括两种类型的项：分析器命令（如$ORIGIN 和$TTL）和资源记录（Resource Records）。资源记录是数据库的真实部分，而分析器命令只是提供输入记录的一些简便途径。资源记录的基本格式如下。

```
[name] [ttl] [class] type data
```

（1）name 字段：表示一个主机或者一个域。用户经常在配置文件中看到“@”，其实就是代表本域，可以写全。

（2）ttl 字段：以秒为单位，和 TCP/IP 中的 ttl 差不多含义，就是存活时间，只是网络中 ttl 是指秒数。一般将存活时间设为一周，这样，可以明显减少网络流量和 DNS 的负载。

（3）class 字段：一般都使用“IN”，对应的是 internet。type 字段：有 SOA、A、NS、PTR、MX、CNAME 等。

（4）data 字段：根据 type 字段不同而不同。一般情况下，一个区的资源记录写在最前面，然后是 NS 记录，其他顺序可以任意。下面将列出来一些经常用到的记录，并且结合实例说明。

1. SOA 记录

每个区仅有一个 SOA 记录，该区一直延伸到遇见另一个 SOA 记录为止。SOA 记录包括区的名字，一个技术联系人和各种不同的超时值。例如，在 named.conf 中 zone 语句指定的名字。假设 DNS 服务器运行主机为 ns.bengo.cau.edu，系统管理员邮箱地址为 admin.bengo.cau.edu，则配置命令如下所示。

```
@  IN SOA ns.bengo.cau.edu. admin.bengo.cau.edu. (
201601030    ;Serial
8H          ;Refresh
8 hours      1H      ;Retry
1 hour      2W       ;Expire
2 weeks         1D ) ; Minimum, 4 days
```

说明：“@”是当前区名的简写。此处可以用“bengo.cau.edu.”代替。一定不要遗漏最后的“.”，后面邮箱也必须同样注意。

它的值是在 named.conf 文件 zone 语句中指定的名字；可以在这个区文件中使用 $ORIGIN 分析器指令进行更改。这里没有 ttl 字段。

class 为 IN。“ns.bengo.cau.edu.”是该区的主名字服务器（请注意后面的“.”）“admin.bengo.cau.edu.”是域管理员的邮箱，要把第一个“.”换成“@”，并且舍弃最后一个“.”才行。

第一个数值 Serial 代表这个区的序列号。可以供从服务器判断何时获取新数据的。这里设成日期。

注意：更新数据文件必须要更新这个序列号，否则从服务器将不更新。

第二个数值 Refresh 指定多长时间从服务器要与主服务器经行核对（当然现在有了 notify 这个参数，一旦更新了主服务器，将立即通知从服务器进行更新）。

第三个数值 Retry 代表如果从服务器试图检查主服务器的序列号时，主服务器没有响应，则经过这个时间后将重新进行检查。

第四个数值 Expire 将决定从服务器在没有主服务器的情况下，权威地持续提供域数据服务的时间长短。

第五个数值 Minimum 指高速缓存否定回答的存活时间。$TTL、expire 和 minimum 参数最终决定使用 DNS 的用户放弃旧数据值的相关行为。

2. NS 记录

解析服务器记录。用来表明由哪台服务器对该域名进行解析。识别一个有权威性的服务器(即所有主服务器和从服务器)，并把子域委托给其他机构。命令格式如下。

```
zone [ttl] IN NS hostname
```

示例如下。

```
bengo.cau.com. IN NS ns.bengo.cau.com.
bengo.cau.com. IN NS anchor.bengo.cau.com.
bengo.cau.com. IN NS ns.bengo.tj.com.
```

3. A 记录

A 记录也称 IP 指向。用户可以在此设置子域名并指向到自己的目标主机地址上，从而实现通过域名找到服务器。它是 DNS 数据库的核心，提供了以前在“/etc/hosts”文件中指定的主机名到 IP 地址的映射。一个主机必须为它的每个网络接口得到一条 A 记录。命令格式如下所示。

```
hostname  [ttl]  IN  A  ipaddr
```

例如以下命令表示“anchor.marco.fudan.net.”的 IP 地址为 192.168.1.10。

```
anchor IN A 192.168.1.10
```

4. MX 记录

MX 记录即邮件交换记录。用于将以该域名为结尾的电子邮件指向对应的邮件服务器以进行处理。如用户所用的邮件是以域名 mydomain.com 为结尾的，则需要在管理界面中添加该域名的 MX 记录来处理所有以@mydomain.com 结尾的邮件。电子邮件系统就是使用 MX 记录来更有效的路由邮件，命令格式如下所示。

```
name [ttl] IN MX preference host ...
```

5. CNAME 记录

CNAME 记录为主机建立别名。用来缩短一个长主机名或者用来和某种功能联系起来。用户可以为一个主机设置别名。例如，设置 test.mydomain.com 指向一个主机 www.bengo.net，以后就可以用 test.mydomain.com 来代替访问 www.bengo.net 了，命令格式如下。

```
nickname [ttl] IN CNAME hostname
```

当 BIND 遇到一条 CNAME 记录时，它就会停止对该别名的查询，并切换到真实的名称。用户要注意得是，如果一台主机引用了别名，那么它的 A、NS、MX 等都必须用真实名称，示例如下。

```
colo-gw IN A 128.138.243.25colo IN CNAME colo-gwwww IN CNAME colo
```

6. PTR 记录

指针记录是在反向搜索区域中创建的一个映射，用于把计算机的 IP 地址映射到 DNS 域名，它仅用于支持反向搜索。可以静态手动创建指针记录，也可以在创建主机记录时创建相关的指针记录。当 IP 配置更改时，可以动态注册和更新它们在 DNS 中的指针记录。例如，将 IP 地址 192.168.0.2 逆向映射为 ns.bengo.edu。

```
192.168.0.2  IN  PTR  ns.bengo.edu
```

11.4.6 配置实例

这里假定用户建立的DNS服务器所管辖的域名为redhat.com，对应的子网IP地址是10.1.14.0，域名服务器的 IP 地址为 10.1.14.61，配置过程如下。

1. 配置启动文件"/etc/named.conf"

该文件是域名服务器守护进程 named 启动时读取到内存的第一个文件。在该文件中定义了域名服务器的类型、所授权管理的域及相应数据库文件和其所在的目录。该文件的内容如下。

```
options {
    directory "/var/named";
    notify no;
    forwarders{
        202.96.134.133;
    };
};
zone "." IN {
    type hint;
    file "named.ca";
};
zone "0.0.127.in-addr.arpa" IN {
    type master;
    file "named.local";
    allow-update { none; };
};
zone "redhat.com" IN {
    type master;
    file " named.hosts";
    allow-update { none; };
};
zone "14.1.10.in-addr.arpa" IN {
    type master;
    file "named.10.1.14 ";
    allow-update { none; };
};
```

2. 创建或保留"/var/named/named.ca"

在Linux系统上通常在"/var/named"目录下已经提供了一个named.ca。该文件中包含了Internet的顶层域名服务器，但这个文件通常会有变化，所以建议最好从 Inter NIC 下载最新的版本。该文件可以通过匿名 ftp 下载。在本章最后附上一份 named.ca 文件的内容。

3. 创建"/var/named/named.hosts"

该文件指定了域中主机域名同 IP 地址的映射，内容如下所示。

```
$TTL  86400
@       IN   SOA a100.redhat.com.    root.redhat.com. (
             2016013000 ; serial
             28800 ; refresh
             14400 ; retry
             3600000 ; expire
             86400 ; minimum
             )
             IN  NS  a100.redhat.com.
             IN  MX  10  a100.redhat.com.
```

```
localhost.   IN  A   127.0.0.1
a100         IN  A   10.1.14.61
a101         IN  A   10.1.14.62
www          IN  CNAME  a100
```

在文件中所有的记录行（本文件从第 10 行开始）都要顶行写，前面不能有空格。上述文件的相关命令行的含义如下。

（1）“IN NS a100.redhat.com. ”说明该域的域名服务器，至少应该定义一个。

（2）“IN MX 10 a100.redhat.com.”是 MX 记录，该程序专门处理邮件地址的主机部分为“@redhat.com”的邮件，“10”表示优先级别。

（3）类似“a100 IN A 10.1.14.61”是一系列的“A”记录，表示主机名和 IP 地址的对应关系建立起来。a100 是主机名，10.1.14.61 是它的 IP 地址。

（4）“www IN CNAME a100”表示一条定义别名的记录，即“www.redhat.com”和“a100.redhat.com”表示同一台主机。

4. 创建“/var/named/named.10.1.14 ”

该文件主要定义了 IP 地址到主机名的转换。IP 地址到主机名的转换是非常重要的，Internet 上很多应用，例如 NFS、Web 服务等都要用到该功能。该文件的内容如下所示。

```
$TTL  86400
@        IN   SOA a100.redhat.com. root.a100.redhat.com. (
              2016013000 ; serial
              28800 ; refresh
              14400 ; retry
              3600000 ; expire
              86400 ; minimum
              )
             IN   NS   a100.redhat.com.
61           IN   PTR a100.redhat.com.
62           IN   PTR a101.redhat.com.
```

注意

PTR 记录的最后一项必须是一个完整的标识域名，以“.”结束。

5. 创建“/var/named/named.local ”

该文件用来说明“回送地址”的 IP 地址到主机名的映射。该文件的内容如下所示。

```
$TTL  86400
@        IN   SOA a100.redhat.com.   root.a100.redhat.com. (
              2016013000 ; serial
              28800 ; refresh
              14400 ; retry
              3600000 ; expire
              86400 ; minimum
              )
         IN   NS  a100.redhat.com.
1       IN   PTR  localhost.
```

此文件的内容是特定的，在不同的域的域名服务器上，需要修改的只是 SOA 记录和 NS 记录。

6. 配置文件“/etc/resolv.conf ”

该文件用来告诉解析器调用的本地域名、域名查找的顺序以及要访问域名服务器的 IP 地址，该文件的内容如下所示。

```
domain redhat.com
nameserver 10.1.14.61
search redhat.com
```

7. 修改“/etc/nsswitch.conf”

该文件中和域名服务有关的一项是 hosts，修改如下所示。

```
hosts: files dns nisplus nis
```

8. 启动 DNS

在命令行中输入下面命令，启动 DNS。

```
/etc/rc.d/init.d/named start 或 restart
```

小　结

充当网络服务器是 Linux 最主要的功能。Red Hat Linux 下服务器的配置和实用都是相当方便的，这也为其在商业上的广泛应用奠定了良好的基础。本章对 Apache、vsftpd、 sendmail 和 DNS 几个常用的 Linux 网络服务软件的安装和配置方法进行了初步的介绍。

习　题

1. 什么是 DNS 服务器？
2. 从命令模式转换到编辑模式的方法是什么？
3. 下面不是 KDE 组件的程序是________。
   A. Konqueror　　B. Nautilus　　C. KOffice　　D. KDevelop
4. 下面不是 Linux 桌面的有________。
   A. KDE　　B. GNOME　　C. XFCE　　D. Bash
5. 请列举常用的 Linux Shell，至少 4 种。
6. 如何从 GNOME 切换到虚拟终端？
7. 如何在虚拟终端使用帮助？

第 12 章 网络信息安全

信息安全是当前学术界及工业界研究的热点，而网络信息安全更是近年来发展最迅速、最受人们关注的研究领域之一。本章将介绍信息安全的背景、概念、研究重点及网络信息安全的重要性问题，并且介绍如何使用防火墙、入侵检测系统、Tripwire 等保护网络系统安全。

12.1 网络信息安全简介

以 Internet 为代表的全球性信息化浪潮日益高涨，信息网络技术的应用日益普及，安全也成为影响网络效能的重要问题，而 Internet 所具有的开放性、国际性和自由性也在增加。在自由度增加的同时，对信息安全提出了更高的要求。这主要体现在如下几个方面。

（1）开放性：导致网络的技术是全开放的，任何个人、团体都可能通过各种途径获得，因而网络所面临的破坏和攻击可能是多方面的。例如，可能来自物理传输线路的攻击，也可能来自对网络通信协议和实现实施的攻击。

（2）国际性：意味着网络的攻击不仅仅来自本地网络的用户，其可以来自 Internet 上的任何一个国家或者地区的任何一台机器。网络安全所面临的是一个国际化的挑战，没有国家或者地域等界限。

（3）自由性：意味着网络最初对用户的使用并没有提供任何的技术约束，用户可以自由地访问网络，自由地使用和发布各种类型的信息。用户只对自己的行为负责，缺乏相关的法律限制。

开放、自由、国际化的 Internet 的发展给人们的生活带来巨大便利的同时，也对很多重要领域的信息安全提出了挑战。信息网络涵盖国家的政府、军事、文教等诸多领域，涉及政府决策、商业机密，以及金融、科研等重要乃至机密数据。如何保证这些数据及个人隐私等不被泄露，就成了保障网络安全重中之重。

信息安全包括 5 个基本要素：机密性、完整性、可用性、可控性与可审查性。

（1）机密性：确保信息不暴露给未授权的实体或进程。

（2）完整性：只有得到允许的人才能修改数据，并且能够判别出数据是否已被篡改。

（3）可用性：得到授权的实体在需要时可访问数据，即攻击者不能占用所有的资源而阻碍授权者的工作。

（4）可控性：可以控制授权范围内的信息流向及行为方式。

（5）可审查性：对出现的网络安全问题提供调查的依据和手段。

国际标准化组织（International Organization for Standards, ISO）定义计算机信息系统的安全概

念为："为数据处理系统建立和采取的技术和管理的安全保护，保护计算机硬件、软件和数据不因偶然和恶意的原因而遭到破坏、更改和显露。"

12.2　网络中存在的威胁

研究及实践表明，目前网络中存在的对信息系统构成的威胁主要表现在以下 5 个方面。

（1）非授权访问：没有预先经过同意或认可，就使用网络或计算机资源被看作非授权访问，如有意避开系统访问控制机制，对网络设备及资源进行非正常使用，或擅自扩大权限，越权访问信息等。主要有以下几种形式：假冒、身份攻击、非法用户进入网络系统进行违法操作、合法用户以未授权方式进行操作等。

（2）信息泄漏或丢失：指敏感数据在有意或无意中被泄漏出去或丢失。这通常包括：信息在传输中丢失或泄漏（如黑客们利用电磁泄漏或搭线窃听等方式截获机密信息，或通过对信息流向、流量、通信频度和长度等参数的分析，推算出有用信息，如用户口令、账号等重要信息），信息在存储介质中丢失或泄漏，通过建立隐蔽隧道等窃取敏感信息等。

（3）破坏数据完整性：以非法手段窃得对数据的使用权，删除、修改、插入或重发某些重要信息，以取得有益于攻击者的响应；恶意添加、修改数据，以干扰用户的正常使用。

（4）拒绝服务攻击：不断对网络服务系统进行干扰，改变其正常的作业流程，执行无关程序使系统响应减慢甚至瘫痪，影响正常用户使用网络服务系统，甚至使合法用户被排斥而不能进入计算机网络系统或不能得到相应的正常服务，破坏系统的可用性。

（5）网络病毒：网络传播的计算机病毒破坏性远高于单机系统，而且用户很难防范。

12.3　常见的攻击类型

计算机网络进行攻击手段的不同，所造成的危害程度和检测防御办法也各不相同。这里介绍几种最常用的攻击类型。

12.3.1　端口扫描

对于位于网络中的计算机系统来说，一个端口就是一个潜在的通信通道，也就是一个入侵通道。对目标计算机进行端口扫描，能得到许多有用的信息，从而发现系统的安全漏洞。通过端口扫描可以使系统用户了解系统目前向外界提供了哪些服务，从而为系统用户管理网络提供了一种参考的手段。

从技术原理上来说，端口扫描向目标主机的 TCP/IP（Transmission Control Protocol/Internet Protocol，传输控制协议/因特网互联协议）服务端口发送探测数据包，并记录目标主机的响应。通过分析响应来判断服务端口是打开还是关闭，就可以得知端口提供的服务或信息。端口扫描也可以通过捕获本地主机或服务器的流入流出 IP 数据包来监视本地主机的运行情况，不仅能对接收到的数据进行分析，而且能够帮助用户发现目标主机的某些内在的弱点。端口扫描主要有经典的全连接扫描器（全连接）及所谓的 SYN（Synchronous，为 TCP/IP 建立连接时使用的握手信号，为半连接）扫描器。此外，还有间接扫描和秘密扫描等。

1. 全连接扫描

全连接扫描是 TCP 端口扫描的基础，现有的全连接扫描有 TCP connect 扫描和 TCP 反向 ident 扫描等，其中 TCP connect 扫描的实现原理如下。

扫描主机通过 TCP/IP 协议的 3 次握手与目标主机的指定端口建立一次完整的连接。连接由系统调用 connect 开始。如果端口开放，则连接将建立成功；否则，若返回-1 则表示端口关闭。如果建立连接成功，则响应扫描主机的 SYN/ACK 连接请求。这一响应表明目标端口处于监听（打开）的状态。如果目标端口处于关闭状态，则目标主机会向扫描主机发送 RST 的响应。

2. 半连接（SYN）扫描

若端口扫描没有完成一个完整的 TCP 连接，在扫描主机和目标主机的一指定端口建立连接时候只完成了前两次握手，在第三步时，扫描主机中断了本次连接，使连接没有完全建立起来，那这样的端口扫描称为半连接扫描，也称为间接扫描。现有的半连接扫描有 TCP SYN 扫描和 IP ID 头 dumb 扫描等。

SYN 扫描的优点在于即使日志中对扫描有所记录，但是尝试进行连接的记录也要比全扫描少得多；缺点是在大部分操作系统下，发送主机需要构造适用于这种扫描的 IP 包。通常情况下，构造 SYN 数据包需要超级用户或者授权用户访问专门的系统调用。

没有完成 TCP 协议 3 次握手的攻击方式还有 ARP（Address Resolution Protocol，地址解析协议）欺骗。ARP 是一个重要的 TCP/IP 协议，用于确定对应 IP 地址的网卡物理地址。当计算机接收到 ARP 应答数据包的时候，会对本地的 ARP 缓存进行更新，将应答中的 IP 和 MAC 地址存储在 ARP 缓存中。当局域网中的某台机器 B 向 A 发送一个自己伪造的 ARP 应答，而如果这个应答是 B 冒充 C 伪造来的，即 IP 地址为 C 的 IP，而 MAC 地址是伪造的，则当 A 接收到 B 伪造的 ARP 应答后，就会更新本地的 ARP 缓存。这样在 A 看来，C 的 IP 地址没有变，而其 MAC 地址已经改变。由于局域网的网络流通不是根据 IP 地址进行，而是按照 MAC 地址进行传输，伪造出来的 MAC 地址在 A 上被改变成一个不存在的 MAC 地址，即可造成网络不通。

12.3.2 DoS 和 DDoS 攻击

DoS 的英文全称是 Denial of Service，也就是“拒绝服务”的意思。从网络攻击的各种方法和所产生的破坏情况来看，DoS 是一种很简单但又很有效的进攻方式，其目的就是拒绝用户的服务访问，破坏服务器的正常运行，最终会使用户的部分 Internet 连接和网络系统失效。DoS 的攻击方式有很多种，最基本的 DoS 攻击就是利用合理的服务请求来占用过多的服务资源，从而使合法用户无法得到服务。

DoS 攻击的基本过程是：首先攻击者向服务器发送众多的带有虚假地址的请求，服务器发送回复信息后等待回传信息，由于地址是伪造的，所以服务器一直等不到回传的消息，分配给这次请求的资源就始终没有被释放；当服务器等待一定的时间后，连接会因超时而被切断，攻击者会再度传送新的一批请求，在这种反复发送伪地址请求的情况下，服务器资源最终会被耗尽。

DDoS（分布式拒绝服务），其英文全称为 Distributed Denial of Service，是一种基于 DoS 的特殊形式的拒绝服务攻击，是一种分布、协作的大规模攻击方式，主要瞄准比较大的站点，像商业公司、搜索引擎和政府部门的站点。通常，DoS 攻击只要一台单机和一个 MODEM 就可实现，而 DDoS 攻击是利用一批受控制的机器向一台机器发起攻击。这样来势迅猛的攻击令人难以防备，因此具有较大的破坏性。

DoS 根据按照利用漏洞产生的来源来分，可以分为如下几类。

1. 利用软件实现的缺陷

OOB 攻击（常用工具 winnuke）、teardrop 攻击（常用工具 teardrop.c boink.c bonk.c）、land 攻击、IGMP 碎片包攻击、jolt 攻击、Cisco 2600 路由器 IOS version 12.0（10）远程拒绝服务攻击等攻击都是利用被攻击软件实现上的缺陷完成 DoS 攻击的。通常这些攻击工具向被攻击系统发送特定类型的一个或多个报文。这些攻击通常都是致命的，一般都是一击致死。而且很多攻击是可以伪造源地址的，所以即使通过 IDS 或者别的 Sniffer 软件记录到攻击报文也不能找到谁发动的攻击。此类型的攻击多是特定类型的几个报文，使用非常短暂的少量的报文，如果伪造源 IP 地址的话，几乎是不可能进行追查的。

2. 利用协议的漏洞

这种攻击的生存能力非常强。为了能够在网络上进行互通、互联，所有的软件实现都必须遵循既有的协议，而如果这种协议存在漏洞的话，那么所有遵循此协议的软件都会受到影响。

最经典的攻击是 SYN Flood 攻击，它利用 TCP/IP 的漏洞完成攻击。通常一次 TCP 连接的建立包括 3 个步骤，客户端发送 SYN 包给服务器端，服务器分配一定的资源给这里连接并返回 SYN/ACK 包，并等待连接建立的最后的 ACK（Acknowledgement，确认字符）包，最后客户端发送 ACK 报文。这样两者之间的连接建立起来，并可以通过连接传送数据了。而攻击的过程就是疯狂发送 SYN 报文，而不返回 ACK 报文，服务器占用过多资源，而导致系统资源占用过多，没有能力响应别的操作，或者不能响应正常的网络请求。这个攻击是经典的以小搏大的攻击，即自己使用少量资源占用对方大量资源。一台 P4 的 Linux 系统大约能发到 30 ~ 40MB 的 64 字节的 SYN Flood 报文，而一台普通的服务器 20MB 的流量就基本没有任何响应了（包括鼠标、键盘）。SYN Flood 不仅可以远程进行，这可以伪造源 IP 地址。这给追查造成很大困难，要查找必须对所有骨干网络运营商，一级一级路由器的向上查找。

对于伪造源 IP 的 SYN Flood 攻击，除非攻击者和被攻击的系统之间所有的路由器的管理者都配合查找，否则很难追查。当前一些防火墙产品声称有抗 DoS 的能力，但通常他们能力有限，包括国外的硬件防火墙大多 100M 防火墙的抗 SYN Flood 的能力只有 20 Mbit/s ~ 30Mbit/s（64 字节 SYN 包）。这里涉及它们对小报文的转发能力，再大的流量甚至能导致防火墙崩溃。现在有些安全厂商认识到 DoS 攻击的危害，开始研发专用的抗拒绝服务产品。

由于 TCP/IP 相信报文的源地址，另一种攻击方式是反射拒绝服务攻击。另外，还可以利用广播地址和组播协议辅助反射拒绝服务攻击，这样效果更好。不过大多数路由器都禁止广播地址和组播协议的地址。

还有一类攻击方式是使用大量符合协议的正常服务请求，由于每个请求耗费很大系统资源，导致正常服务请求不能成功。比如，HTTP（HyperText Transfer Protocol，超文本传输协议）是无状态协议，攻击者构造大量搜索请求，这些请求耗费大量服务器资源，导致 DoS 攻击。这种方式攻击比较好处理，由于是正常请求，暴露了正常的源 IP 地址，直接禁止这些 IP 就可以了。

3. 资源消耗

这种攻击方式凭借丰富的资源，发送大量的垃圾数据耗尽系统资源导致 DoS，比如 ICMP Flooding、mstream Flooding、Connection Flooding。为了获得比目标系统更多资源，通常攻击者会发动 DDoS（Distributed DoS，分布式拒绝服务攻击）。攻击者控制多个攻击点发动攻击，这样才能产生预期的效果。前两类攻击是可以伪造 IP 地址的，追查也非常困难，第 3 种攻击由于需要建立连接，可能会暴露攻击点的 IP 地址，通过防火墙禁止这些 IP 就可以了。对于难于追查，禁止的攻击行为，需要依靠专用的抗拒绝服务产品。

12.3.3 特洛伊木马（Trojan）

就现在的网络攻击方式来说，木马攻击绝对是一种主流的手段。下面来介绍一下木马的防御。

1. 木马的工作原理

目前木马入侵的主要途径还是先通过一定的方法把木马执行文件弄到被攻击者的计算机系统里，利用的途径有邮件附件、下载软件中等手段，然后通过一定的提示故意误导被攻击者打开执行文件。比如，故意谎称这个木马执行文件，是用户朋友送给用户贺卡，可能用户打开这个文件后，确实有贺卡的画面出现，但这时可能木马已经悄悄在用户的后台运行了。一般的木马执行文件非常小，大部分都是几 KB 到几十 KB，如果把木马捆绑到其他正常文件上，用户很难发现，因此，有一些网站提供的软件下载往往是捆绑了木马文件的，用户执行这些下载的文件，也同时运行了木马。

木马也可以通过 Script、ActiveX 及 ASP.CGI 交互脚本的方式植入。

当服务端程序在被感染的机器上成功运行以后，攻击者就可以使用客户端与服务端建立连接，并进一步控制被感染的机器。在客户端和服务端通信协议的选择上，绝大多数木马使用的是 TCP/IP，但是也有一些木马由于特殊的原因，使用 UDP 进行通信。当服务端在被感染机器上运行以后，它一方面尽量把自己隐藏在计算机的某个角落里面，以防被用户发现；同时监听某个特定的端口，等待客户端与其取得连接。另外，为了下次重启计算机时仍然能正常工作，木马程序一般会通过修改注册表，或者其他的方法让自己成为自启动程序。

2. 特洛伊木马具有的特性

特洛伊木马具有的特性主要有以下 6 个。

（1）包含于正常程序中，当用户执行正常程序时，启动自身，在用户难以察觉的情况下，完成一些危害用户的操作，具有隐蔽性。

（2）具有自动运行性。

（3）包含具有未公开并且可能产生危险后果的功能的程序。

（4）具备自动恢复功能。现在很多的木马程序中的功能模块已不再由单一的文件组成，而是具有多重备份，可以相互恢复。当用户删除了其中的一个后，它就会启动备份重新出现，令用户防不胜防。

（5）能自动打开特别的端口。

（6）功能的特殊性。通常的木马功能都是十分特殊的，除了普通的文件操作以外，还有些木马具有搜索 cache 中的口令、设置口令、扫描目标机器的 IP 地址、进行键盘记录、远程注册表的操作以及锁定鼠标等功能。

3. 木马的种类

木马主要有破坏型、密码发送型、远程访问型等 9 种。

（1）破坏型：唯一的功能就是破坏，并且删除文件。

（2）密码发送型：可以找到隐藏密码并把它们发送到指定的信箱。

（3）远程访问型：最广泛的是特洛伊木马，只需有人运行了服务端程序，客户就能知道服务端的 IP 地址，就可以实现远程控制。

（4）键盘记录木马：这种特洛伊木马是非常简单的。它们只做一件事情，就是记录受害者的键盘敲击并且在 LOG 文件里查找密码。

（5）DoS 攻击木马：随着 DoS 攻击越来越广泛的应用，被用作 DoS 攻击的木马也越来越流行起来。当入侵了一台机器，给它种上 DoS 攻击木马，那么这台计算机就成为新的 DoS 攻击点。控制的攻击点数量越多，发动 DoS 攻击取得成功的机率就越大。因此，这种木马的危害不是体现在被感染计算机上，而是体现在攻击者可以利用它来攻击一台又一台计算机，给网络造成巨大的伤害和损失。

（6）代理木马：黑客在入侵的同时掩盖自己的足迹，谨防别人发现自己的身份，因此，给被控制的攻击点种上代理木马，让其变成攻击者发动攻击的跳板就是代理木马最重要的任务。通过代理木马，攻击者可以在匿名的情况下使用 Telnet、ICQ、IRC 等程序，从而隐藏自己的踪迹。

（7）FTP 木马：这种木马可能是最简单和古老的木马了，其唯一的功能就是打开 21 端口，等待用户连接。现在新 FTP 木马还加上了密码功能。这样只有攻击者本人才知道正确的密码，从而进入对方计算机。

（8）程序杀手木马：该木马的功能就是关闭对方机器上运行的防木马程序，让其他的木马更好地发挥作用。

（9）反弹端口型木马：反弹端口型木马的服务端（被控制端）使用主动端口，客户端（控制端）使用被动端口。木马定时监测控制端的存在，发现控制端上线立即弹出端口主动连结控制端打开的主动端口。为了隐蔽起见，控制端的被动端口一般开在 80，即使用户使用扫描软件检查自己的端口，发现类似“TCP UserIP:1026 ControllerIP:80ESTABLISHED”的情况，但若稍微疏忽一点，用户就会以为是自己在浏览网页。

4. 被感染后的紧急措施

如果用户的计算机不幸中了木马，这里给用户提供 3 条建议。

（1）所有的账号和密码都要马上更改，例如，拨号连接下，ICQ、mIRC、FTP、个人站点、免费邮箱等，凡是需要密码的地方，都要把密码尽快改过来。

（2）删掉所有硬盘上原来没有的东西。

（3）更新杀毒软件检查一次硬盘上是否有病毒存在。

12.4 防火墙技术

12.4.1 防火墙的概念及作用

防火墙的本义原是指古代人们房屋之间修建的那道墙。这道墙可以防止火灾发生的时候蔓延到别的房屋。而这里所说的防火墙是指隔离在本地网络与外界网络之间的一道防御系统，是这一类防范措施的总称。应该说，在互联网上防火墙是一种非常有效的网络安全模型，通过它可以隔离风险区域（即 Internet 或有一定风险的网络）与安全区域（局域网）的连接，同时不会妨碍人们对风险区域的访问。

防火墙可以监控进出网络的通信量，从而完成看似不可能的任务。仅让安全、核准了的信息进入，同时又抵制对企业构成威胁的数据。随着安全性问题上的失误和缺陷越来越普遍，对网络的入侵不仅来自高超的攻击手段，也有可能来自配置上的低级错误或不合适的口令选择。因此，防火墙的作用是防止不希望的、未授权的通信进出被保护的网络，迫使区域网络内强化自己的网络安全政策。防火墙工作方式示意图如图 12-1 所示。

一般的防火墙都可以达到以下目的：一是可以限制他人进入内部网络，过滤掉不安全服务和非法用户；二是防止入侵者接近用户的防御设施；三是限定用户访问特殊站点；四是为监视 Internet 安全提供方便。由于防火墙假设了网络边界和服务，因此更适合于相对独立的网络，例如 Intranet 等。防火墙正在成为控制对网络系统访问的非常流行的方法。事实上，在 Internet 上的 Web 网站中，超过 1/3 的 Web 网站都是由某种形式的防火墙加以保护。这是对黑客防范最严、安全性较强的一种方式。任何关键性的服务器，都建议放在防火墙之后。

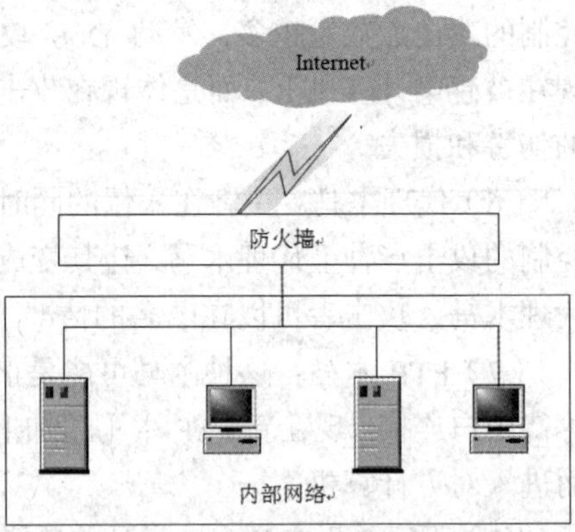

图 12-1　防火墙工作方式示意图

12.4.2　防火墙的分类

防火墙发展到今天，分类的方式林林总总，下面详细介绍几种常用的分类方式。

1. 从防火墙的软、硬件形式分

从防火墙的软、硬件形式来分，防火墙可以分为软件防火墙和硬件防火墙。最初的防火墙与我们平时所看到的集线器、交换机一样，都属于硬件产品，其在外观上与平常所见到的集线器和交换机类似，只是接口比较少，分别用于连接内、外部网络。这是由防火墙的基本作用决定的。

随着防火墙应用的逐步普及和计算机软件技术的发展，为了满足不同层次用户对防火墙技术的需求，许多网络安全软件厂商开发出了基于纯软件的防火墙，俗称“个人防火墙”。之所以说它是“个人防火墙”，那是因为其安装在主机中，只对一台主机进行防护，而不是对整个网络。

2. 从防火墙技术分

按照防火墙的技术划分，又可以分为如下两类。

（1）包过滤（Packet filtering）型：包过滤型防火墙工作在 OSI（Open System Interconnection，开放式系统互联）网络参考模型的网络层和传输层，其根据数据包头源地址、目的地址、端口号和协议类型等标志确定是否允许通过。只有满足过滤条件的数据包才被转发到相应的目的地，其余数据包则从数据流中丢弃。

（2）应用代理（Application Proxy）型：应用代理型防火墙工作在 OSI 的最高层，即应用层。其特点是完全“阻隔”了网络通信流，通过对每种应用服务编制专门的代理程序，以实现监视和控制应用层通信流的作用。

3. 防火墙结构分

按照防火墙的结构，可以将其划分为如下几类。

（1）单一主机防火墙：是最传统的防火墙，其独立于其他网络设备，位于网络边界。这种防火墙其实与一台计算机结构差不多，同样包括 CPU、内存、硬盘等基本组件。它与一般计算机最主要的区别就是一般防火墙都集成了两个以上的以太网卡，因为其需要连接一个以上的内、外部网络。这里的硬盘就是用来存储防火墙所用的基本程序，如包过滤程序和代理服务器程序等，有的防火墙还把日志记录也记录在此硬盘上。

（2）路由器集成式防火墙：随着防火墙技术的发展及应用需求的提高，原来作为单一主机的防火墙现在已发生了许多变化。最明显的变化就是现在许多中档、高档的路由器中已集成了防火墙功能。有的防火墙已不再是一个独立的硬件实体，而是由多个软、硬件组成的系统，这种防火墙俗称“路由器集成式防火墙”。

（3）分布式防火墙：分布式防火墙再也不是只是位于网络边界，而是渗透于网络的每一台主机，对整个内部网络的主机实施保护。在网络服务器中，通常会安装一个用于防火墙系统管理软件，并在服务器及各主机上安装有集成网卡功能的 PCI 防火墙卡。这样一块防火墙卡就同时兼有网卡和防火墙的双重功能，就可以彻底保护内部网络。各主机把任何其他主机发送的通信连接都视为“不可信”的，都需要严格过滤，而不是像传统边界防火墙那样，仅对外部网络发出的通信请求“不信任”。

4. 按防火墙的应用部署位置分

按照防火墙在具体应用中部署的位置，可以划分为如下 3 类。

（1）边界防火墙：最传统的防火墙，其位于内部、外部网络的边界，它的作用是对内部、外部网络实施隔离，保护边界内部网络。这类防火墙一般都是硬件类型的，价格较贵，性能较好。

（2）个人防火墙：安装于单台主机中，也只是防护单台主机。这类防火墙应用于广大的个人用户，通常为软件防火墙，价格最便宜，性能也最差。

（3）混合式防火墙：可以说就是“分布式防火墙”或者“嵌入式防火墙”，是一整套防火墙系统，由若干个软、硬件组成，分布于内、外部网络边界和内部各主机之间。它既对内、外部网络之间通信进行过滤，又对网络内部各主机间的通信进行过滤。它属于最新的防火墙技术之一，性能最好，价格也最贵。

5. 按防火墙性能分

如果按防火墙的性能来分可以分为百兆级防火墙和千兆级防火墙两类。因为防火墙通常位于网络边界，所以不可能只是十兆级的。这主要是指防火的通道带宽，或者说是吞吐率。当然通道带宽越宽，性能越强，这样的防火墙因包过滤或应用代理所产生的延时也就越小，对整个网络通信性能的影响也就越小。

12.4.3　使用 firewalld 防火墙框架

RHEL7.x 系统提供了一个自带的免费防火墙——firewalld 防火墙框架。红帽 RHEL7.x 系统已经用 firewalld 服务替代了 iptables 服务（但依然可以使用 iptables 命令来管理内核的 netfilter）。本质上，firewalld 跟 iptables 是同样的东西，都只是用来定义防火墙规则功能的“防火墙管理工具”，将定义好的规则交由内核中的 netfilter 即网络过滤器来读取，从而真正实现防火墙功能。只是，firewalld 比 iptables 更简单更智能化。下面详细介绍该框架的安装、配置和使用。

1. 简介

firewalld 是 iptables 的前端控制器，用于实现持久的网络流量规则。它提供命令行和图形界面，是红帽 RHEL7.x 系统中默认的防火墙管理工具，特点是拥有运行时配置与永久配置选项，且能够支持动态更新及“zone”的区域功能概念，使用图形化工具 firewall-config 或文本管理工具 firewall-cmd。firewalld 是 iptables 的一个封装，可以更容易地管理 iptables 规则。需注意的是，它并不是 iptables 的替代品。

虽然 iptables 命令仍可用于 firewalld，但建议使用 firewalld 时仅用 firewalld 命令。在 RHEL7.x 中，可以直接禁用 iptables，使用 firewalld。与直接控制 iptables 相比，使用 firewalld 有两个主要区别：firewalld 使用区域和服务而不是链式规则；它动态管理规则集，允许更新规则而不破坏现有会话和连接。

2. 安装 firewalld 系统

firewalld 组件在 RHEL 7.x 默认已经安装了，如果没有可以，则使用如下 yum 命令进行安装。

```
yum install firewalldfirewall-config
#说明：firewalld 为服务包，firewall-config 为图形化界面配置工具
#启动 firewall
systemctl start firewalld.service
#设置 firewall 开机启动
systemctl enable firewalld.service
#取消开机启动
systemctl disable firewalld
#查看 firewall 状态
systemctl status firewalld
#查看 firewall 是否开启，“active”表示已启动
systemctl is-active firewalld
#停止 firewall
systemctl stop firewalld.service
```

3. 配置规则

配置文件位于以下两个目录中。

（1）“/usr/lib/firewalld”下保存默认配置，如默认区域和公用服务。避免修改它们，因为每次 firewalld 软件包更新时都会覆盖这些文件。

（2）“/etc/firewalld”下保存系统配置文件。这些文件将覆盖默认配置。

4. 配置集

firewalld 使用两个配置集：“运行时”和“持久”。在系统重新启动或重新启动 firewalld 时，不会保留运行时的配置更改，而对持久配置集的更改不会应用于正在运行的系统。

默认情况下，firewall-cmd 命令适用于运行时配置，但使用 --permanent 标志将保存到持久配置中。要添加和激活持久性规则，可以使用以下两种方法之一。

（1）将规则同时添加到持久规则集和运行时规则集中。

```
sudo firewall-cmd --zone=public --add-service=http --permanent
sudo firewall-cmd --zone=public --add-service=http
```

（2）将规则添加到持久规则集中并重新加载 firewalld。

```
sudo firewall-cmd --zone=public --add-service=http --permanent
sudo firewall-cmd --reload
```

reload 命令会删除所有运行时配置并应用永久配置。因为 firewalld 动态管理规则集，所以它不会破坏现有的连接和会话。

5. 防火墙的区域

“区域”是针对给定位置或场景（例如家庭、公共、受信任等）可能具有的各种信任级别的预构建规则集。不同的区域允许不同的网络服务和入站流量类型，而拒绝其他任何流量。首次启用 firewalld 后，public 将是默认区域。

区域也可以用于不同的网络接口。例如，要分离内部网络和互联网的接口，可以在 internal 区域上允许 DHCP，但在 external 区域仅允许 HTTP 和 SSH。未明确设置为特定区域的任何接口将添加到默认区域。

（1）要找到默认区域的命令如下。

```
sudo firewall-cmd --get-default-zone
```

（2）要修改默认区域的命令如下。

```
sudo firewall-cmd --set-default-zone=internal
```

（3）要查看你网络接口使用的区域的命令如下。

```
sudo firewall-cmd --get-active-zones
```

（4）要得到特定区域的所有配置的命令如下。

```
sudo firewall-cmd --zone=public --list-all
```

（5）要得到所有区域的配置的命令如下。

```
sudo firewall-cmd --list-all-zones
```

firewalld 可以根据特定网络服务的预定义规则来允许相关流量，其可以创建自己的自定义系统规则，并将它们添加到任何区域。firewalld 默认支持的服务的配置文件位于“/usr/lib/firewalld/services”，用户创建的服务文件在“/etc/firewalld/services”中。

（6）要查看默认的可用服务的命令如下。

```
sudo firewall-cmd --get-services
```

例如，要启用或禁用 HTTP 服务可使用如下命令。

```
sudo firewall-cmd --zone=public --add-service=http --permanent
sudo firewall-cmd --zone=public --remove-service=http --permanent
```

（7）允许或者拒绝任意端口/协议。如下命令为允许或者禁用 12345 端口的 TCP 流量。

```
sudo firewall-cmd --zone=public --add-port=12345/tcp --permanent
sudo firewall-cmd --zone=public --remove-port=12345/tcp --permanent
```

6. 端口转发

在同一台服务器上将 80 端口的流量转发到 12345 端口的命令如下。

```
sudo firewall-cmd --zone="public" --add-forward-port=port=80:proto=tcp:toport=12345
```

将端口转发到另外一台服务器上的步骤如下。

（1）在需要的区域中激活 masquerade。

```
sudo firewall-cmd --zone=public --add-masquerade
```

（2）添加转发规则。将本地的 80 端口的流量转发到 IP 地址为 123.456.78.9 的远程服务器上的 8080 端口。

```
sudo firewall-cmd --zone="public" --add-forward-port=port=80:proto=tcp:toport=8080:
toaddr=123.456.78.9
```

要删除规则，用--remove 替换--add，命令如下。

```
sudo firewall-cmd --zone=public --remove-masquerade
```

（3）用 firewalld 构建规则集。以下命令是使用 firewalld 为服务器配置基本规则（如果正在运行 Web 服务器）。将 eth0 的默认区域设置为 dmz。在所提供的默认区域中，dmz（非军事区）是最适合于这个程序的，因为它只允许 SSH 和 ICMP。

```
sudo firewall-cmd --set-default-zone=dmz
sudo firewall-cmd --zone=dmz --add-interface=eth0
```

（4）把 HTTP 和 HTTPS 添加永久的服务规则到 dmz 区域中，命令如下。

```
sudo firewall-cmd --zone=dmz --add-service=http --permanent
sudo firewall-cmd --zone=dmz --add-service=https --permanent
```

（5）重新加载 firewalld 让规则立即生效。

```
sudo firewall-cmd --reload
```

如果运行 firewall-cmd --zone=dmz --list-all，会有下面的输出。

```
dmz (default)
  interfaces: eth0
  sources:
  services: http https ssh
  ports:
  masquerade: no
  forward-ports:
  icmp-blocks:
  rich rules:
```

上述操作告诉我们，dmz 区域是我们的默认区域，被用于 eth0 接口中所有网络的源地址和端口，允许传入 HTTP（端口 80），HTTPS（端口 443）和 SSH（端口 22）的流量。由于没有 IP 版本控制的限制，这些适用于 IPv4 和 IPv6。不允许 IP 伪装及端口转发。我们没有 ICMP 块，所以 ICMP 流量是完全允许的。没有丰富（Rich）规则，允许所有出站流量。

这里还有一些常见的例子。

（1）允许来自主机 192.168.0.14 的所有 IPv4 量，命令如下。

```
sudo firewall-cmd --zone=public --add-rich-rule 'rule family="ipv4" source address=192.168.0.14 accept'
```

（2）拒绝来自主机 192.168.1.10 到 22 端口的 IPv4 的 TCP 流量，命令如下。

```
sudo firewall-cmd --zone=public --add-rich-rule 'rule family="ipv4" source address="192.168.1.10" port port=22 protocol=tcp reject'
```

（3）允许来自主机 10.1.0.3 到 80 端口的 IPv4 的 TCP 流量，并将流量转发到 6532 端口上，命令如下。

```
sudo firewall-cmd --zone=public --add-rich-rule 'rule family=ipv4 source
address=10.1.0.3 forward-port port=80 protocol=tcp to-port=6532'
```

12.5 入侵检测系统（IDS）

入侵检测系统被安全领域称为是继防火墙之后，保护网络安全的第二道“闸门”。本节将介绍入侵检测系统的基本原理，并对 Red Hat Enterprise Linux 7.3 中的轻量级的入侵检测系统——Snort 的使用进行详细介绍。

12.5.1 入侵检测系统简介

Intrusion Detection System（入侵检测系统，IDS），顾名思义，便是对入侵行为的发觉，其通过对计算机网络或计算机系统中的若干关键点收集信息并对其进行分析，从中发现网络或系统中是否有违反安全策略的行为和被攻击的迹象。通常说来，其具有如下几个功能。

（1）监控、分析用户和系统的活动。

（2）核查系统配置和漏洞。

（3）评估关键系统和数据文件的完整性。

（4）识别攻击的活动模式并向网管人员报警。

（5）对异常活动的统计分析。

（6）操作系统审计跟踪管理，识别违反政策的用户活动。

按照技术以及功能来划分，入侵检测系统可以分为如下 3 类。

（1）基于主机的入侵检测系统：其输入数据来源于系统的审计日志，一般只能检测该主机上发生的入侵。

（2）基于网络的入侵检测系统：其输入数据来源于网络的信息流，能够检测该网段上发生的网络入侵。

（3）采用上述两种数据来源的分布式入侵检测系统：能够同时分析来自主机系统审计日志和网络数据流的入侵检测系统，一般为分布式结构，由多个部件组成。

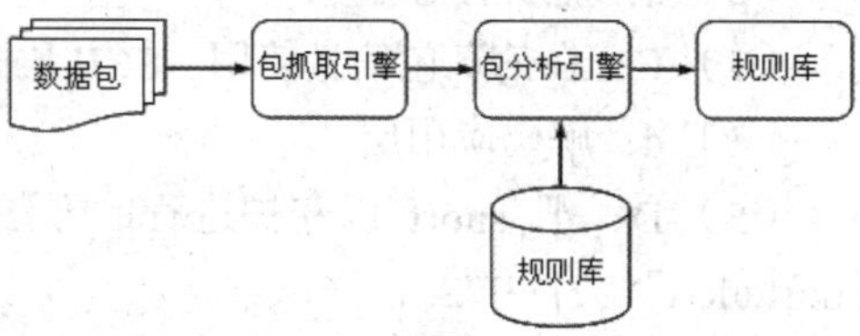

图 12-2 IDS 系统结构图

入侵检测系统的结构如图 12-2 所示，其中，“包抓取引擎”从网络上抓取数据包；“包分析引擎”对数据包做简单处理，如 IP 重组、TCP 流重组，并根据规则库判断是否为可疑或入侵的数据包；“规则库”是入侵检测系统的知识库，定义各种入侵的知识；“响应模块”是当系统发现一个可疑的数据包时所采取的响应手段。这其中，“包分析引擎”是整个系统的核心所在，对入侵特征的检测在这里完成。

12.5.2 Snort 简介

Snort 是一个强大的轻量级的免费网络入侵检测系统，其作者是 Martin Roesch。该入侵检测系统具有实时数据流量分析和对 IP 网络数据包做日志记录的能力，能够进行协议分析，对内容进行搜索/匹配，能够检查各种不同的攻击方式，并进行实时的报警。这个软件遵循通用公共许可证（General Public License, GPL），只要遵守 GPL 的任何组织和个人都可以自由地使用。该入侵检测系统的主要特点如下。

（1）轻量级的网络入侵检测系统：虽然功能强大，但其代码非常简洁。

（2）可移植性好：跨平台性能极佳，目前已经支持类 UNIX 下的 Linux、Solaris，FreeBSD，Irix 及 Microsoft 的 Windows Server 等系统服务器系统。

（3）功能非常强大：具有实时流量分析和对 IP 网络数据包做日志记录的能力。能够快速地检测网络攻击，及时地发出报警。

（4）扩展性较好：对于新的攻击反应迅速：作为一个轻量级的网络入侵检测系统，Snort 有足够的扩展能力，其使用一种简单的规则描述语言。最基本的规则只是包含 4 个域：处理动作、协议、方向和注意的端口。发现新的攻击后，Snort 可以很快根据 bugtraq 邮件列表，找出特征码，写出检测规则。因为规则语言简单，所以很容易上手，节省人员的培训费用。

（5）遵循公共通用许可证 GPL：遵循 GPL，任何企业、组织、个人都可以免费使用它。

12.5.3 使用 Snort

Snort 官方网站地址是 http://www.snort.org，可以从该网站下载到最新版源代码，其安装方式和普通源代码安装方式相同，这里不再重复。这里从介绍使用 Snort 的基本命令入手，讲述如何使用 Snort 查看原始报文、配置 Snort 的输出等相关问题。

1. 命令简介

Snort 命令行格式如下所示。

```
snort -[options] <filters>
```

下面介绍该软件使用中可能用到的参数。

（1）-A <alert>：设置 <alert> 的模式是 full、fast、none 中的任意一个，其中，full 模式是记录标准的 alert 模式到 alert 文件中；Fast 模式只写入时间戳、messages、Ips、ports 到文件中；None 模式关闭报警。

（2）-a：显示 ARP 包。

（3）-C：在信息包信息使用 ASCII 码来显示，而不是十六进制的方式。

（4）-d：解码应用层。

（5）-D：把 snort 以守护进程的方法来运行，默认情况下 ALERT 记录发送到“var/log/snort.alert”文件中去。

（6）-e：显示并记录 2 个信息包头的数据。

（7）-s LOG：报警的记录到 syslog 中去，在 Linux 机器上，这些警告信息会出现在“/var/log/secure”中，在其他平台上将出现在“/var/log/message”中。

（8）-S <n=v>：设置变量值，可以用来在命令行定义 Snort rules 文件中的变量，如要在 Snort rules 文件中定义变量 HOME_NET，就可以在命令行中给它预定义值。

（9）-v：verbose 模式，把信息包打印在 console 中，这个选项使用后会使速度很慢，这样结果在记录多的时候会出现丢包现象。

（10）-？：显示使用列表并退出。

上面只是列出一些常用的选项，具体的一些复杂的参数，可以通过使用如下命令来获取。

```
# snort -?
```

2. 查看 ICMP 数据报文

使用命令 snort -v 会运行 Snort 和显示 IP 及 TCP/UDP/ICMP 头信息，-v 表示使用 verbose 模式，把信息包打印在 console 中。这个选项使用后会使速度变慢。这样结果在记录多的是时候会出现丢包现象。命令格式如下。

```
#./snort  -v
```

在本机（IP 地址为 192.168.0.2）使用 ping 192.168.0.1（内部网络 IP 地址）得到如下由 192.168.0.2 发往 192.168.0.1 的 ICMP（Internet Control Message Protocol，控制报文协议）探测请求报文（由 ECHO 标志），其中包括生命周期为（Time To Live）、服务类型（TOS）、报文标志 ID、报文序列号 Seq 等。

```
06/10-10:21:13.884925 192.168.0.2->192.168.0.1
ICMP TTL:64 TOS:0x0 ID:4068
ID:20507 Seq:0 ECHO
```

根据 ICMP，由 192.168.0.2 发往 192.168.0.1 的 ICMP 探测应答报文（由 ECHO REPLY 标志），其他包含的字段如上请求报文类似下面数据。

```
06/10-10:21:13.885081 192.168.0.1->192.168.0.2
ICMP TTL:128 TOS:0x0 ID:15941
ID:20507 Seq:0 ECHO REPLY
//以下同上请求报文所示，不再赘述
06/10-10:21:14.884874 192.168.0.2 ->192.168.0.1
ICMP TTL:64 TOS:0x0 ID:4069
ID:20507 Seq:256 ECHO
//以下同上请求应答报文所示，不再赘述
06/10-10:21:14.885027 192.168.0.1->192.168.0.2
ICMP TTL:128 TOS:0x0 ID:15942
ID:20507 Seq:256 ECHO REPLY
```

如果想要解码应用层，查看原始二进制（十六进制表示）内容，再次使用 ping 192.168.0.1 命令及 snort –vd 命令，其中，-v 如上解释，其使用 verbose 模式，把信息包打印在 console 中，而 -d 为解码应用层之用。

```
#snort -vd
#ping 192.168.0.1
//下段如上面所讲述的 ICMP 请求报文格式
06/10-10:26:39.894493 192.168.0.2->192.168.0.1
ICMP TTL:64 TOS:0x0 ID:4076
ID:20763 Seq:0 ECHO
//下段为报文的原始二进制形式，由于没有使用正确的解码程序，所以读者看到的只是一些十六进制内容和乱码
58 13 42 39 0BB 5 0 809 A B 0C 0D 0E 0F X.B9
10 11 12 13 14 15 16 17 18 19 1A 1B 1C 1D 1E 1F
20 21 22 23 24 25 26 27 28 29 2A 2B 2C 2D 2E 2F !"#$%&'()*+,-./
30 31 32 33 34 35 36 37         01234567
//下段如上面所讲述的 ICMP 请求应答报文格式
06/10-10:26:39.894637 192.168.0.1 -> 192.168.0.2
ICMP TTL:128 TOS:0x0 ID:15966
ID:20763 Seq:0 ECHO REPLY
//同上所述的原始二进制报文内容
58 13 42 39 E0 BB 05 00 08 09 0A 0B 0C 0D 0E 0F X.B9
10 11 12 13 14 15 16 17 18 19 1A 1B 1C 1D 1E 1F
20 21 22 23 24 25 26 27 28 29 2A 2B 2C 2D 2E 2F!"#$%&'()*+,-./
30 31 32 33 34 35 36 37            01234567
```

查看关于 ethernet 头（以太网头）的详细信息，使用 snort -vde 命令。

```
# snort -vde
# ping 192.168.0.1
```

下面命令中，“-*>Snort!<*-”为 snort 报文的头部，“0:60:94:F9:5E:17”为 192.168.0.2 的 Mac 地址，“>0:50:BA:BB:4A:54”为 192.168.0.1 的 Mac 地址，类型为 0x800，表明他封装的为 IP 数据包，长度为 0x62（98 字节）。该数据包为 ICMP 请求报文，如下所示。

```
 -*>Snort!<*-
06/10-10:32:01.345962 0:60:94:F9:5E:17->0:50:BA:BB:4A:54 type:0x800 len:0x62
192.168.0.2->192.168.0.1ICMP TTL:64 TOS:0x0 ID:4079
ID:21787 Seq:0 ECHO
//二进制原始数据报文
```

```
99 42 39 47 4C 0C 00 08 09 0A 0B 0C 0D 0E 0F..B9GL.
10 11 12 13 14 15 16 17 18 19 1A 1B 1C 1D 1E 1F
20 21 22 23 24 25 26 27 28 29 2A 2B 2C 2D 2E 2F  !"#$%&'()*+,-./
30 31 32 33 34 35 3637       01234567
```

下面“-*>Snort!<*-”为 snort 报文的头部，“0:60:94:F9:5E:17”为 192.168.0.2 的 Mac 地址，“>0:50:BA:BB:4A:54”为 192.168.0.1 的 Mac 地址，类型为 0x800，表明其封装的为 IP 数据包，长度为 0x62（98 字节）。该数据包为 ICMP 请求应答报文，如下所示。

```
06/10-10:32:01.346164 0:50: BA:BB:4A:54 -> :60:94:F9:5E:17 type:0x800 len:0x62
192.168.0.1 -> 192.168.0.2 ICMP TTL:128 TOS:0x0 ID:16090
ID:21787 Seq:0 ECHO REPLY
//二进制原始数据报文
99 14 42 39 47 4C 0C 00 08 09 0A 0B 0C 0D 0E 0F ..B9GL
10 11 12 13 14 15 16 17 18 19 1A 1B 1C 1D 1E 1F
20 21 22 23 24 25 26 27 28 29 2A 2B 2C 2D 2E 2F  !"#$%&'()*+,-./
30 31 32 33 34 35 36 37      01234567
```

上面所演示的命令只能在终端屏幕上看到，如果要记录在 LOG 文件上，可以先建立一个 log 目录，然后使用命令，如下所示。

```
#mkdir log
#./snort -dev -l. /log -h 192.168.0.1/24
```

上述命令就使 Snort 把 ethernet 头信息和应用层数据记录到“./log”目录总去了，并记录关于 192.168.0.1C 类 IP 地址的信息。

如果想利用一些规则文件（一些记录特定数据的规则文件，如 SYN ATTACK 等记录），可使用如下命令。

```
#./snort -dev -l ./log -h 192.168.1.0/24 -c snort-lib
```

如果网络请求相当多，你可以使用如下命令。这样，每一条规则内的警告消息就分开记录，对于多点同步探测和攻击的记录可以不容易丢包。

```
#./snort -b -A fast -c snort-lib
```

3. 配置 Snort 的输出方式

有很多的方式来配置 Snort 的输出。在默认的情况下，Snort 以 ASCII 格式记录日志，使用 full 报警机制，Snort 会在报头之后打印包头之后打印报警消息。如果不需要日志包，可以使用 -N 选项。Snort 有 6 种报警机制，分别为 full、fast、socket、syslog、smb 和 none，其中有如表 12-1 所示的 4 个可以在命令行状态下使用-A 选项设置。

表 12-1　命令行状态说明

编　号	命令行状态	注　释
01	A fast	报警消息包括：一个时间戳、报警消息、源/目的 ip 地址和端口
02	A full	默认的报警方式
03	A unsock	把报警消息发送到一个 UNIX 套接字，需要一个程序进行监听，这样可以实现适时报警
04	A none	关闭报警机制

使用 -s 选项可以使 Snort 把报警消息发送到 syslog，默认的设备是 LOG_AUTHPRIV 和 LOG_ALERT，可以通过 snort.conf 文件修改配置。Snort 还可以使用 smb 报警机制，通过 samba

把消息发送到 Windows 主机。为了使用这个选项，必须在运行“./configure”脚本时使用--enable-smbalerts 选项。下面是一些输出配置例子。

```
//使用默认的日志方式并把报警发给 syslog
#./snort -c snort.conf -l ./log -s -h 192.168.0.1/24
//使用二进制日志格式和 smb 报警机制
#./snort -c snort.conf -b -M WORK-STATIONS
```

说明：上述例子均以局域网（以太网）背景进行说明，不过，这些命令在广域网上同样有效。

12.5.4 配置 Snort 规则

Snort 最重要的用途是作为网络入侵检测系统，其具有自己的规则语言。从语法上看，这种规则语言非常简单，但是对于入侵检测来说其足够强大，并且有厂商及 Linux 爱好者的技术支持。读者只要能够较好地使用这些规则，就将能较好地保证 Linux 网络系统的安全。下面将介绍 Snort 规则集的配置和使用。

//创建 snort 的配置文件，其实就是把 snort 的默认配置文件复制到用户的主目录（在本例中为“/home/user1”），并作一些修改

```
# cd /home/user1/snort-2.4.0
# ls -l snort.conf
-rw-r--r--1 1006 100618253 Apr 8 12:04 snort.conf
# cp snort.conf /root/.snortrc
```

//对“/root/.snortrc”的修改，可以设置 RULE_PATH 值为“/usr/local/snort/rules”，在文件的最后部分，对规则文件行首去掉或加上注释符（用“#”表示）

```
var RULE_PATH /usr/local/snort/rules
#========================================
# Include all relevant rulesets here
#
# shellcode, policy, info, backdoor, and virus rulesets are
# disabled by default.  These require tuning and maintance.
# Please read the included specific file for more information.
#========================================

include $RULE_PATH/bad-traffic.rules      //包含对非法流量的检测规则
include $RULE_PATH/exploit.rules          //包含对漏洞利用的检测规则
include $RULE_PATH/scan.rules             //包含对非法扫描的检测规则
include $RULE_PATH/finger.rules           //包含对 finger 搜索应用的检测规则
include $RULE_PATH/ftp.rules              //包含对 ftp 应用的检测规则
include $RULE_PATH/telnet.rules           //包含对 telnet 远程登录应用的检测规则
include $RULE_PATH/smtp.rules             //包含对 smtp 邮件发送应用的检测规则
include $RULE_PATH/rpc.rules              //包含对远程调用应用的检测规则
include $RULE_PATH/rservices.rules        //包含对远程服务进程应用的检测规则
include $RULE_PATH/dos.rules              //包含检测拒绝服务攻击的规则
include $RULE_PATH/ddos.rules             //包含检测分布式拒绝服务攻击的规则
include $RULE_PATH/dns.rules              //包含对 dns 域名服务应用的检测规则
include $RULE_PATH/tftp.rules             //包含对 tftp 应用的检测规则
```

```
//包含对Web服务器cgi脚本执行应用的检测规则
include $RULE_PATH/web-cgi.rules
//包含针对Web服务器coldfusion攻击应用的检测规则
include $RULE_PATH/web-coldfusion.rules
include $RULE_PATH/web-iis.rules              //包含对Web服务器IIS服务应用的检测规则
//包含对Web服务器frontpage页面应用的检测规则
include $RULE_PATH/web-frontpage.rule
//包含对Web服务器的web-misc攻击的检测规则
include $RULE_PATH/web-misc.rules
include $RULE_PATH/web-attacks.rules          //包含对Web服务器攻击的检测规则
include $RULE_PATH/sql.rules                  //包含对sql语句执行攻击的检测规则
include $RULE_PATH/x11.rules                  //包含对x11服务器进行攻击的检测规则
include $RULE_PATH/icmp.rules                 //包含利对ICMP协议攻击的检测规则
include $RULE_PATH/netbios.rules              //包含利用netbios协议进行攻击的检测规则
include $RULE_PATH/misc.rules                 //包含misc攻击的检测规则
include $RULE_PATH/attack-responses.rules//包含攻击链响应攻击模式的检测规则
//下面注释掉了关于后门、shell代码以及病毒检测等规则集
# include $RULE_PATH/backdoor.rules
# include $RULE_PATH/shellcode.rules
# include $RULE_PATH/policy.rules
# include $RULE_PATH/porn.rules
# include $RULE_PATH/info.rules
# include $RULE_PATH/icmp-info.rules
# include $RULE_PATH/virus.rules
# include $RULE_PATH/experimental.rules
//运行snort -T命令进行测试，测试规则集是否已经配置好
#snort -T
//初始化规则链（rule chains）
Initializing rule chains...
No arguments to frag2 directive, setting defaults to:
Fragment timeout: 60 seconds
Fragment memory cap: 4194304 bytes
Stream4 config:
Stateful inspection: ACTIVE
Session statistics: INACTIVE
Session timeout: 30 seconds
Session memory cap: 8388608 bytes
State alerts: INACTIVE
Scan alerts: ACTIVE
Log Flushed Streams: INACTIVE
No arguments to stream4_reassemble, setting defaults:
Reassemble client: ACTIVE
Reassemble server: INACTIVE
Reassemble ports: 21 23 25 53 80 143 110 111 513
Reassembly alerts: ACTIVE
Reassembly method: FAVOR_OLD
Back Orifice detection brute force: DISABLED
Using LOCAL time
//导入的规则集默认的规则
1243 Snort rules read...
```

```
1243 Option Chains linked into 152 Chain Headers
0 Dynamic rules
//表明初始化成功
--== Initialization Complete ==--
创建存放 snort 规则的目录并把 snort 的规则文件复制到该目录
# mkdir /usr/local/snort/rules
# cp *.rules /usr/local/snort/rules
```

12.5.5 编写 Snort 规则

上一小节所讲述的由开发者提供的规则集，当然也可以按照上述步骤自行下载和配置使用。下面将介绍编写 Snort 规则的基本方法。

Snort 的每条规则都可以分成逻辑上的两个部分：规则头和规则选项。规则头包括规则动作（rule's action）、协议（protocol）、源/目的 IP 地址、子网掩码及源/目的端口。规则选项包含报警消息和异常包的信息（特征码），使用这些特征码来决定是否采取规则规定的行动。最基本的规则只是包含 4 个域：处理动作、协议、方向、注意的端口。

1. 规则动作

对于匹配特定规则的数据包，snort 有 3 种处理动作：pass、log、alert。

（1）pass：放行数据包。

（2）log：把数据包记录到日志文件。

（3）alert：生成报警消息并记录到日志数据包。

2. 协议

每条规则的第二项就是协议项。当前，snort 能够分析的协议是：TCP、UDP 和 ICMP。将来，可能提供对 ARP、ICRP、GRE、OSPF、RIP、IPX 等协议的支持。

3. IP 地址

规则头下面的部分就是 IP 地址和端口信息。关键词 any 可以用来定义任意的 IP 地址。Snort 不支持对主机名的解析，所以地址只能使用数字“/CIDR”的形式。下面例子中，“/24”表示一个 C 类网络；“/16”表示一个 B 类网络；而“/32”表示一台特定的主机地址。

```
192.168.1.0/24 表示从 192.168.1.1 到 192.168.1.255 的地址。
```

在规则中，可以使用否定操作符（negation operator）对 IP 地址进行操作。它告诉 snort 除了列出的 IP 地址外，匹配所有的 IP 地址。否定操作符使用“!”表示。

```
//下面这条规则中的 IP 地址表示：所有 IP 源地址不是内部网络的地址，而目的地址是内部网络地址

alert tcp !192.168.1.0/24 any -> 192.168.1.0/24 111 (content:"|00 01 86 a5|"; msg:"external mountd access")（使用 IP 地址否定操作符的规则）
```

当然也可以定义一个 IP 地址列表（IP list）。IP 地址列表的格式如下所示。

```
[IP 地址 1/CIDR,IP 地址/CIDR,....]
```

具体实例如下。

```
alert tcp ![192.168.1.0/24,10.1.1.1.0/24] any ->[192.168.1.0/24,10.1.1.0/24] 111 (content:"|00 01 86 a5|"; msg:"external mountd access" )
```

> **注意** IP 地址之间不能有空格。

4. 端口号

在规则中，可以有几种方式来指定端口号，包括：any、静态端口号（static port）定义、端口范围，以及使用非操作定义。any 表示任意合法的端口号。静态端口号表示单个的端口号，例如 111（portmapper）、23（telnet）、80（http）等。使用范围操作符可以指定端口号范围。有几种方式来使用范围操作符“:”达到不同的目的，具体实例如下。

```
//记录来自任何端口，其目的端口号在 1 到 1024 之间的 UDP 数据包
log udp any any -> 192.168.1.0/24 1:1024
//记录来自任何端口，其目的端口号小于或者等于 6000 的 TCP 数据包
log tcp any any -> 192.168.1.0/24 :600
//记录源端口号小于等于 1024，目的端口号大于等于 500 的 TCP 数据包
log tcp any :1024 -> 192.168.1.0/24 500
```

还可以通过使用逻辑非操作符“!”对端口进行逻辑非操作（port negation）。逻辑非操作符可以用于其他的规则类型（除了 any 类型）。例如，如果要日志除了 X Window 系统端口之外的所有端口，则可以使用下面的规则。

```
log tcp any any -> 192.168.1.0/24 !6000:60 10 （对端口进行逻辑非操作）
```

5. 方向操作符（direction operator）

方向操作符“->”表示数据包的流向。它左边是数据包的源地址和源端口，右边是目的地址和端口。此外，还有一个双向操作符“<>”，其使 Snort 对这条规则中两个 IP 地址/端口之间双向的数据传输进行记录分析。

```
//下面的规则表示对一个 telnet 对话的双向数据传输进行记录
log !192.168.1.0/24 any <> 192.168.1.0/24 23 （使用双向操作符的 snort 规则）
```

6. activate/dynamic 规则

activate/dynamic 规则对扩展了 snort 功能。使用 activate/dynamic 规则对，能够使用一条规则激活另一条规则。当一条特定的规则启动，如果想要 snort 接着对符合条件的数据包进行记录时，使用 activate/dynamic 规则对非常方便。除了一个必需的选项 activates 外，激活规则（activate rule）非常类似于报警规则（alert rule）。动态规则（dynamic rule）和日志规则（log rule）也很相似，不过它需要一个选项：activated_by。动态规则还需要另一个选项：count。当一个激活规则启动，其就打开由 activate/activated_by 选项之后的数字指示的动态规则，记录 count 个数据包。

```
//下面是一条 activate/dynamic 规则对的规则
activate tcp !$HOME_NET any -> $HOME_NET 143 ( flagsA; content:"|E8C0FFFFFF |□in|;
activates:1; <msg:"IMAP buffer overflow!" )
（activate/dynamic 规则对 ）
```

上述规则使 snort 在检测到 IMAP 缓冲区溢出时发出报警，并且记录后续的 50 个从 $HOME_NET 之外，发往 $HOME_NET 的 143 号端口的数据包。如果缓冲区溢出成功，那么接下来 50 个发送到这个网络同一个服务端口（这个例子中是 143 号端口）的数据包中，会有很重要的数据，这些数据对以后的分析很有用处。

在 Snort 中有 23 个规则选项关键词，随着 Snort 不断地加入对更多协议的支持及功能的扩展，会有更多的功能选项加入其中。这些功能选项可以以任意的方式进行组合，以对数据包进行分类和检测。现在，Snort 支持的选项包括：msg、logto、ttl、tos、id、ipoption、fragbits、dsize、flags、seq、ack、itype、icode、icmp_id、content、content-list、offset、depth、nocase、session、rpc、resp、react。每条规则中，各规则选项之间是逻辑与的关系。只有规则中的所有测试选项（例如：ttl、tos、id、ipoption 等）都为真，Snort 才会采取规则动作。

12.5.6　Snort 规则应用举例

上面介绍了如何编写 Snort 规则，下面本节给出几个实际应用中的例子来说明如何灵活、高效地应用 Snort 规则。

1. PHP Upload 溢出攻击的检测

PHP 语言为用户提供了上传文件的功能，用户可以使用提供的类进行各类文件、档案的上传功能传送数据给服务器。然而，该类由于没有对上传文件的大小或者类型做严格的判断，在程序执行过程当中，有可能造成服务器端的缓冲区溢出，从而导致缓冲区溢出攻击。

下面给出防范该溢出攻击的 Snort 检测规则。

```
    alert tcp $EXTERNAL_NET any -> $HOME_NET 80 (msg:"EXPERIMENTAL php content- disposition";
flags:A+;  content:"Content-Disposition\:";  content:"form-data\;";  classtype:web-application-
attack; reference:bugtraq,4183; sid:1425; rev:2;)
```

以上规则用于判断提交给服务器的 HTTP 请求中是否包含“Content-Disposition:”及“form-data;”字串。如果含有上述字符串，那对于某些没有打补丁的系统来说会造成缓冲区溢出攻击。通过添加上述规则，一旦发现客户端有此操作，则 Snort 将会报警。

2. SNMP 口令溢出漏洞规则

简单网络管理协议（Simple Network Management Protocol, SNMP）是所有基于 TCP/IP 网络上管理不同网络设备的基本协议，比如防火墙、计算机和路由器。现在已经发现，如果攻击者发送怀有恶意的信息给 SNMP 的信息接收处理模块，就会引起服务停止（拒绝服务）或缓冲区溢出；或者说通过向运行 SNMP 服务的系统发送一个畸形的管理请求，此时就存在一个缓冲区溢出漏洞，或者造成拒绝服务影响。一旦缓冲区溢出，可以获取部分 SNMP 口令和在本地运行任意的代码，并让攻击者进行任意的操作。因为 SNMP 的程序一般需要系统权限来运行，因此缓冲区溢出攻击可能会造成系统权限被夺取，而形成严重的安全漏洞。

下面给出一条检测 SNMP 口令溢出漏洞的 Snort 规则。

```
    alert udp $EXTERNAL_NET any -> $HOME_NET 161:162 (msg:"EXPERIMENTAL SNMP community
string  buffer  overflow  attempt";  content:"|02  01  00  04  82  01  00|";  offset:4;
reference:url,www.cert.org/advisories/  CA-2002-03.html;  reference:cve,CAN-2002-  0012;
reference:cve,CAN-2002-0013; classtype:misc-attack; sid:1409; rev:2;)
```

以上规则用于判断发往 SNMP 服务端口的数据包中是否包含“|02 01 00 04 82 01 00|”二进制串，此串对应 SNMP 操作的分支的位置。事实上，由于 SNMP 协议的灵活性，对同一分支位置在 SNMP 包里可能有不同的表示，“|02 80 01 80 00 80 04 80 82 80 01 80 00|”就可能表示的是同一分支，更糟的是还有更多的表示方法，攻击者完全可以利用这种协议表示上的灵活性逃过 Snort 的检测，造成漏报。因而要完全解决这个问题，单纯靠搜索特定串是不行的，唯一可行的方法是做协议解码。

3. “/etc/passwd”文件非法访问的检测规则

在 Linux 系统中，“/etc/passwd”是一个重要的文件，它包含用户名、组成员关系和为用户分配的 Shell 等信息。黑客或者不法用户一旦获得了该文件的访问权，就有可能针对该文件进行暴力攻击或者是字典攻击，获得系统的用户和密码，从而获得了系统的使用权，将对系统造成极大的威胁。因而，我们须要对“/etc/passwd”文件的访问进行检测。

下面给出用于检测“/etc/passwd”文件非法访问的 Snort 检测规则。

```
alert tcp $EXTERNAL_NET any -> $HTTP_SERVERS 80 (msg:"WEB-MISC /etc/passwd";
flags: A+; content:"/etc/passwd"; nocase; classtype:attempted-recon; sid:1122; rev:1)
```

上述规则使用字符串匹配算法对包含特征码（“/etc/passwd”字符串）的 HTTP 请求进行检测，一旦发现非法访问，Snort 立刻进行报警。

小　结

本章对网络信息安全的概念进行了讲解，并在此基础上介绍了目前常见的网络攻击方式，同时还介绍了如何通过防火墙和入侵检测系统保护 Linux 系统的信息安全。

第 13 章 （Linux+Nginx+MySQL+PHP）LNMP 环境搭建

LNMP 代表的就是：Linux 系统下"Nginx+MySQL+PHP"这种网站服务器架构。Nginx 是一个高性能的 HTTP 和反向代理服务器，也是一个 IMAP/POP3/SMTP 代理服务器。MySQL 是一个小型关系型数据库管理系统。PHP 是一种在服务器端执行的嵌入 HTML 文档的脚本语言。这 4 种软件均为免费开源软件，组合到一起，就成为一个免费、高效、扩展性强的网站服务系统。

本章首先会介绍为什么我们需要 LNMP，然后分别安装配置每一种软件。

13.1 LNMP 的优势

搭建网站服务器环境有很多可选方案，例如微软的 Windows 2012、LAMP 等。那为什么要使用 LNMP 呢？LNMP 的优势主要有以下 4 点。

（1）作为 Web 服务器：相比 Apache，Nginx 使用更少的资源，支持更多的并发连接，实现更高的效率。

（2）作为负载均衡服务器：Nginx 既可以在内部直接支持 Rails 和 PHP，也可以支持作为 HTTP 代理服务器对外进行服务。Nginx 用 C 编写，不论是系统资源开销还是 CPU 使用效率都比 Perlbal 要好的多。

（3）作为邮件代理服务器：Nginx 同时也是一个非常优秀的邮件代理服务器（最早开发这个产品的目的之一也是作为邮件代理服务器），Last/fm 描述了成功并且美妙的使用经验。

（4）Nginx 安装非常的简单，配置文件非常简洁，性能稳定、功能丰富、运维简单、处理静态文件速度快且消耗系统资源极少。

13.2 虚拟机下安装 Linux

鉴于篇幅，本节不再重复给出步骤，如果还不知道如何在虚拟机下安装 Linux 的步骤，可参考本书第 2.4 节的详细图文介绍。

13.3 安装配置 Nginx

Nginx 是一款是由俄罗斯的程序设计师所开发的高性能 Web 和反向代理服务器，也是一个 IMAP/POP3/SMTP 代理服务器。在高连接并发的情况下，Nginx 是 Apache 服务器不错的替代品。

传统上基于进程或线程模型架构的 Web 服务通过每进程或每线程处理并发连接请求，极可能在网络和 I/O 操作时产生阻塞，其另一个必然结果则是对内存或 CPU 的利用率低下。但 Nginx 是按需同时运行多个进程：一个主进程（master）和几个工作进程（worker），配置了缓存时还会有缓存加载器进程（cache loader）和缓存管理器进程（cache manager）等。这时，所有进程均是仅含有一个线程，并主要通过“共享内存”的机制实现进程间通信。这种模式的优势是性能稳定、功能丰富、运维简单、处理静态文件速度快且消耗系统资源极少，以及并发能力强。

13.3.1 安装前的准备

需要建立 RHEL 的 yum 存储库，如图 13-1 所示。

```
#vi  /etc/yum.repos.d/nginx.repo
[nginx]
name=nginx repo
baseurl= http://nginx.org/packages/rhel/7/x86_64/
gpgcheck=0
enabled=1
```

图 13-1　yum 存储库

13.3.2 yum 源安装方法

1. 安装 Nginx

第一步：启动网络，保证能连接互联网。

第二步：登录账号（事前已经注册完账号，参考第 2 章）。

```
subscription-manager register
```

第三步：yum -y install nginx。

整个步骤如图 13-2 所示。

2. 启动服务

启动的命令如下。

```
systemctl start nginx
```

3. 查看是否启动成功

检测的相关命令如下。

```
systemctl status nginx
```

整个启动过程如图 13-3 所示。

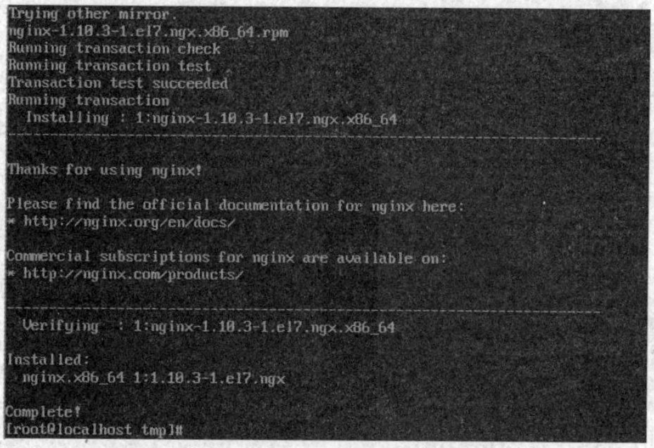

图 13-2　安装 Nginx

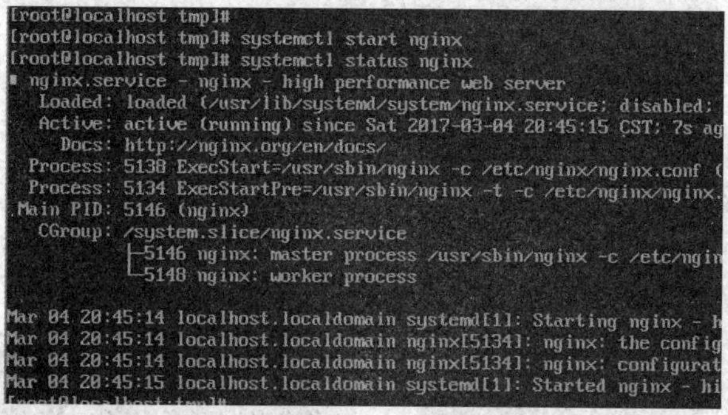

图 13-3　启动 Nginx

也可以启动浏览器，输入本机 IP，启动后的浏览器效果如图 13-4 所示。

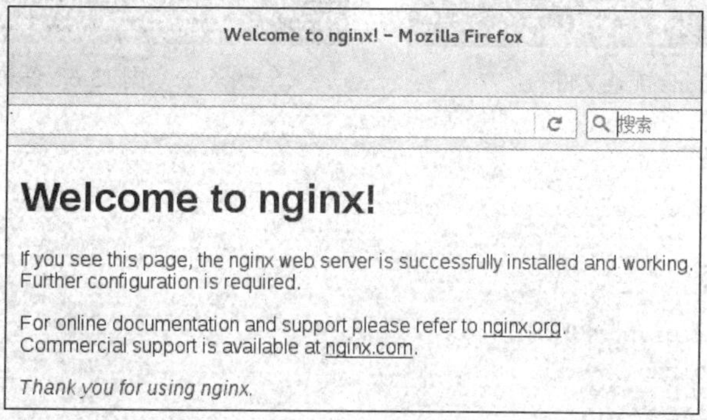

图 13-4　测试页面

4. 重启服务

重启的命令如下。

```
systemctl restart nginx
```

5. 停止服务

停止的命令如下。

```
systemctl stop nginx
```

13.3.3 配置 Nginx

1. 编辑 Nginx 配置文件：nginx.conf

```
vi /etc/nginx/nginx.conf
```

修改两个位置，如图 13-5 所示。

```
worker_processes  2
gzip  on;
```

2. 编辑 Nginx 配置文件：default.conf

```
vi /etc/nginx/conf.d/default.conf
```

修改两个参数，如图 13-6 所示。

设置 IP 地址和 TCP 端口号：listen 202.54.1.1.1:80;

设置服务器名称： server_name www.cyberciti.biz

修改后如图 13-6 所示，然后保存退出。

图 13-5　Nginx 配置文件

图 13-6　编辑配置文件

3. 启动 Nginx 服务

```
service nginx start
```

4. 验证 Nginx 状态

```
netstat -tulpn | grep :80
ps aux | grep nginx
```

最后的状态如图 13-7 所示。

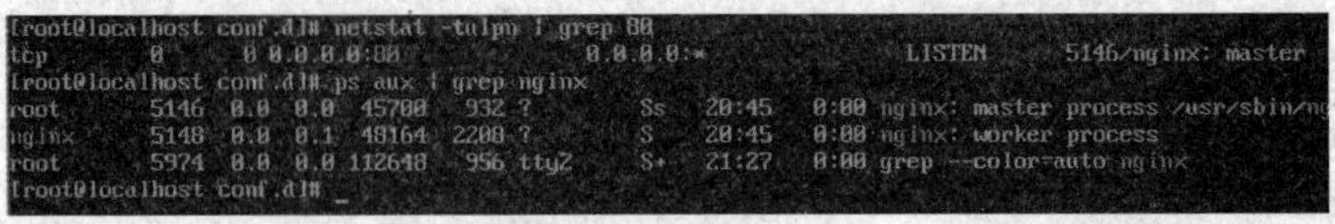

图 13-7　验证 Nginx

13.4 安装配置 MySQL

MySQL 是一种关系数据库管理系统，其将数据保存在不同的表中，而不是将所有数据放在一个大仓库内。这样在提升速度的同时增加了灵活性。

13.4.1 安装前的准备

在具体安装 MySQL 前，还需要进行如下几步操作。

1. 以 root 账号登录

2. 安装 wget

```
yum install wget
```

3. 下载 MySQL 的 rpm 包

```
wget http://repo.mysql.com/mysql-community-release-el7-5.noarch.rpm
```

整个操作过程如图 13-8 所示。

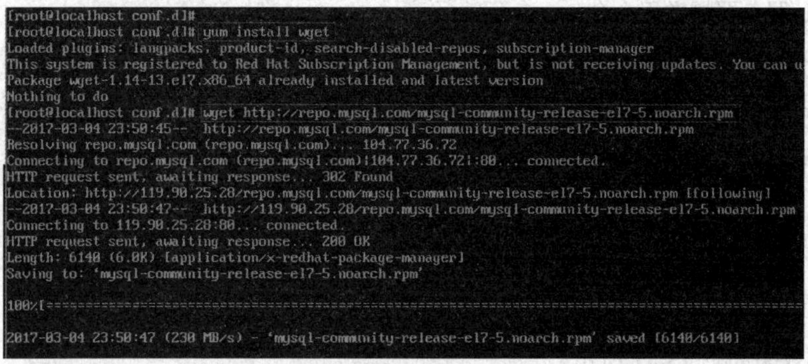

图 13-8 安装前的准备

13.4.2 MySQL 详细安装步骤

本节给出详细的安装步骤，希望读者能亲自上手实践。

1. 运行下载的安装包

```
rpm -ivh mysql-community-release-el7-5.noarch.rpm
```

运行后会得到两个 repo 包，如图 13-9 所示。

```
ls -1 /etc/yum.repos.d/mysql-community*
/etc/yum.repos.d/mysql-community.repo
/etc/yum.repos.d/mysql-community-source.repo
```

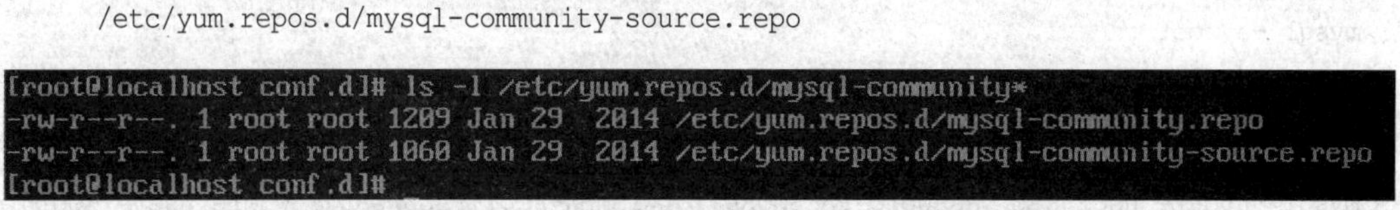

图 13-9 解开安装包

2. 安装 MySQL 服务器

```
yum install mysql-server
```

安装过程如图 13-10 所示。

图 13-10　安装 MySQL

3. MySQL 服务器的常用命令

```
//启动
systemctl start mysqld
//停止
systemctl stop mysqld
//重启
systemctl restart mysqld
//检查
systemctl status mysqld
```

命令演示效果如图 13-11 所示。

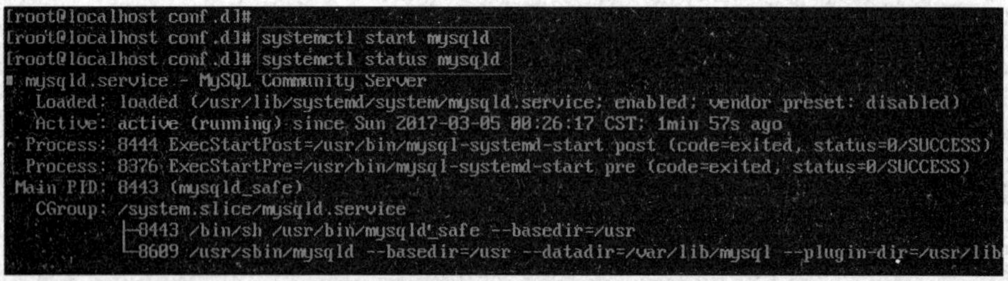

图 13-11　MySQL 服务器的常用命令

4. 为数据库设置密码

```
mysql -u root
```

出现提示符后执行以下命令，命令执行效果如图 13-12 所示。

```
mysql> use mysql;
mysql> update user set password=PASSWORD("GIVE-NEW-ROOT-PASSWORD") where User='root';
mysql> flush privileges;
mysql> quit
```

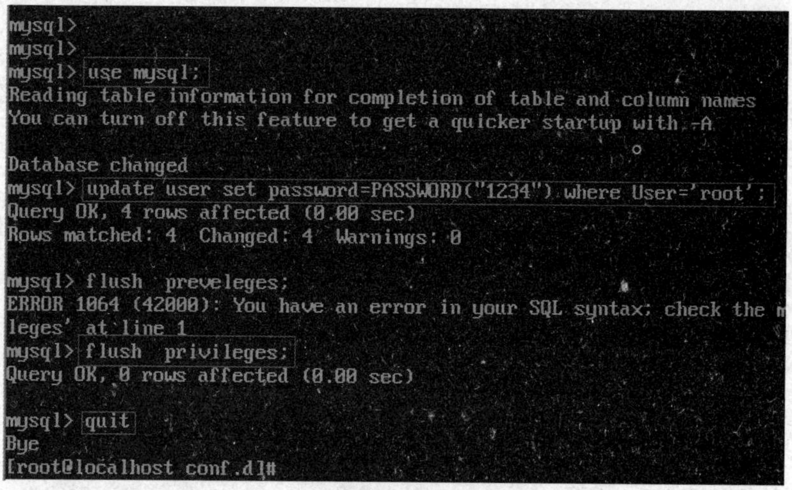

```
mysql>
mysql>
mysql> use mysql;
Reading table information for completion of table and column names
You can turn off this feature to get a quicker startup with -A

Database changed
mysql> update user set password=PASSWORD("1234") where User='root';
Query OK, 4 rows affected (0.00 sec)
Rows matched: 4  Changed: 4  Warnings: 0

mysql> flush preveleges;
ERROR 1064 (42000): You have an error in your SQL syntax; check the m
leges' at line 1
mysql> flush privileges;
Query OK, 0 rows affected (0.00 sec)

mysql> quit
Bye
[root@localhost conf.d]#
```

图 13-12　修改密码

5. 设置开机启动

安装后，默认就是开机启动。如果不知道数据库的状态，可以使用如下命令检查状态。

```
systemctl list-unit-files | grep mysql
```

检查效果如图 13-13 所示。如果不是开机启动，则执行下面的命令。

```
chkconfig mysql on
```

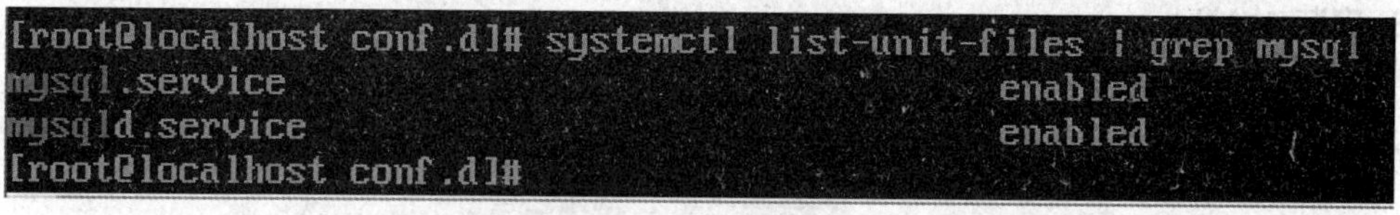

```
[root@localhost conf.d]# systemctl list-unit-files | grep mysql
mysql.service                                          enabled
mysqld.service                                         enabled
[root@localhost conf.d]#
```

图 13-13　设置开机启动

13.5　安装配置 PHP

最后一步就是安装 PHP，安装的前提条件是电脑联网，并取得 root 权限。有时候看似很简单的条件，如果不先检查下，恐怕会一直安装失败（机器安装过程中假死）。

13.5.1　安装 repo 依赖包

在正式安装前，我们需要安装 repo 依赖包，命令如下。

```
subscription-manager  attach --auto
wget http://dl.fedoraproject.org/pub/epel/7/x86_64/e/epel-release-7-9.noarch.rpm
rpm -ivh epel-release-7-9.noarch.rpm
yum repolist
yum install epel-release
rpm -Uvh https://mirror.webtatic.com/yum/el7/webtatic-release.rpm
```

13.5.2 安装 Apache 软件

下面是详细的安装步骤。

1. 将 ISO 映像文件挂载到 “/yum” 目录

```
mount  /root/rhel7.iso  /yum
```

2. 创建 yum 仓库的配置文件并在结尾处添加内容

```
vi  /etc/yum.repos.d/rhel-apache.repo
 [rhel7-yum]
name=rhel7
baseurl=file:///yum
enabled=1
gpgcheck=0
```

添加后的效果如图 13-14 所示。

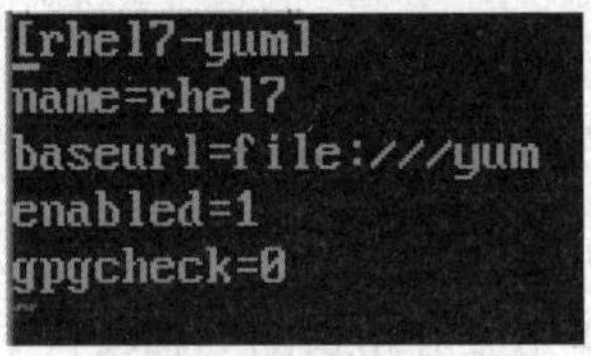

图 13-14　创建 yum 文件

3. 安装 Apache

```
yum install httpd
```

安装过程如图 13-15 所示。

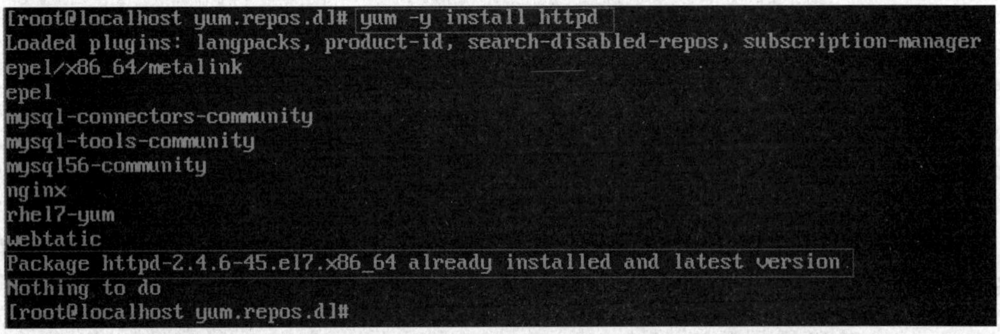

图 13-15　安装 Apache

4. 运行 Apache 服务并设置开机启动

```
systemctl start httpd.service   #启动 Apache 服务
systemctl enable httpd.service   #设置开机启动 Apache 服务
systemctl enable httpd.service   #检查 Apache 服务状态
```

执行效果如图 13-16 所示。

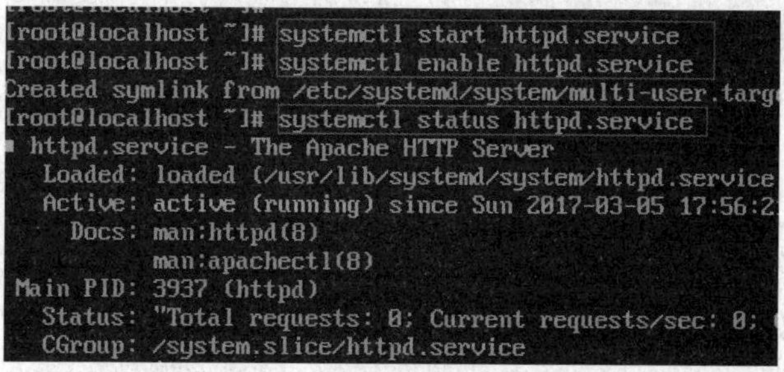

图 13-16　运行 Apache 服务

5. Apache 测试页面

打开浏览器，输入“http://127.0.0.1”或者“http://localhost”，如图 13-17 所示，看到这个页面就证明 Apache 服务安装成功。

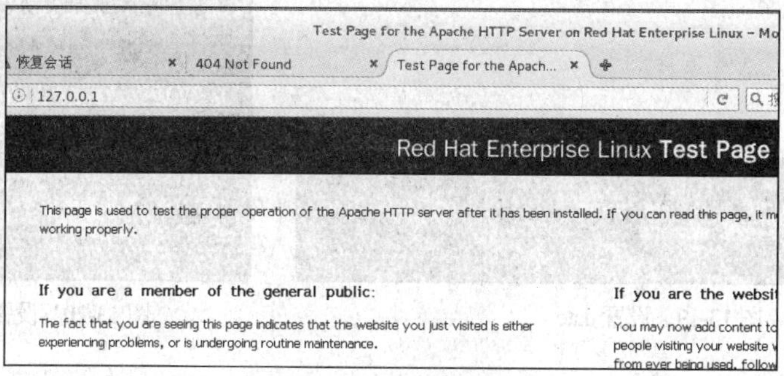

图 13-17　Apache 测试页面

13.5.3　安装 PHP 包

1. 直接在命令行模式下安装 PHP

```
yum -y install php70w
```

安装过程如图 13-18 所示。

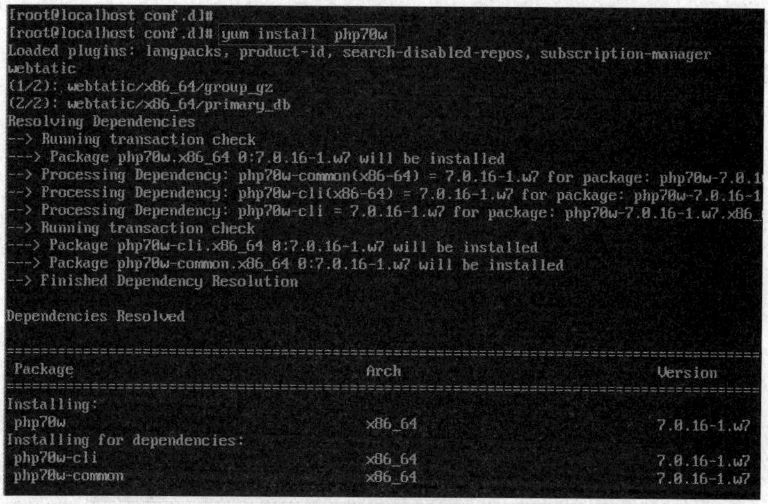

图 13-18　安装 PHP

也可使用如下命令。

```
yum search php70w
```

查找所有的模块，选择我们需要的再进行安装，具体实例如下。

```
yum install php70w-mysql php70w-xml php70w-soap php70w-xmlrpc
yum install php70w-fpm
```

2. 修改 php.ini 配置文件

```
vi /etc/php.ini
date.timezone = PRC  #把前面的分号去掉
expose_php = On      #允许显示 php 版本的信息
```

配置效果如图 13-19 和图 13-20 所示。

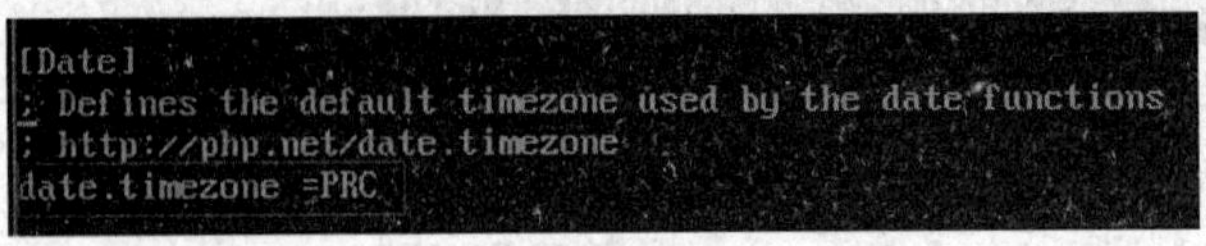

图 13-19　设置 date

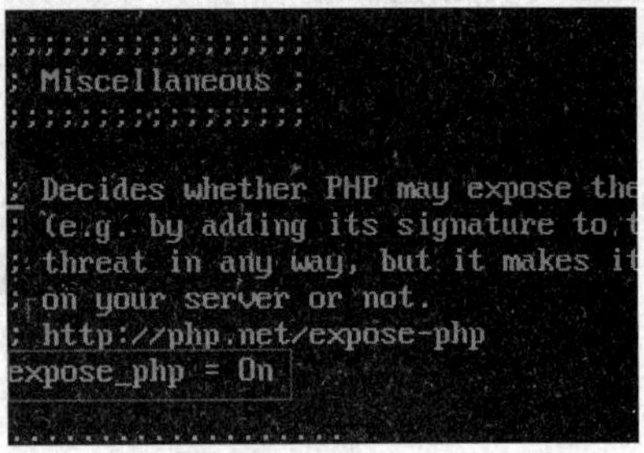

图 13-20　设置 PHP 版本

3. 建立测试页面

```
cd /var/www/html
vi index.php
```

输入如下内容。

```
<?php
phpinfo();
?>
:wq! #保存退出
```

在浏览器输入服务器 IP 地址（http://192.168.2.129/index.php），可以看到如图 13-21 所示的 PHP 配置信息。

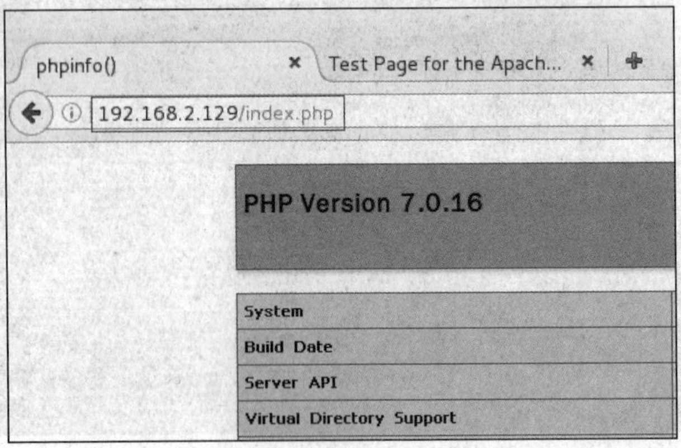

图 13-21　PHP 版本信息

小 结

本章介绍了在 RHEL 7.3 环境下搭建 LNMP 的方法及基本的设置，使读者初步掌握网页服务器的配置方法。比较而言 MySQL、Apache 和 PHP 都比较简单，Nginx 的安装配置相对复杂一些，读者应该重点掌握并一定上手练习。

第 14 章 Linux 下 Docker 虚拟化环境搭建

Docker 是一个开源的应用容器引擎，可以轻松地为任意应用创建一个轻量级的、可移植的、自给自足的容器，然后发布到任何 Linux 机器上。Docker 所建立的容器使用沙箱机制，几乎没有性能开销，能在机器和数据中心中运行。最重要的是，Docker 不依赖于任何语言、框架或系统。本章就来介绍 Docker 的发展与管理。

14.1 Docker 与虚拟化

Linux 上的虚拟化技术主要包括两类：一类是管理技术，例如 KVM（Kernel-based Virtual Machine，一种开源的系统虚拟化模块）；另一类是容器技术，例如 Linux LXC。Docker 是构建在 LXC 之上的 VM（Virtual Machine，虚拟机）解决方案。

14.1.1 虚拟化的优势

1. 降低能耗

通过将物理服务器变成虚拟服务器减少物理服务器的数量，可以在电力和冷却成本上获得巨大节省。企业可以从减少能耗与制冷需求中获益，从而降低 IT 成本。

2. 节省空间

使用虚拟化技术大大节省了所占用的空间，减少了数据中心里服务器和相关硬件的数量。在实施服务器虚拟化之前，管理员通常需要额外部署一下服务器来满足不时之需。利用服务器虚拟化，可以避免这种额外部署工作。

3. 节约成本

使用虚拟化技术大大削减了采购服务器的成本。目前，每台服务器每年可节约 500 到 600 美元。

4. 最大利用率

将所有的应用软件聚集起来放置到一台具有多个虚拟实例的服务器上，可以实现最大利用率。

5. 提高稳定性

提高可用性，带来具有透明负载均衡、动态迁移、故障自动隔离、系统自动重构的高可靠服务器应用环境。通过将操作系统和应用从服务器硬件设备隔离开，病毒与其他安全威胁无法感染其他应用。

6. 减少宕机事件

迁移虚拟机服务器虚拟化的一大功能是支持将运行中的虚拟机从一个主机迁移到另一个主机上，而且这个过程中不会出现宕机事件。这有助于虚拟化服务器实现比物理服务器更长的运行时间。

7. 提高灵活性

通过动态资源配置提高 IT 对业务的灵活适应力，支持异构操作系统的整合，支持老应用的持续运行，减少迁移成本，提供一种简单便捷的灾难恢复解决方案。

14.1.2 Docker 的由来

为什么大家都追捧容器和 Docker 呢？

Hyper-V、KVM 和 Xen 等虚拟机管理程序都基于虚拟化硬件仿真机制。这意味着对系统要求很高。然而，容器却使用共享的操作系统，这意味着在使用系统资源方面比虚拟机管理程序要高效得多。其实，容器是个旧概念，而 Docker 建立在 LXC 的基础上。与任何容器技术一样，Docker 有自己的文件系统、存储系统、处理器和内存等部件。容器与虚拟机之间的区别主要在于，虚拟机管理程序对整个设备进行抽象处理，而容器只是对操作系统内核进行抽象处理。

14.1.3 Docker 的安装

Docker 的安装既简单又快，目前支持主流的 Linux 操作系统，包括 Ubuntu、RHEL、CentOS、Fedora。本节介绍在运行 RHEL7.3 宿主机中安装 Docker。安装的先决条件如下。

（1）64 位 CPU。

（2）Linux 3.8 以上版本内核。

（3）一种适合的存贮驱动：AUFS、Device Mapper。

（4）内核必须支持并开启 cgroup 和命名空间功能。

在 Red Hat Enterprise Linux 7.3 中，Docker 已经成为系统自带的软件包，首先检查先决条件。

1. 检查内核

检查内核使用如下命令。

```
uname -a
```

必须是 64 位版本，如图 14-1 所示。

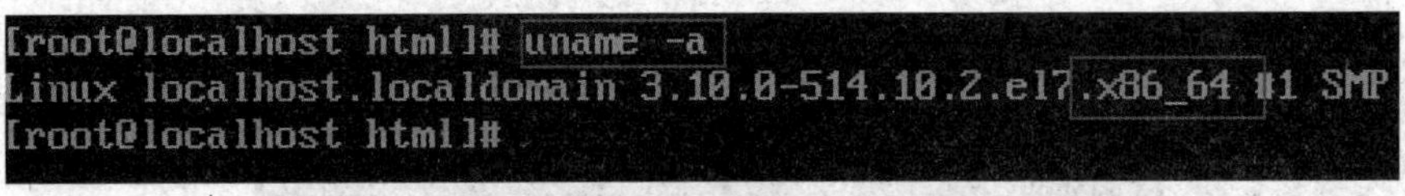

图 14-1 检查版本

2. 检查 Device Mapper

检查 Device Mapper 有如下两种命令。

```
ls -l /sys/class/misc/device-mapper
grep device-mapper /proc/devices
```

执行效果如图 14-2 所示。

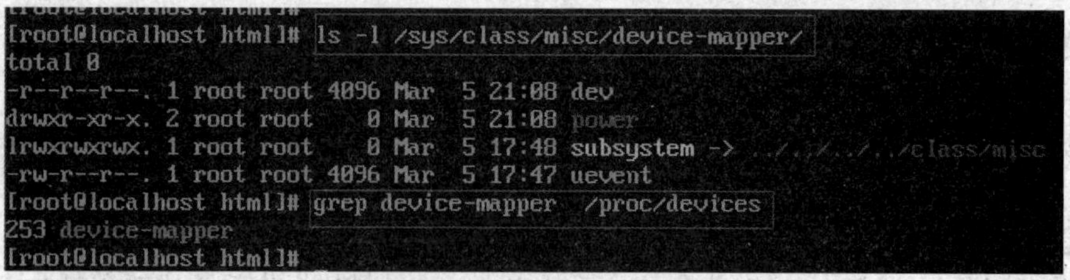

图 14-2　检查 Device Mapper

如果没有检测到 Device Mapper，使用如下命令安装。

```
//安装
yum install -y device-mapper
//加载
modprobe dm_mod
```

在 RHEL 7.3 中安装 Docker，首先保证电脑能联网，取得 root 权限并在官网 https://www.redhat.com/zh 完成账号注册，然后执行以下命令。

```
subscription-manager  register  #登录 redhat 官网
wget https://dl.fedoraproject.org/pub/epel/epel-release-latest-7.noarch.rpm
#下载资源依赖包
yum install epel-release-latest-7.noarch.rpm
yum repolist  #查看所有的 yum 资源库
subscription-manager repos  --enable=rhel-7-server-extras-rpms
```

接下来，开始安装 Docker，命令如下。

```
yum install -y docker
```

上述命令执行效果如图 14-3 所示。

检查完毕后，使用下面命令启动 Docker。

```
//启动 Docker 守护进程
systemctl start docker
//检查 Docker 状态
systemctl status docker
```

执行效果如图 14-4 所示。

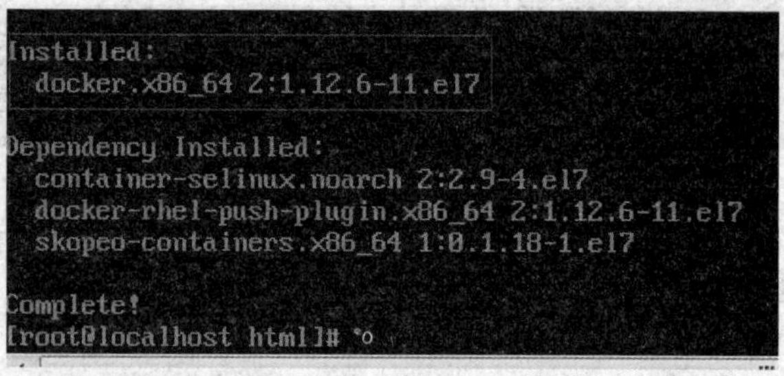

图 14-3　安装 Docker

图 14-4　启动 Docker

安装好后，可以使用以下命令停止或设置 Docker。

```
//停止 Docker 进程
systemctl stop docker
//设置开机启动 Docker
systemctl enable docker
//检查 Docker 是否正确安装
(必须先启动 Docker)docker info
```

上述命令执行效果如图 14-5 所示。

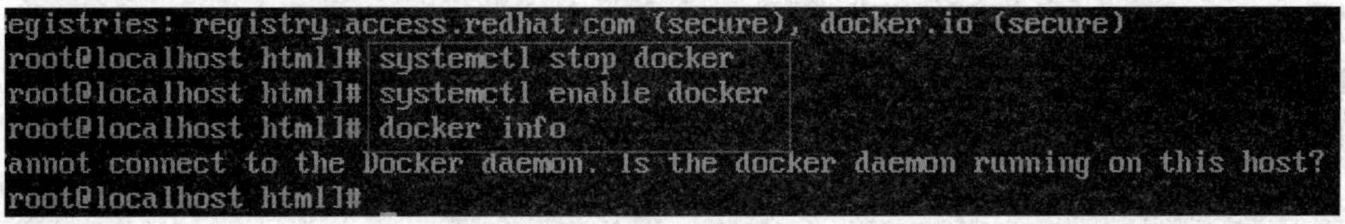

图 14-5　检查 Docker

14.1.4　Docker 常用命令

Docker 常用命令如下。

（1）从官网拉取镜像

```
docker pull <镜像名:tag>
```

如：docker pull centos（拉取 CentOS 的镜像到本机）。

（2）搜索在线可用镜像名

```
docker search <镜像名>
```

如：docker search centos（在线查找 CentOS 的镜像）。

（3）查询所有的镜像，默认是最近创建的排在最上

```
docker images
```

（4）查看正在运行的容器

```
docker ps
```

（5）删除单个镜像

```
docker rmi -f <镜像 ID>
```

（6）启动、停止操作

```
docker stop <容器名 or ID> #停止某个容器
```

```
docker start <容器名or ID> #启动某个容器
docker kill <容器名or ID> #杀掉某个容器
```

（7）查询某个容器的所有操作记录

```
docker logs {容器ID|容器名称}
```

（8）制作镜像

制作镜像的方式主要有如下两种。

```
docker commit
docker build
```

这两种方式都是通过改进已有的镜像来达到自己的目的。

（9）启动一个容器

```
docker run -i -t ubuntu /bin/bash
```

上述命令中，-i 标志保证容器中 STDIN 是开启的；-t 标志要为新创建的容器分配一个伪 tty 终端，告诉 Docker 基于 Ubuntu 镜像来创建容器。最后，在新创建的容器中运行“/bin/bash ”命令启动了一个 Bash shell。

（10）开机启动 Docker 服务

```
systemctl enable docker
```

14.2 Docker 的管理

Docker 管理主要包括镜像、容器、仓库 3 部分，下面分别向读者介绍它们的概念、特点，以及如何创建、维护和管理。

14.2.1 镜像

镜像（image）是动态容器的静态表示，包括容器所要运行的应用代码及运行时的配置。Docker 镜像包括一个或者多个只读层，因此，镜像一旦被创建就再也不能被修改了。一个运行着的 Docker 容器是一个镜像的实例。从同一个镜像中运行的容器包含有相同的应用代码和运行时依赖。但是与静态的镜像不同，每个运行着的容器都有一个可写层，这个可写层位于底下的若干只读层之上。

运行时的所有变化，包括对数据和文件的写和更新，都会保存在可写层中。因此，从同一个镜像运行的多个容器包含了不同的容器层。一个 Docker 镜像可以构建于另一个 Docker 镜像之上。这种层叠关系可以是多层的。第 1 层的镜像层称之为基础镜像（Base Image），其他层的镜像（除了最顶层）称之为父层镜像（Parent Image）。这些镜像继承了父层镜像的所有属性和设置，并在 Dockerfile 中添加了自己的配置。

Docker 镜像通过镜像 ID 进行识别。镜像 ID 是一个 64 字符的十六进制的字符串。但是，当运行镜像时，通常不会使用镜像 ID 来引用镜像，而是使用镜像名来引用。

与镜像相关的命令如下，执行效果如图 14-6 所示。

```
docker images  #列出本地所有有效的镜像
docker pull centos  #获取一个新的镜像
docker search name  #搜索镜像(先要启动 Docker)
```

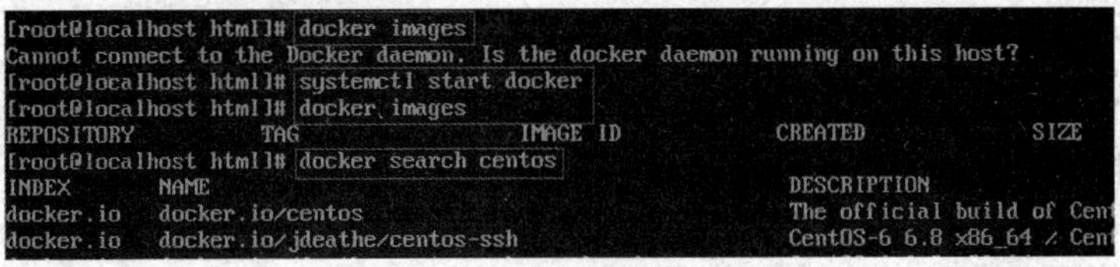

图 14-6 搜索镜像

14.2.2 容器

Docker 容器是一个开源的应用容器引擎，让开发者打包应用及依赖包到一个可移植的容器，然后发布到 Linux 系统中，也可以实现虚拟化。容器是完全使用沙箱机制，相互之间不会有任何接口，几乎没有性能开销，可以很容易地在机器和数据中心运行。最重要的是，不依赖于任何语言、框架、系统。容器具有众多的优点。

不可变：操作系统、库版本、配置、文件夹和应用都是一样的。可以使用通过相同 QA 测试的镜像，使产品具有相同的表现。

轻量级：容器的内存占用非常小。

快速：启动一个容器与启动一个单进程一样快。可以在几秒钟内启动一个全新的容器。

一次性：许多用户依然像对待典型的虚拟机那样对待容器。但是除了与虚拟机相似的部分，容器还有一个很大的优点——一次性。

下面介绍一些容器的操作。

1．启动容器

启动一个 Docker 容器的命令如下。

```
docker run -i -t Ubuntu /bin/bash
```

上述命令中，-i 打开容器中的 STDIN，-t 为容器分配一个伪 tty 终端，如图 14-7 所示，其中，“root@8a083cfc0537:/#”中的“8a083cfc0537 代表容器的 ID”。

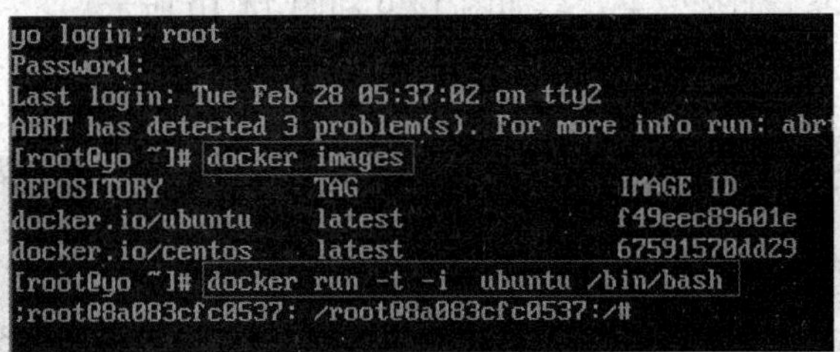

图 14-7 启动 Docker 容器

首先 Docker 会检查本地是否存在 Ubuntu 镜像。如果在本地没有找到该镜像的话，那么 Docker 就会去官方的 Docker Hub Registry 查看 Docker Hub 中是否有该镜像。Docker 一旦找到该镜像，就会下载该镜像并将其保存到本地的宿主机中。然后，Docker 在文件系统内部用这个镜像创建了一个新的容器。该容器拥有自己的网络、IP 地址，以及一个用来可以和宿主机进行通信的桥接网络接口。最后，我们告诉 Docker 在新容器中要运行什么命令。当容器创建完毕之后，Docker 就会执行容器中的“/bin/bash”命令。这时我们就可以看到容器内的 Shell，并且有声音提示。

2. 使用容器

查看该容器主机名的命令如下。

```
root@8a083cfc0537:/# hostname
```

其中，8a083cfc0537 是容器的主机名，就是该容器的 ID。

3. 退出容器

退出命令如下。

```
root@8a083cfc0537:/# exit
```

输入“exit”后，容器就停止工作了。只有在指定的“/bin/bash”命令处于运行状态的时间，容器才会相应地处于运行状态。一旦退出容器，“/bin/bash”命令也就结束了，这时容器也就停止工作了。

查看系统中容器的列表，如图 14-8 所示。

```
docker ps -a  #查看已经创建的容器(退出 Docker 后执行)
docker ps -s  #查看已经启动的容器
```

图 14-8　查看容器

4. Docker 中容器的命名

Docker 在创建容器时会自动为容器生成一个随机的名称。如果我们在创建一个容器时指定该容器的名称使用如下命令，那么效果就会如图 14-9 和图 14-10 所示。

```
docker run --name ly3 -i -t ubuntu /bin/bash
```

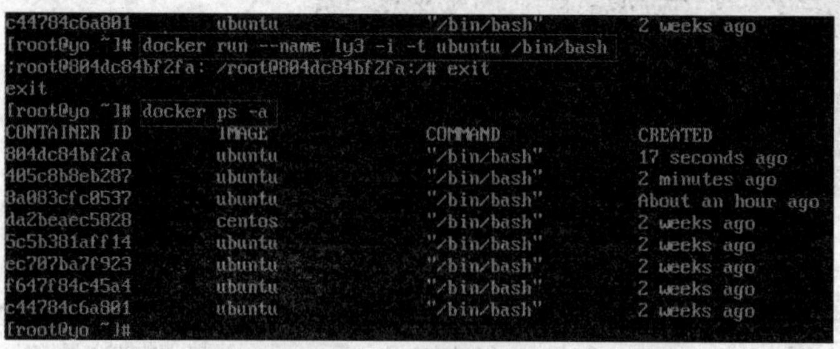

图 14-9　指定容器名称

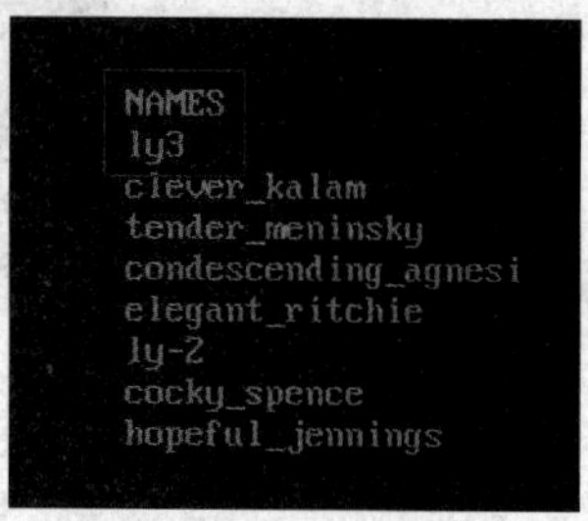

图 14-10　容器名称

重命名容器名字的命令如下。

```
docker rename old_name new_name  #重命名一个容器
```

重命名演示效果如图 14-11~图 14-13 所示。

图 14-11　修改前

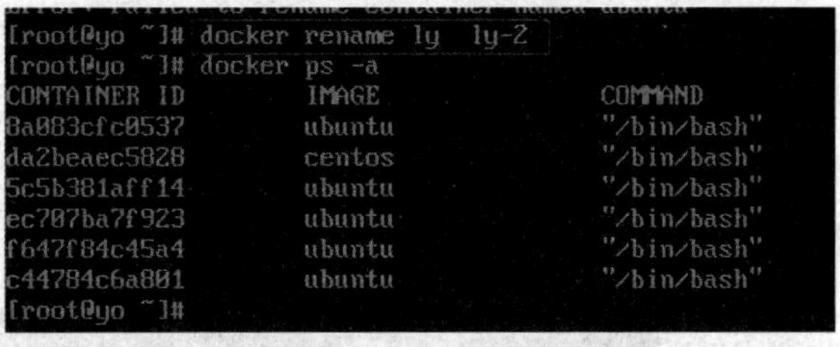

图 14-12　修改名称

5. Docker 中容器的删除

使用如下命令删除容器，效果如图 14-14 所示。

```
docker rm name_container
```

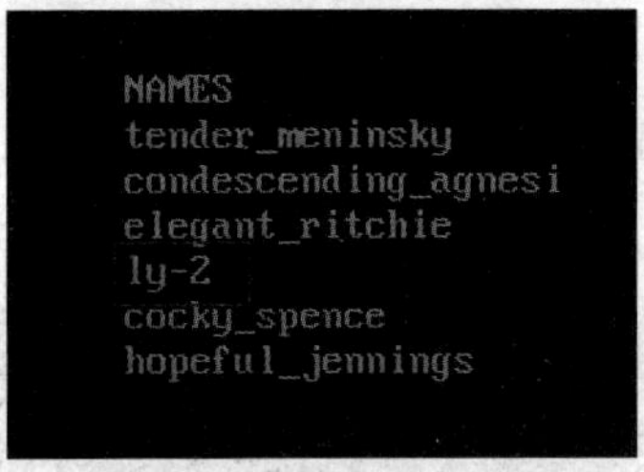

图 14-13　修改后

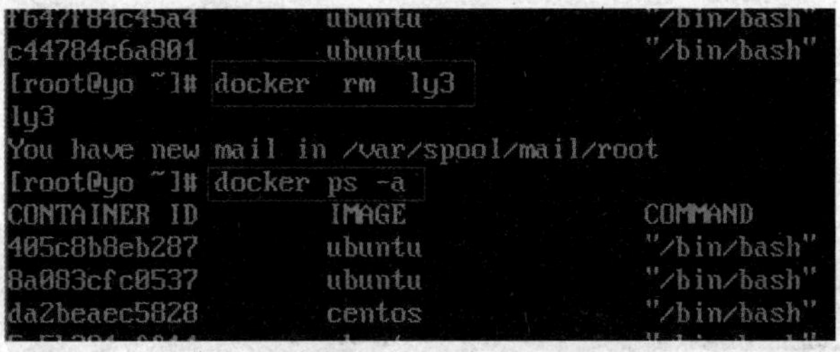

图 14-14　删除容器

14.2.3　仓库

仓库是集中存放镜像的地方，一个注册服务器上有很多仓库，一个仓库中有很多镜像。简单地说，仓库就是一个存储和共享镜像文件的地方。Docker 不仅提供了一个中央仓库，同时也允许使用 registry 搭建本地私有仓库。使用私有仓库有许多优点：节省网络带宽，针对于每个镜像不用每个人都去中央仓库上面去下载，只需要从私有仓库中下载即可；提供镜像资源利用，针对于公司内部使用的镜像，推送到本地的私有仓库中，以供公司内部相关人员使用。

接下来介绍如何在本地搭建私有仓库。

1. 环境准备

（1）环境：两个装有 Docker 的 RHEL7.3 虚拟机。

（2）虚拟机一：192.168.2.132，客户机。

（3）虚拟机二：192.168.2.130，私有仓库。

此处准备了两个虚拟机，分别都安装了 Docker， 其中，132 虚拟机用作客户机，130 虚拟机用作私有仓库。环境准备好之后，开始搭建私有镜像仓库。

2. 搭建私有仓库

（1）首先在 130 机器上下载 registry 镜像，命令如下。

```
docker pull registry
```

（2）通过该镜像启动一个容器，命令如下。

```
docker run -d -p 5000:5000 registry
```

默认情况下，会将仓库存放于容器内的“/tmp/registry”目录下。这样如果容器被删除，则存放于容器中的镜像也会丢失，所以我们一般情况下会指定本地一个目录挂载到容器内的“/tmp/registry”下。具体命令如下。效果如图 14-15 所示。

```
docker run -d -p 5000:5000 -v /opt/data/registry:/tmp/registry registry
```

上述命令中，-p 发布特定端口，将一个或者一组端口从容器里绑定到宿主机上； -d 表示让容器在后台运行。

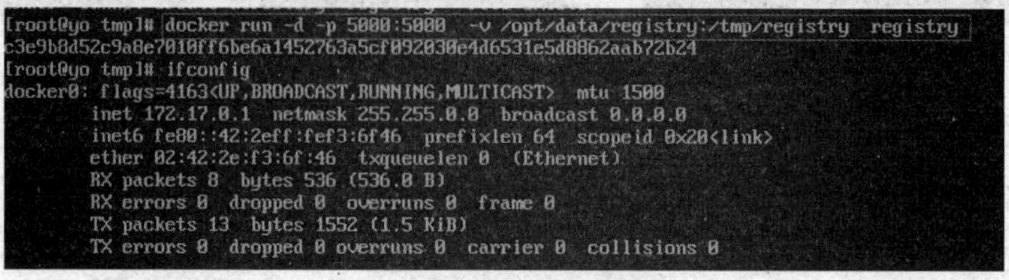

图 14-15　启动容器

（3）使用如下命令后，我们可以看到启动了一个容器，端口是 5000，如图 14-16 所示。

```
docker ps -s
```

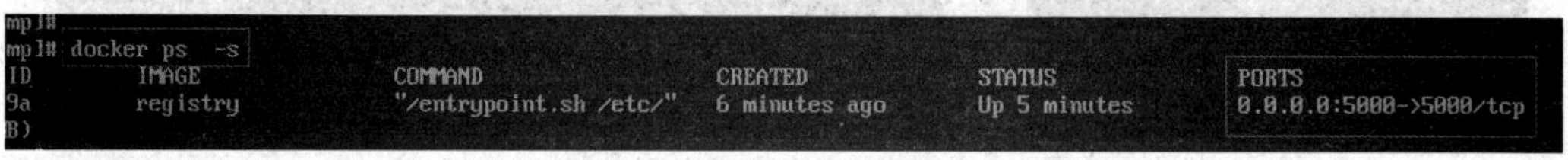

图 14-16　检查容器

3. 测试

接下来把一个本地镜像推送到私有仓库中。

（1）首先在 130 客户端机器上 pull 一个镜像来测试，命令如下。

```
docker pull ubuntu
```

（2）接下来修改该镜像的 tag，命令如下。

```
docker tag ubuntu 192.168.2.130:5000/test
```

操作效果如图 14-17 所示。

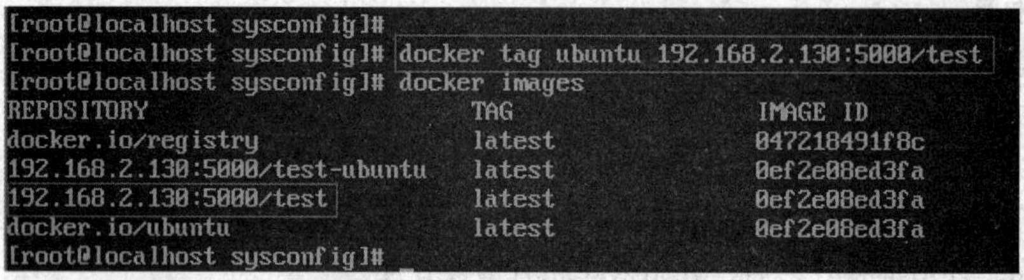

图 14-17　修改镜像 tag

（3）与 Docker registry 交互默认使用的是 https，然而此处搭建的私有仓库只提供 http 服务，所以在启动 Docker 服务时增加启动参数为默认使用 http 访问。对 Docker 启动配置文件（此处是修改 130 机器的配置）做如下修改。

```
vi /etc/sysconfig/docker
```

（4）在选项（Options）中，增加“--insecure-registry 192.168.2.130:5000”，如图 14-18 所示。

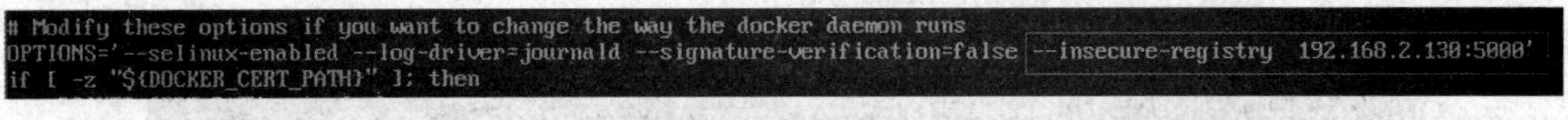

图 14-18　修改 Options

（5）打开注释，增加“192.168.2.130:5000”，如图 14-19 所示。

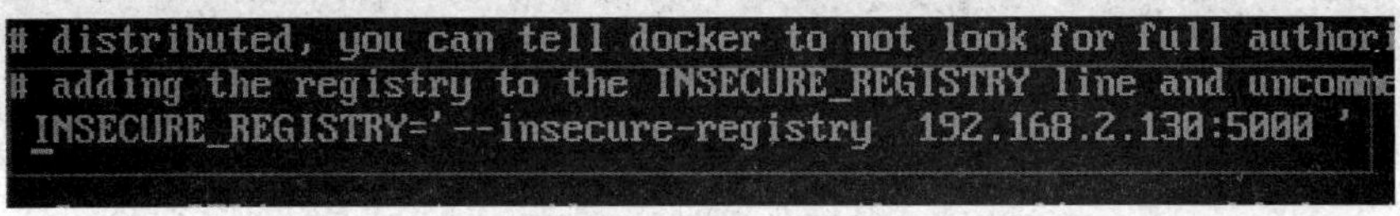

图 14-19　修改 Insecure

（6）修改完之后，重启 Docker 服务，命令如下。

```
systemctl restart docker
```

（7）然后使用如下命令测试端口状态。

```
curl -v localhost:5000
```

此处效果如图 14-20 所示。

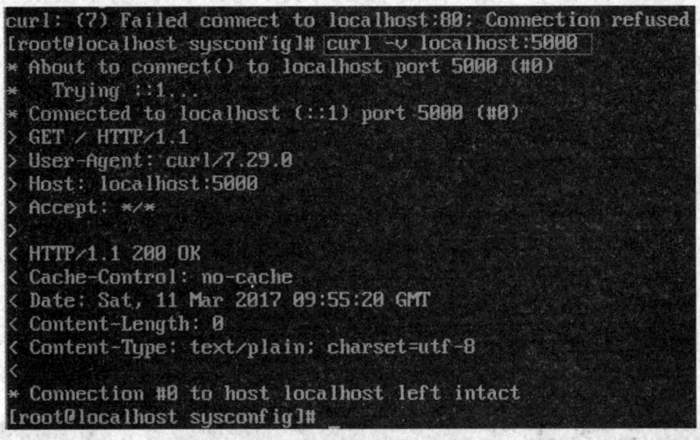

图 14-20　测试端口状态

（8）配置完成后，下一步把本地镜像推送到私有服务器上。

```
docker push 192.168.2.130:5000/test
```

此时效果如图 14-21 所示。

图 14-21　推送镜像文件

（9）成功后，切换到客户端（192.168.2.132）。这时要首先实现能联网，并且成功安装 Docker，最后执行如下 pull 命令，如图 14-22 所示。

```
docker pull 192.168.2.130:5000/test
```

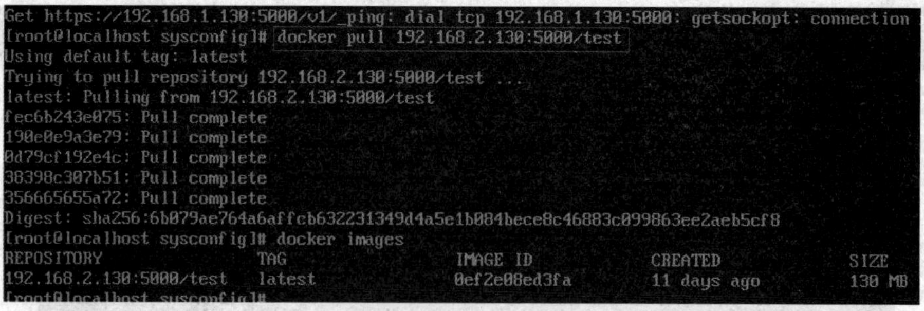

图 14-22　pull 命令效果

到此就搭建好了 Docker 私有仓库。上面搭建的仓库是不需要认证的，我们可以结合 nginx 和 https 实现认证和加密功能。

14.3　Docker 操作

本节介绍常见的 Docker 操作，包括下载某 Docker 镜像、启动 Docker 中的程序等。

14.3.1　在 Docker 里运行 Apache 程序

1. 准备工作

（1）先使用如下命令搭建生产环境。

```
mkdir apache_ubuntu && cd apache_ubuntu
touch Dockerfile run.sh
mkdir sample
```

执行效果如图 14-23 所示。

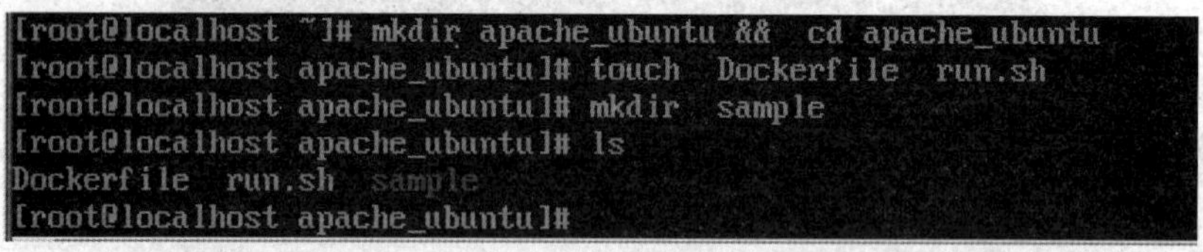

图 14-23　建立目录和文件

（2）使用如下编辑 Dockerfile。

```
vi Dockerfile
```

输入以下内容，如图 14-24 所示。

```
FROM ubuntu
MAINTAINER waitfish from dockerpool.com

ENV DEBIAN_FRONTEND noninteractive


RUN apt-get -yq install apache2 &&  rm -rf /var/lib/apt/lists/*


RUN echo "Asia/Shanghai" > /etc/timezone && dpkg-reconfigure -f noninteractive tzdata


ADD run.sh /run.sh
```

```
RUN chmod 755 /*.sh

RUN mkdir -p /var/lock/apache2 && mkdir -p /app && rm -rf /var/www/html && ln -s /app
/var/www/html
COPY sample/ /app

ENV APACHE_RUN_USER www-data
ENV APACHE_RUN_GROUP www-data
ENV APACHE_LOG_DIR  /var/log/apache2
ENV APACHE_PID_FILE /var/run/apache2.pid
ENV APACHE_RUN_DIR  /var/run/apache2
ENV APACHE_LOCK_DIR /var/lock/apache2
ENV APACHE_SERVERADMIN admin@localhost
ENV APACHE_SERVERNAME localhost
ENV APACHE_SERVERALIAS docker.localhost
ENV APACHE_DOCUMENTROOT /var/www

EXPOSE 80
WORKDIR /app
CMD ["/run.sh"]
```

```
FROM ubuntu
MAINTAINER waitfish from dockerpool.com
ENV DEBIAN_FRONTEND noninteractive
RUN apt-get update
RUN apt-get -yq install apache2 && rm -rf /var/lib/apt/lists/*
RUN echo "Asia/Shanghai" > /etc/timezone &&
    dpkg-reconfigure -f noninteractive tzdata

ADD run.sh /run.sh
RUN chmod 755 /*.sh

RUN mkdir -p /var/lock/apache2 && mkdir -p /app &&
          rm -fr /var/www/html && ln -s /app /var/www/html
COPY sample/ /app

ENV APACHE_RUN_USER www-data
ENV APACHE_RUN_GROUP www-data
ENV APACHE_LOG_DIR  /var/log/apache2
ENV APACHE_PID_FILE /var/run/apache2.pid
ENV APACHE_RUN_DIR  /var/run/apache2
ENV APACHE_LOCK_DIR /var/lock/apache2
ENV APACHE_SERVERADMIN admin@localhost
ENV APACHE_SERVERNAME  localhost
ENV APACHE_SERVERALIAS  docker.localhost
ENV APACHE_DOCUMENTROOT /var/www

EXPOSE 80
WORKDIR /app
CMD ["/run.sh"]
```

图 14-24　编辑 Dockerfile

（3）在 sample 目录下，建立 index.html 文件，命令如下。

```
<!DOCTYPE html>
<html>
<body>
<p>Hello,Docker!</p>
</body>
</html>

vi run.sh
```

输入如下内容。

```
#! /bin/bash
```

```
exec apache2 -D FOREGROUND
```

2. 创建镜像

（1）创建镜像：以 root 权限输入以下命令，注意最后的“ . ”。执行效果如图 14-25 所示。

```
docker build  -t apache:ubuntu  .
```

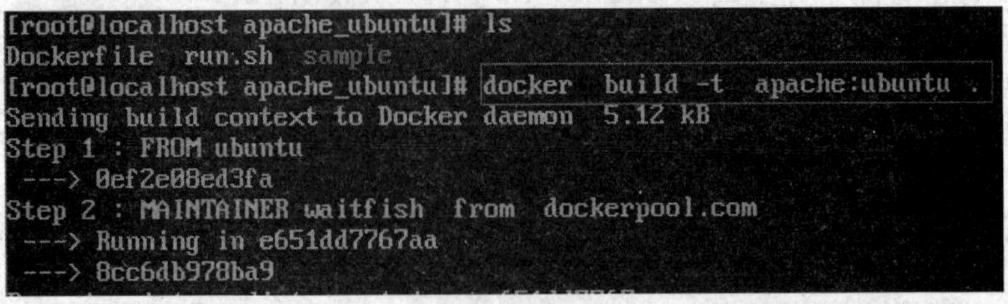

图 14-25　创建镜像

（2）使用以下命令查看镜像，如图 14-26 所示。

```
docker images
```

图 14-26　查看镜像

（3）测试镜像。输入测试命令，效果如图 14-27 所示。

```
docker  run -d  -P  apache:ubuntu
```

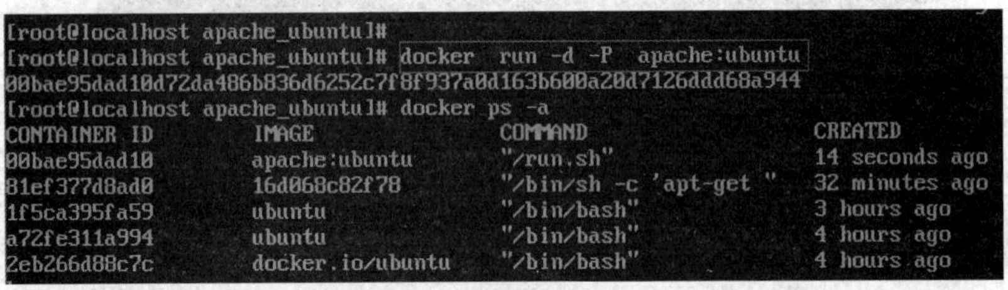

图 14-27　运行镜像

（4）运行成功后，使用以下命令查看镜像。最终效果如图 14-28 和图 14-29 所示。

```
docker ps -a
```

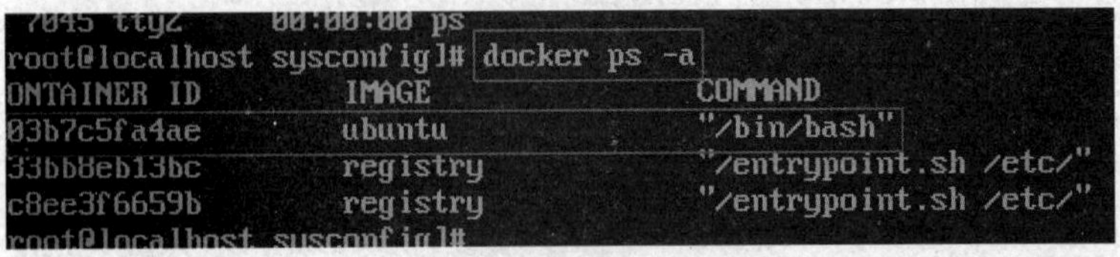

图 14-28　查看运行的镜像

图 14-29　运行镜像端口号

（5）然后启动浏览器，输入地址“127.0.0.1:32768”，如图 14-30 所示。如果在其他客户端上，则输入地址“192.168.2.130:32768”。看到如图 14-31 所示的画面，就证明 Apache server 已经启动成功。

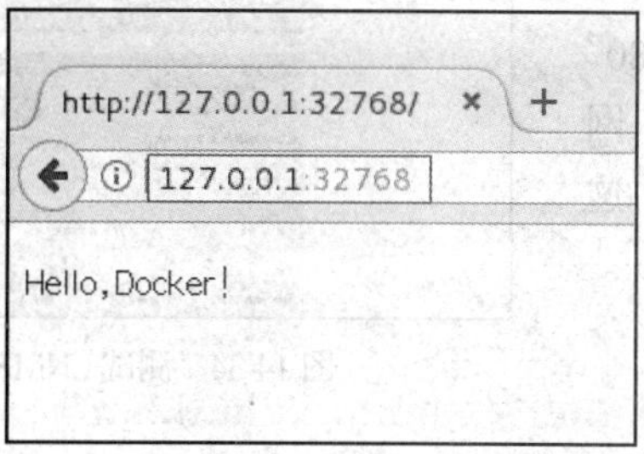

图 14-30　本机测试

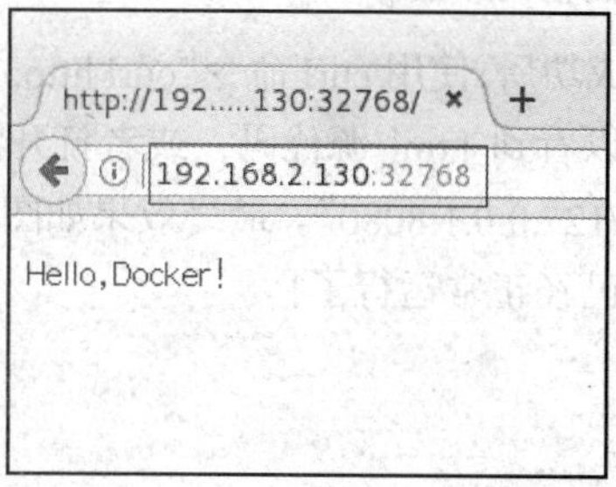

图 14-31　其他机器测试

14.3.2　下载 LNMP 镜像并启动

1. 搜索和下载 LNMP 镜像

搜索和下载 LMMP 镜像的命令如下。

```
docker search lnmp
docker pull docker.io/evagle/lnmp
```

如图 14-32 所示，其他的镜像也可以下载。

2. 查看镜像

查看镜像的命令如下。

```
docker images
```

命令执行效果如图 14-33 所示。

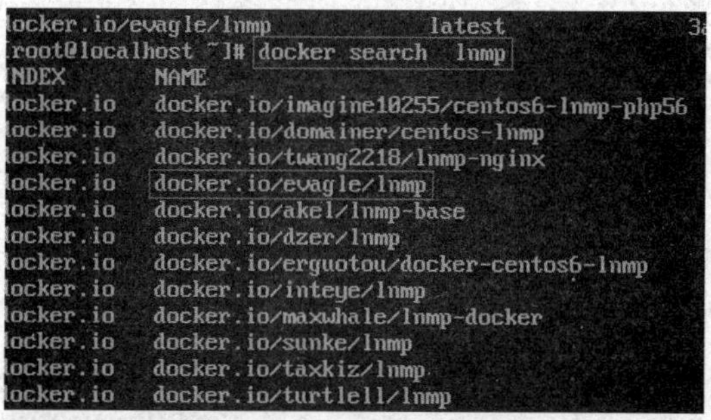

图 14-32　搜索下载镜像

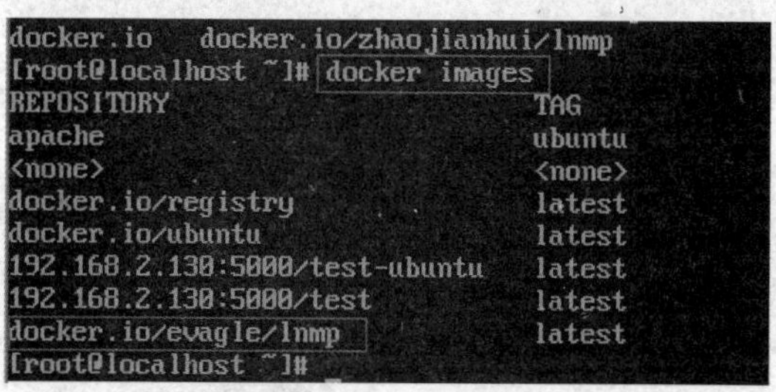

图 14-33　查看镜像

3. 运行容器

运行容器的命令如下。

```
docker run -d -p 8080:80 -p 3306:3306 docker.io/evagle/lnmp
```

运行成功后，使用 curl 命令“curl http://127.0.0.1:8080”测试，可以看到 html 源代码，或者打开浏览器，输入网址“http://127.0.0.1:8080”。最终效果如图 14-34 所示，这个页面就已经正常运行了！

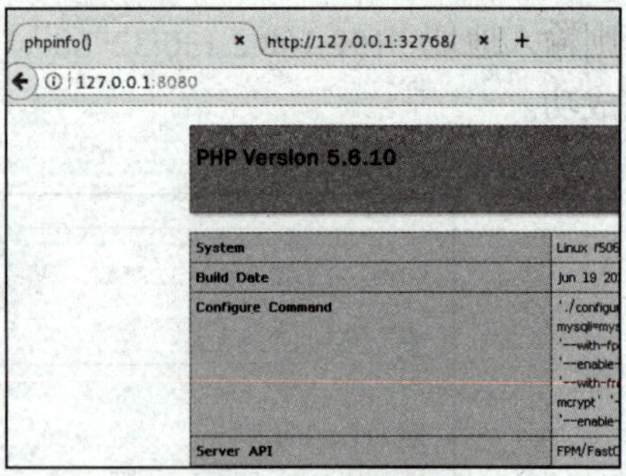

图 14-34　测试 LNMP

小　结

本章对 Docker 的概念和基础知识进行了介绍，重点讲解了在 RHEL 7.3 环境下如何安装 Docker 虚拟化环境及怎样安装 Apache、LNMP。读者应重点掌握 Docker 常用命令的用法。

POSTS & TELECOM PRESS
赠阅
人民邮电出版社